全国中等职业学校电工类专业一体化教材

全国技工院校电工类专业一体化教材（中级技能层级）

电子技术基础（第二版）学生用书

朱春萍　主编

中国劳动社会保障出版社

简介

本书为全国中等职业学校电工类专业一体化教材 / 全国技工院校电工类专业一体化教材（中级技能层级）《电子技术基础（第二版）》的配套用书，供学生课堂学习和课后练习使用。本书按照教材的任务顺序编写，每个任务都包含“要点提示”“复习提问”“学法点拨”“动手实践”“复习巩固”等环节。本书关注学生的学习过程，强调知识、技能的同步提升，适合中等职业学校和技工院校电工类专业教学使用。

本书由朱春萍任主编，朱振华、徐军、宗慧参加编写。

图书在版编目（CIP）数据

电子技术基础（第二版）学生用书 / 朱春萍主编 . -- 北京 : 中国劳动社会保障出版社，2024

全国中等职业学校电工类专业一体化教材 . 全国技工院校电工类专业一体化教材 . 中级技能层级

ISBN 978-7-5167-6368-1

Ⅰ. ①电… Ⅱ. ①朱… Ⅲ. ①电子技术 - 中等专业学校 - 教材 Ⅳ. ①TN

中国国家版本馆 CIP 数据核字（2024）第 087146 号

中国劳动社会保障出版社出版发行

（北京市惠新东街 1 号　邮政编码：100029）

*

北京谊兴印刷有限公司印刷装订　新华书店经销

787 毫米 ×1092 毫米　16 开本　13 印张　301 千字

2024 年 5 月第 1 版　　2024 年 5 月第 1 次印刷

定价：26.00 元

营销中心电话：400-606-6496

出版社网址：http://www.class.com.cn

http://jg.class.com.cn

目录

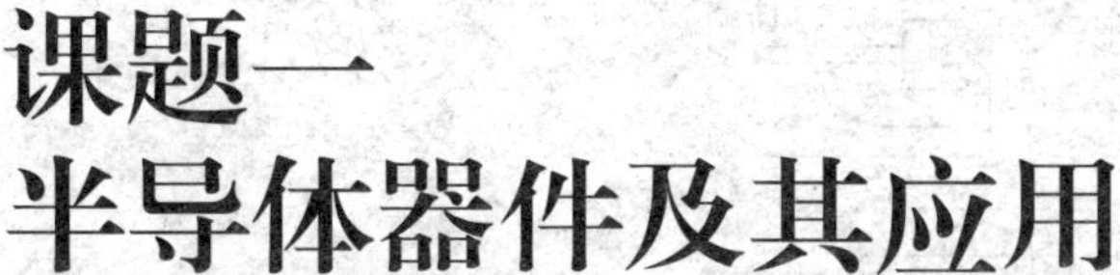

课题一 半导体器件及其应用

任务1 半导体二极管及其应用

要点提示

学习重点:

1. 掌握二极管的结构、图形符号和工作特性，了解二极管的主要参数和分类。
2. 掌握二极管的识别、检测方法。
3. 熟悉二极管的实际应用。

学习难点:

1. 二极管的检测方法。
2. 二极管的实际应用。

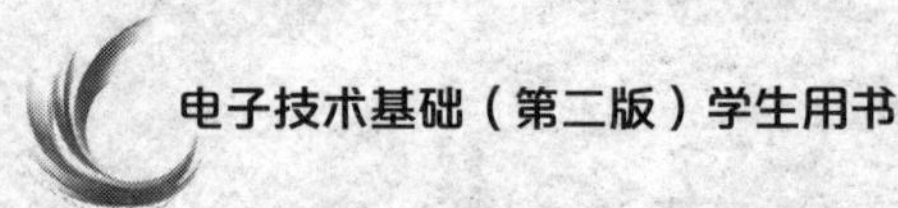

学法点拨

一、二极管的结构和图形符号

1. 二极管的图形符号与结构关系

二极管的图形符号与结构关系如图 1–1–1 所示。

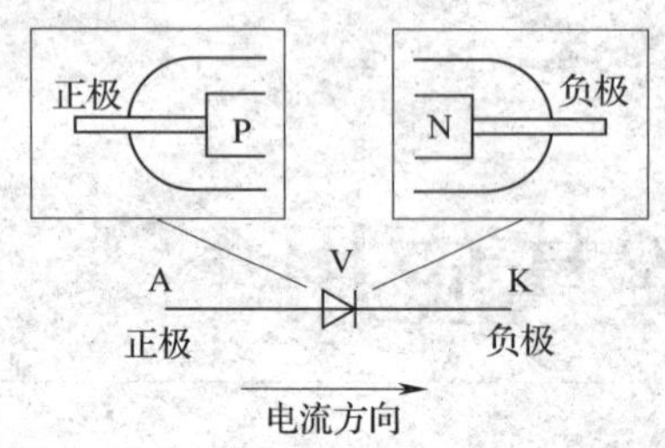

图 1–1–1　二极管的图形符号与结构关系

2. 二极管图形符号的画法

（1）画卧三角形

（2）画短竖线

（3）画长横线

在画二极管图形符号的同时，理解卧三角形的方向是从二极管的正极指向负极，短竖线应靠近二极管的负极，长横线的两端分别代表二极管的正、负极。

二、二极管的工作特性和分类

下面验证教材中二极管的导电性能实验。

图 1–1–2 所示为用万用表校正稳压电源。

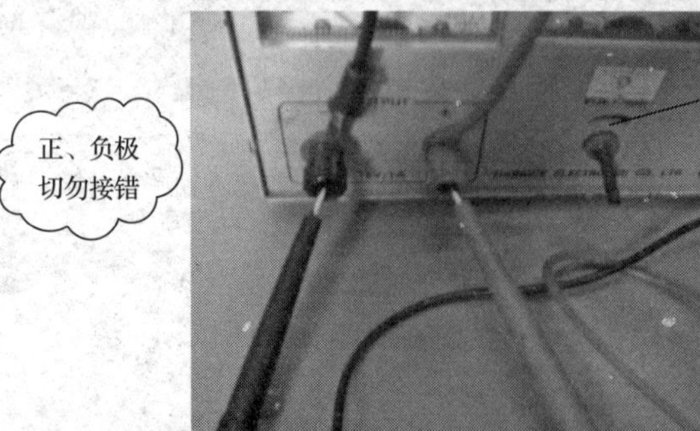

图 1–1–2　用万用表校正稳压电源

图 1-1-3 所示为通过外观识别二极管的极性。

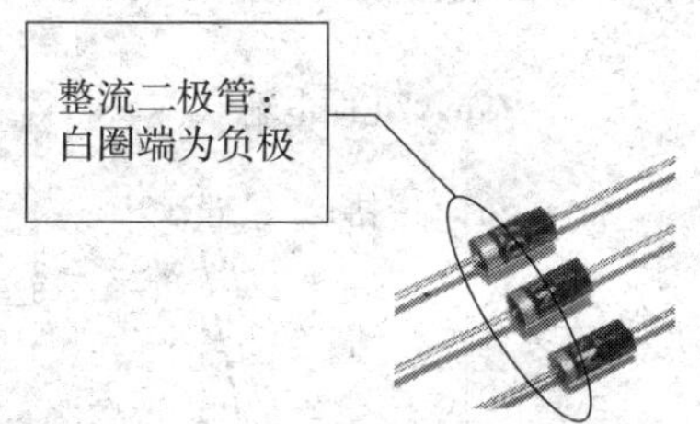

图 1-1-3 通过外观识别二极管的极性

如图 1-1-4 所示，连接电路，观察并记录实验现象。

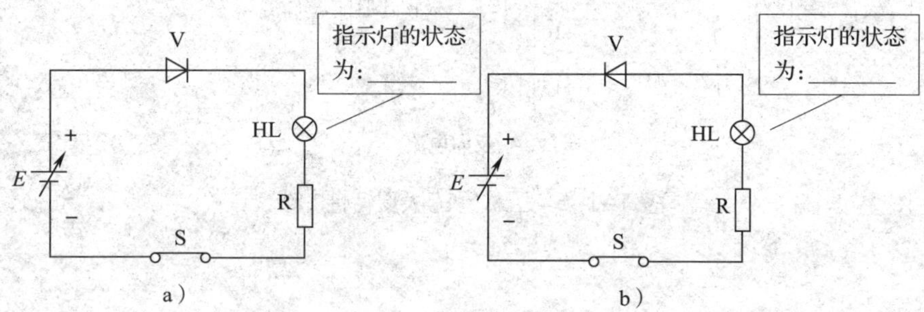

图 1-1-4 二极管的导电性能实验

a）正偏状态 b）反偏状态

想一想

在二极管的导电性能实验中，为什么连接电路的元器件相同，但是指示灯的状态不一样呢？

完成二极管的导电性能实验后不难发现：

（1）当二极管的正极加高电位、负极加低电位时，二极管导通。必须说明，当加在二极管两端的正向电压很小时，二极管仍然不能导通，只有当正向电压达到某一数值（开启电压，锗管约为 0.1 V，硅管约为 0.5 V）时，二极管才能真正导通。

（2）当二极管的正极加低电位、负极加高电位时，二极管截止。当二极管两端的反向电压增大到某一数值时，反向电流会急剧增大，二极管将失去单向导通特性，这种状态称为反向击穿。

这就是二极管的单向导电性。

当二极管导通后，其电流从正极流向负极。这就像单行车道，汽车只能向一个方向行驶。

想一想

二极管的单向导电性是否有什么条件呢？是不是只要正极电位比负极电位高，二极管就一定能导通呢？

理解二极管的伏安特性，将二极管完全导通过程填入图 1-1-5 中。

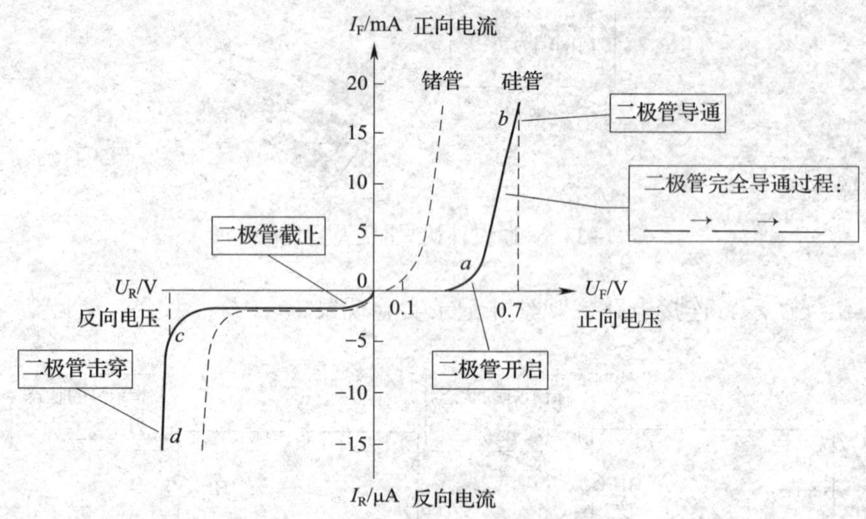

图 1-1-5　二极管的伏安特性曲线

整流二极管、稳压二极管最好采用硅管还是锗管呢？

识别图 1-1-6 所示电源电路板中的二极管。

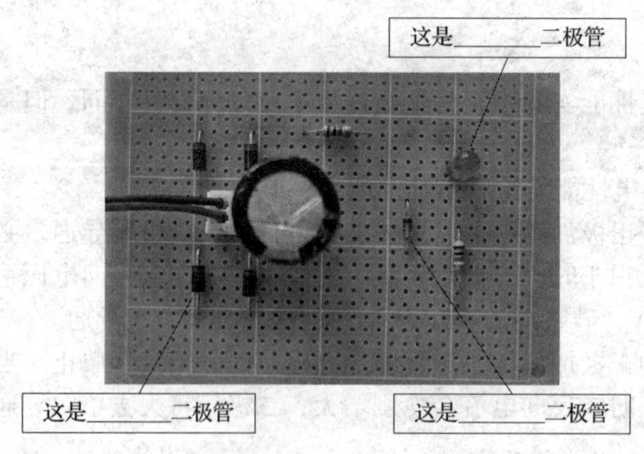

图 1-1-6　电源电路板

动手实践

软件仿真和实训操作使用的二极管整流、稳压、显示电路如对应教材中图 1-1-13 所示。

一、软件仿真

Proteus 软件是一款电子设计自动化（EDA）工具软件，其运行于 Windows 操作系统，能够实现从原理图设计、电路仿真到印刷电路板（PCB）设计的一站式作业，真正实现了电路仿真软件、PCB 设计软件和虚拟模型仿真软件的三合一。利用 Proteus 软件进行二极管整流、稳压、显示电路仿真的操作过程如下。

1. 启动 Proteus，进入原理图设计界面

启动 Proteus 8 Professional，进入主界面；单击工具栏中的“新建工程”图标或者“开始设计”模块中“新建工程”命令（见图 1-1-7a），弹出“新建项目向导”对话框；输入合适的名称并选择合适的路径后，单击“next”按钮，进入原理图模板选择界面；一般不需要修改，采用默认选项，单击“next”按钮，进入完成界面；单击“Finish”按钮，进入原理图设计界面（见图 1-1-7b）。也可以单击工具栏中的“原理图设计”图标直接进入原理图设计界面。

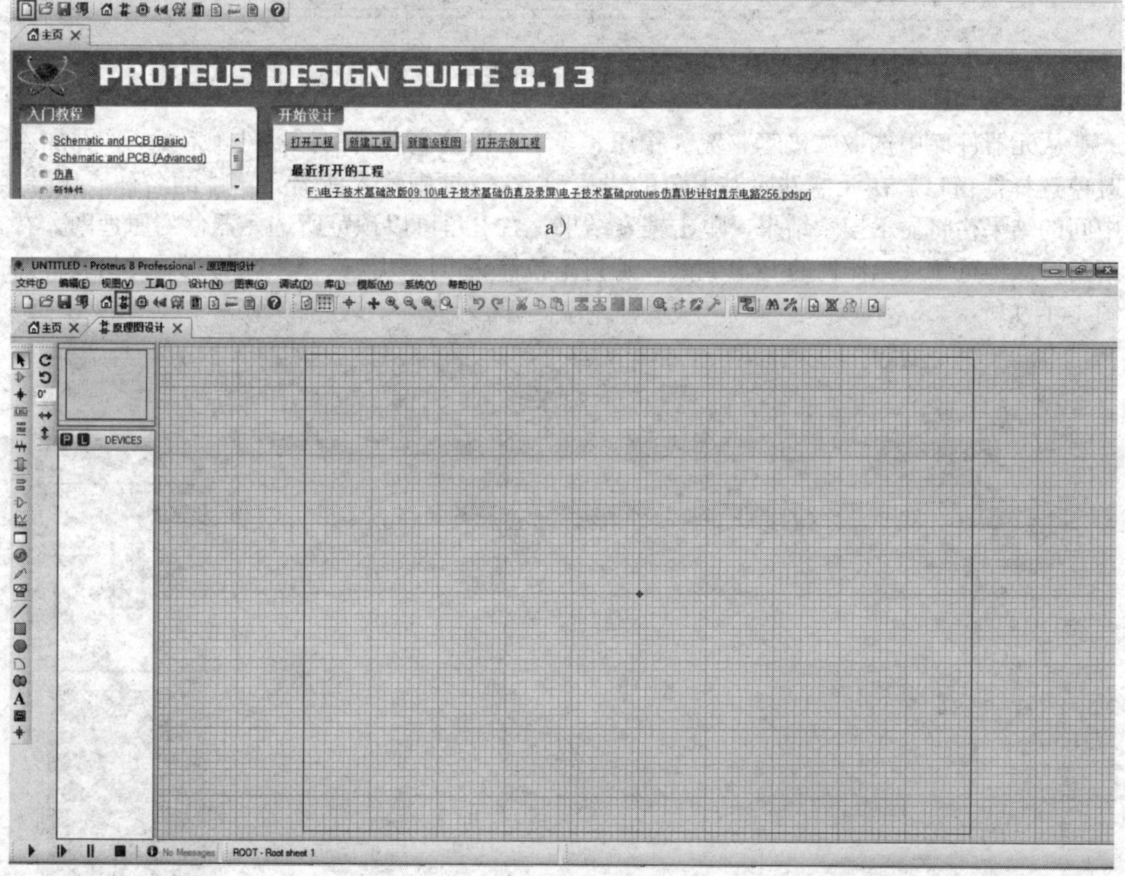

a）

b）

图 1-1-7　进入原理图设计界面

a）新建工程　b）原理图设计界面

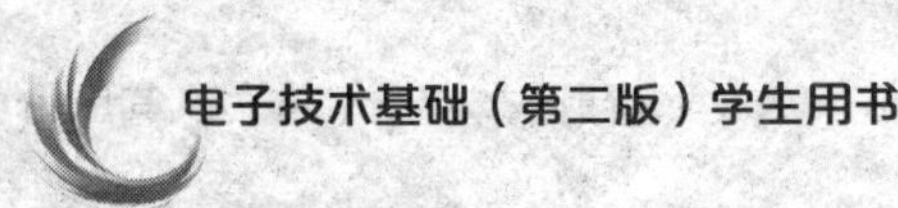

2. 选择元器件

单击界面左侧的对象选择按钮“P”，打开元器件库，如图 1-1-8 所示。

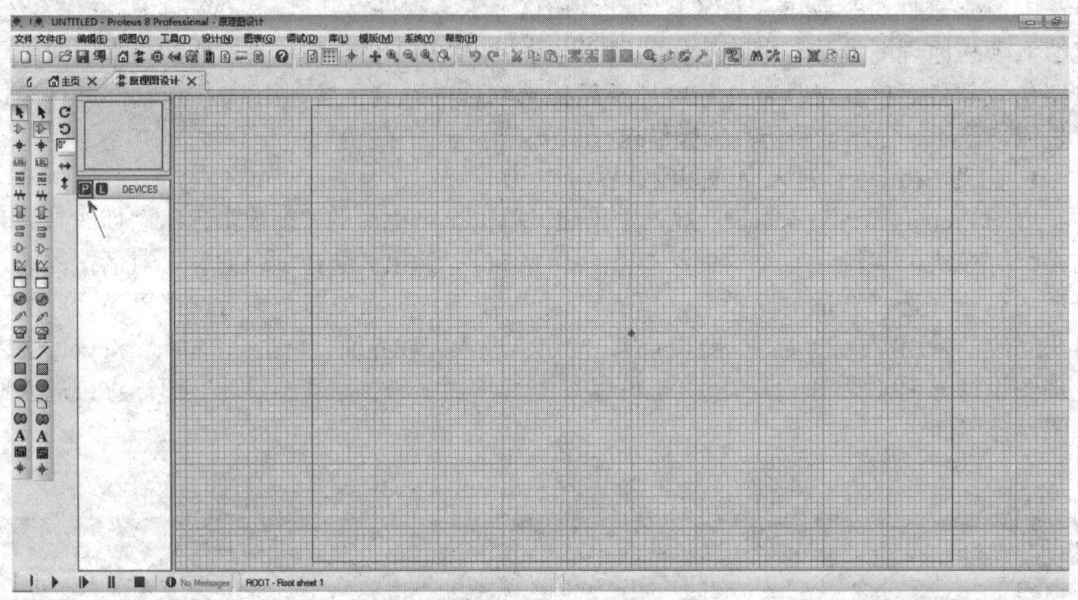

图 1-1-8　打开元器件库

从元器件库中选取二极管整流、稳压、显示电路仿真所需的元器件（对象），并加入对象选择器窗口。在元器件库左上角的“关键字：”框中输入所需元器件的名称或代号，中间的结果栏将显示搜索结果，单击搜索结果，右上角可以预览所选元器件的原理图，右下角可以预览所选元器件的 PCB 封装，通过下拉箭头可以切换选择不同的元器件封装，如图 1-1-9 所示。

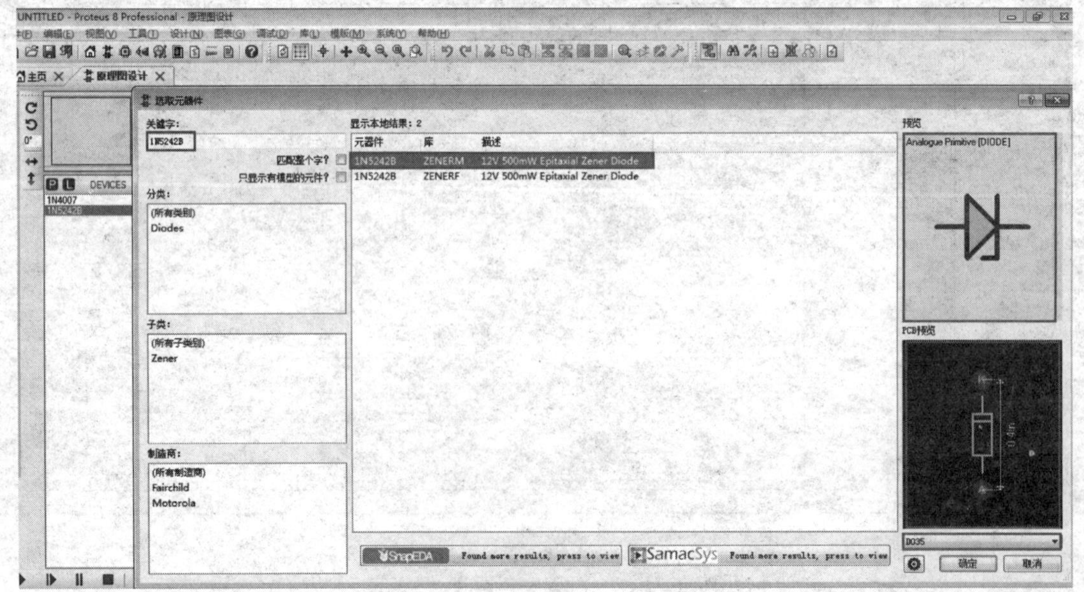

图 1-1-9　从元器件库中选取所需元器件

例如，选取稳压二极管 1N5242B 时，在“关键字：”框中输入“1N5242B”，然后在搜索结果中单击 1N5242B 所在行，此时右上角显示其原理图，右下角显示其相应的封装，双击 1N5242B 所在行，此元器件出现在工作界面左侧的对象选择器窗口中。同理，继续搜索二极管（1N4007）、发光二极管（LED-RED）等元器件，并将它们加入列表中，如图 1-1-10 所示。

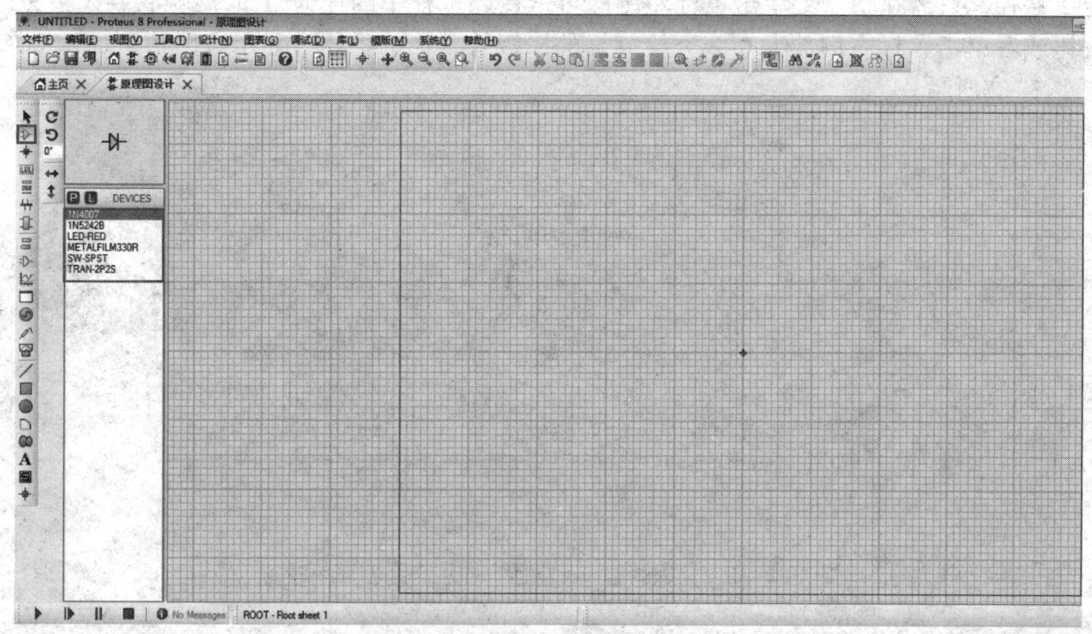

图 1-1-10 对象选择器窗口中的元器件列表

3. 放置元器件

单击界面左侧对象选择器窗口中的元器件，将鼠标移动到右侧图形编辑窗口中，单击选择合适的位置，再次单击即可将元器件放置到图形编辑窗口中。当需要调整元件的方向时，右键单击元器件，即可在弹出的菜单中选择所需的旋转方式。双击元器件可编辑元器件参数。

单击界面左侧绘图工具栏中的“终端模式”按钮，在对象选择器窗口中依次选择“POWER”和“GROUND”，并放置到图形编辑窗口中。

放置好的元器件和终端模式如图 1-1-11 所示。

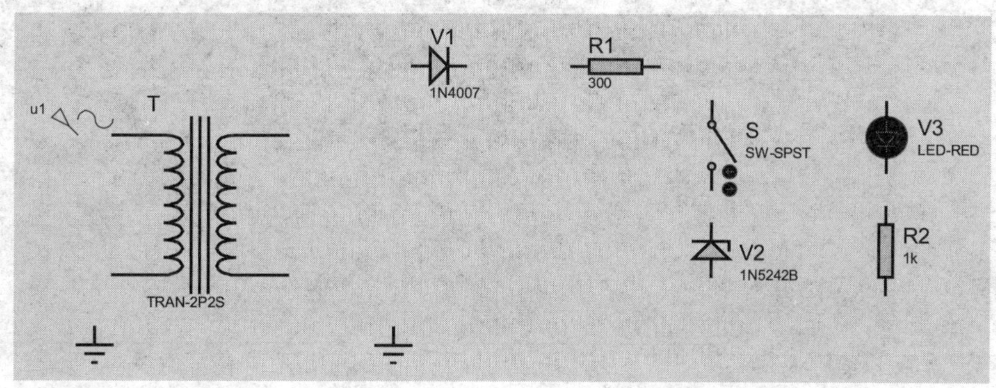

图 1-1-11 放置好的元器件和终端模式

4. 布线

布线过程中，当鼠标指针靠近一个元器件的连接点时，鼠标指针就会变成“×”符号，单击元器件的连接点，移动鼠标（不需要一直按着左键），连接线由粉红色变成深绿色。如果使用软件自动规划的走线路径，只需单击另一个连接点即可；如果需要自己决定走线路径，只需在拐点处单击鼠标左键即可。在此过程中的任何时刻，都可以按“ESC”按钮或者单击鼠标右键放弃布线。绘制好的二极管整流、稳压、显示电路仿真原理图如图 1-1-12 所示。

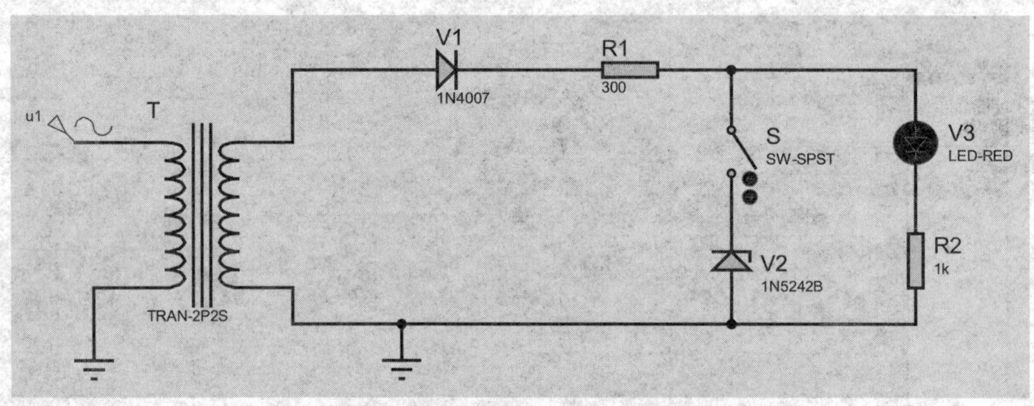

图 1-1-12　二极管整流、稳压、显示电路仿真原理图

单击工具栏的“保存”按钮，保存工程，如图 1-1-13 所示。

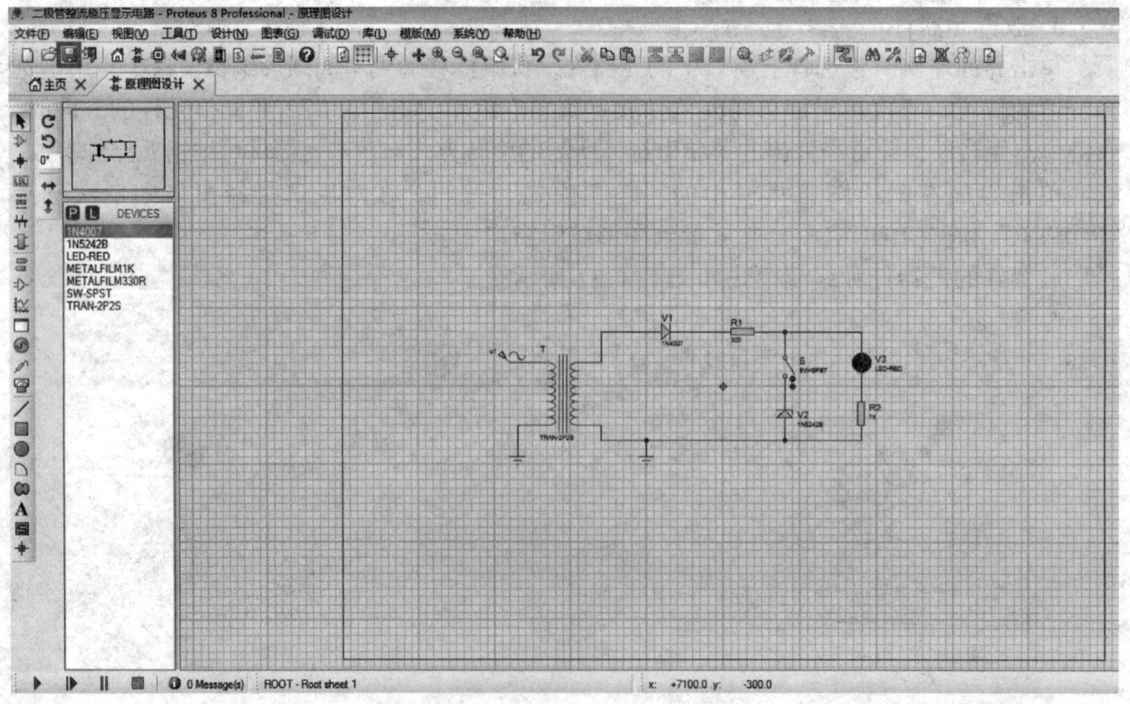

图 1-1-13　保存工程

5. 接入虚拟仪器

单击界面左侧绘图工具栏中的“虚拟仪器模式”按钮，在对象选择器窗口中依次选择“OSCILLOSCOPE”（示波器）和“AC VOLTMETER”（交流电压表），添加到图形编辑窗口的仿真原理图中，按照图 1–1–14 所示布置，并分别与原理图中的测量点连接。

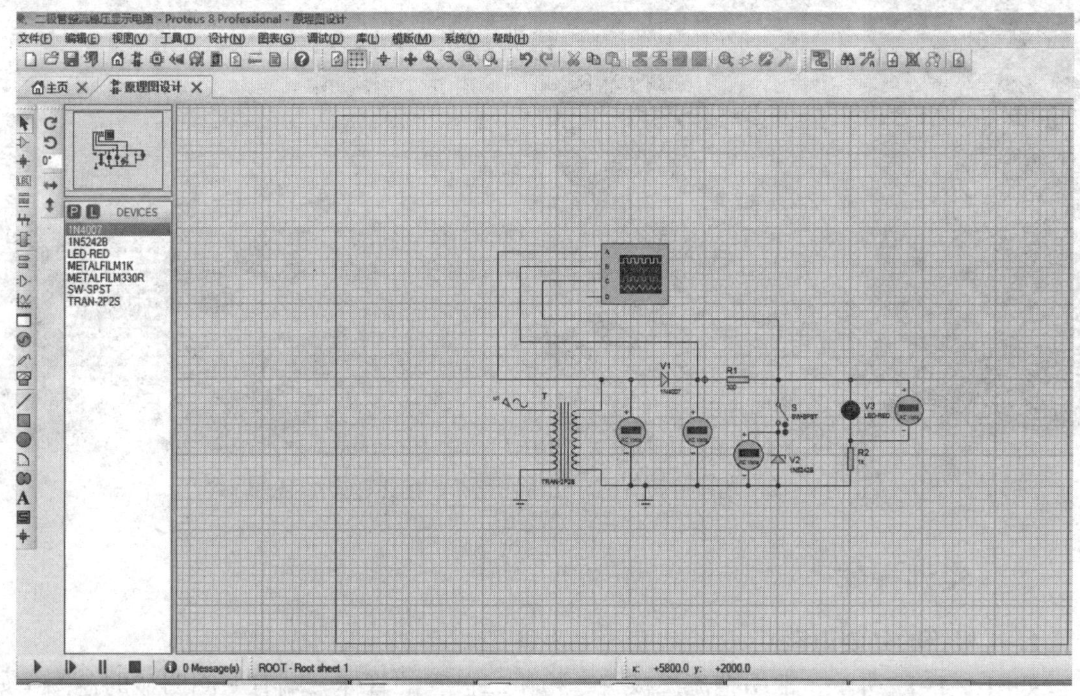

图 1–1–14　接入虚拟仪器

6. 仿真调试

如图 1–1–15 所示，按下仿真按钮，断开开关 S，观察并记录发光二极管的状态、示波器的波形和各个电压表的读数。

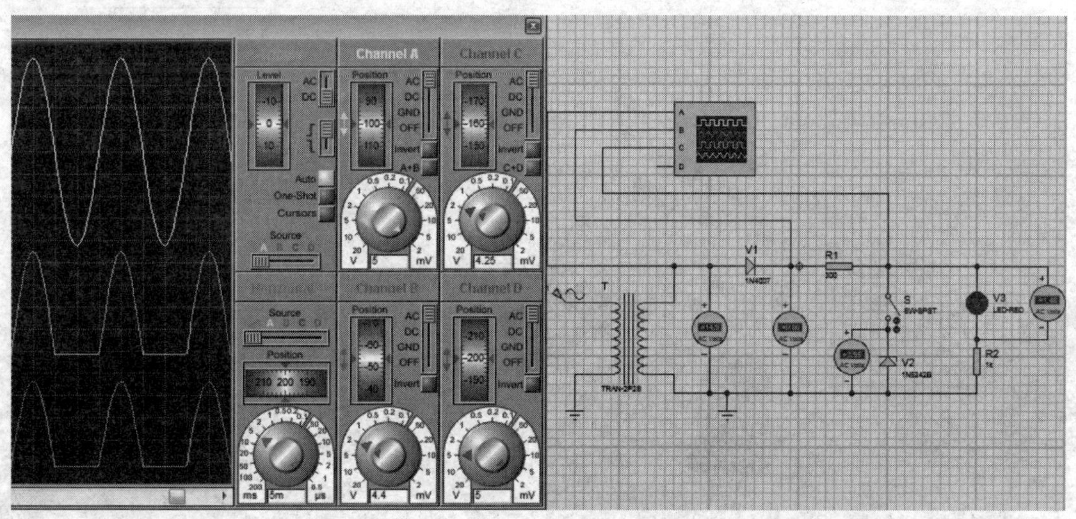

图 1–1–15　断开开关 S 时，二极管整流、稳压、显示电路仿真

如图 1–1–16 所示，闭合开关 S，再次观察并记录发光二极管的状态、示波器的波形和各个电压表的读数。

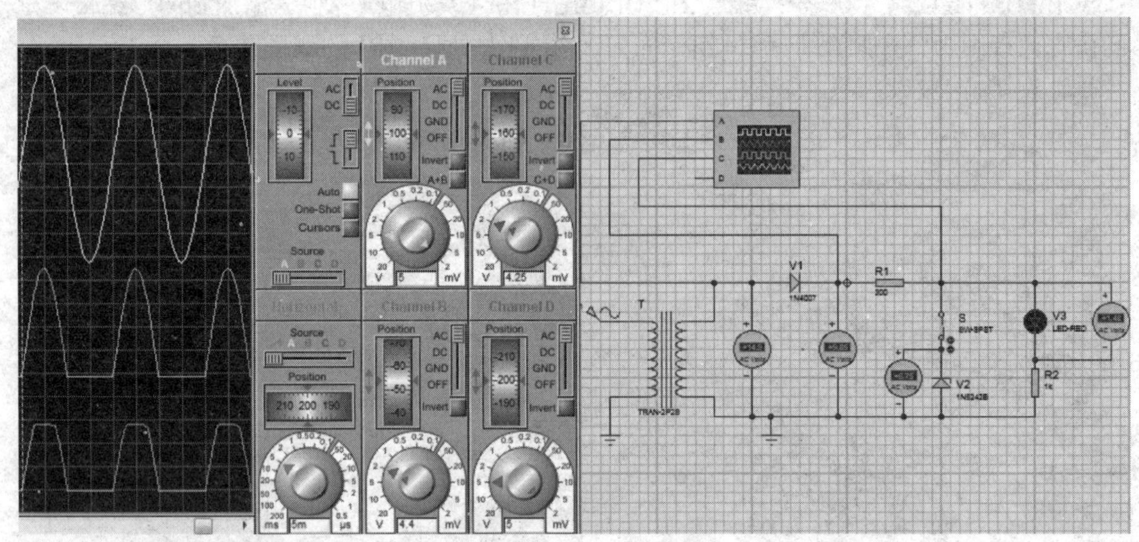

图 1–1–16　闭合开关 S 时，二极管整流、稳压、显示电路仿真

二、实训操作

1. 二极管的外观识别

如图 1–1–17 所示，常用整流二极管、稳压二极管的管体一端有一圈明显的色圈（如整流二极管 1N4007 为白圈、稳压二极管 1N4148 为黑圈），色圈所在的一端为负极，另一端为正极。发光二极管的管体内部有两个结块，小结块所在的一端为正极，另一端为负极；新的发光二极管还可以通过引脚长短来判断正、负极，引脚长的一端为正极，引脚短的一端为负极。

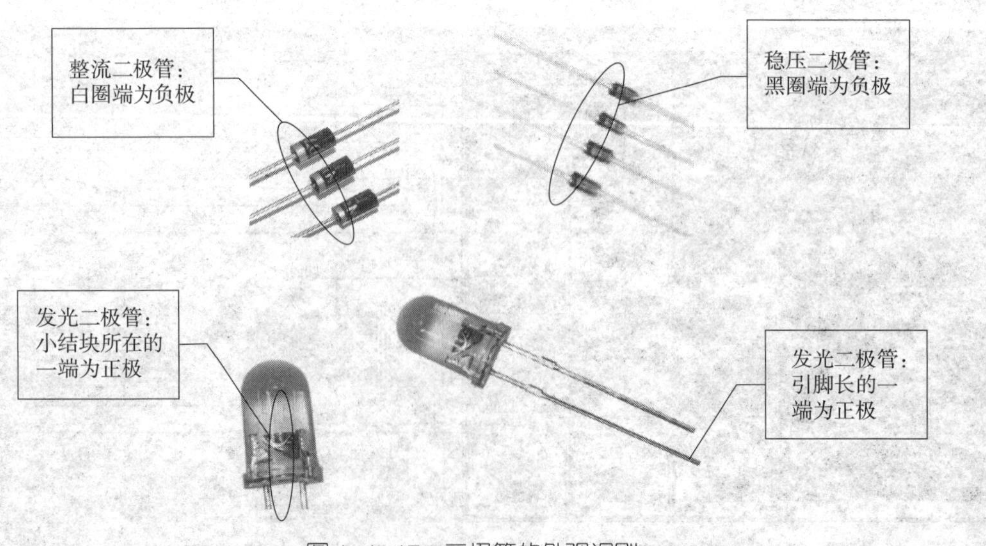

图 1–1–17　二极管的外观识别

根据二极管的外形以及管体上标注的符号识别其型号、极性、材料和用途，画出相应的图形符号，并将外观识别的结果填入表 1–1–1 中。

表 1–1–1 二极管外观识别结果

序号	型号	极性	材料	用途	图形符号
1					
2					
3					
4					
5					

2. 二极管的检测

（1）用指针式万用表检测二极管

操作步骤：选择万用表电阻挡位、欧姆调零→测量二极管正、反向电阻值→判断二极管的质量好坏和引脚极性。

由于二极管正向特性曲线起始阶段呈现非线性，用万用表 R×100 挡和 R×1k 挡测得的正向电阻值读数是不一样的。用 MF47 型万用表检测发光二极管时，应选用 R×10k 挡。

用指针式万用表检测 1N4007、1N4148、2CW51 等二极管，将检测结果填入表 1–1–2 中。

表 1–1–2 二极管检测结果

二极管	1N4007	1N4148	2CW51
正向电阻值			
反向电阻值			

（2）用数字式万用表检测二极管

操作步骤：选择万用表二极管挡位→测量二极管正、反向压降→判断二极管的质量好坏和引脚极性。

用数字式万用表检测 1N4007、1N4148、2CW51 等二极管，将检测结果填入表 1–1–3 中。

表 1-1-3 二极管检测结果

二极管	1N4007	1N4148	2CW51
正向压降			
反向压降			

3. 二极管整流、稳压、显示电路的调试

（1）如图 1-1-18 所示，变压器 T 的一次绕组接 220 V 交流电压，打开示波器电源开关，各旋钮调节到合适的位置，断开开关 S，用示波器观察 u_2 和 u_{AN} 的波形。

1）示波器探头接整流二极管 V1 的正极，鳄鱼夹接 N 点，观察波形并调节旋钮使其显示合适的形状，该波形即为 u_2（变压器二次绕组端）的波形，记录波形并填入表 1-1-4 中。

2）示波器探头接 A 点，鳄鱼夹接 N 点，观察波形并调节旋钮使其显示合适的形状，该波形即为 u_{AN}（稳压二极管两端）的波形，记录波形并填入表 1-1-4 中。

3）根据输入波形（u_2 波形）和输出波形（u_{AN} 波形），分析整流二极管的作用，填入图 1-1-18 中。

4）观察发光二极管 V3 的状态，填入图 1-1-18 中。

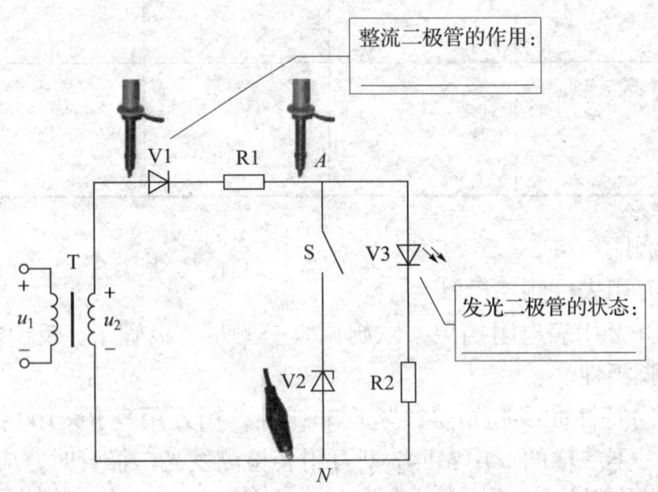

图 1-1-18 断开开关 S 时，二极管整流、稳压、显示电路的调试

表 1-1-4 波形记录

u_2 波形	u_{AN} 波形
u_2 – O – t	u_{AN} – O – t

（2）如图 1–1–19 所示，闭合开关 S，用示波器观察 u_2 和 u_{AN} 的波形，同时测量稳压二极管 V2 的稳定电压、发光二极管 V3 的正向压降。

1）重复步骤（1）中的 1）、2），记录 u_2 和 u_{AN} 的波形并填入表 1–1–5 中。

2）将万用表置于直流电压挡，红表笔接 *A* 点，黑表笔接 *N* 点，记录此时万用表的读数 U_{V2}，即为稳压二极管 V2 的稳定电压，并填入图 1–1–19 中。

3）观察发光二极管 V3 的状态，当 V3 亮时，将万用表置于直流电压挡，红表笔接 V3 的正极，黑表笔接 V3 的负极，记录此时万用表的读数 U_{V3}，即为发光二极管 V3 的正向压降，并填入图 1–1–19 中。

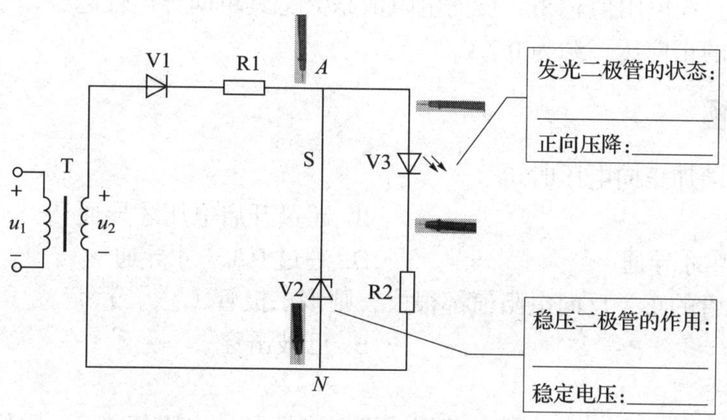

图 1–1–19　闭合开关 S 时，二极管整流、稳压、显示电路的调试

表 1–1–5　波形记录

u_2 波形	u_{AN} 波形
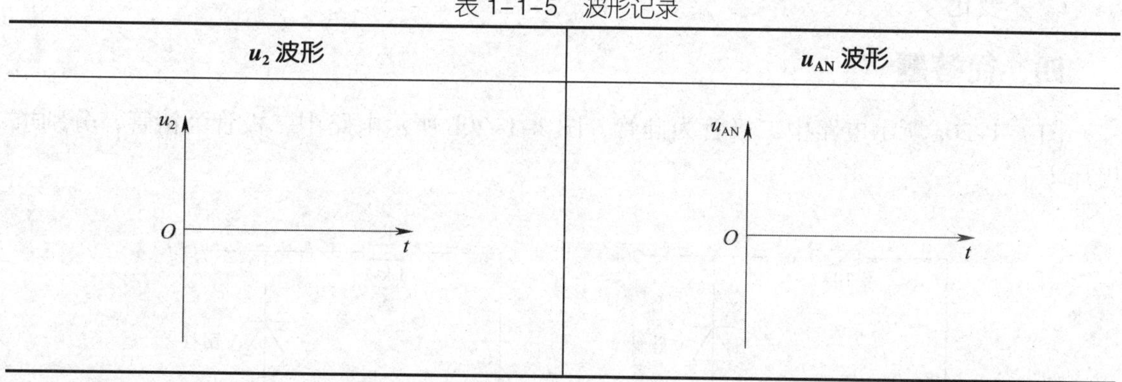	

复习巩固

一、填空题

1. 二极管具有__________性，即加正向电压时，二极管______；加反向电压时，二极管______。通常硅二极管的开启电压约为______V，锗二极管的开启电压约为______V；二极管导通后，硅二极管的正向压降约为______V，锗二极管的正向压降约为______V。

2. 二极管按用途不同可以分为______、______、______和______等二极管。

3. 用指针式万用表测量二极管的正向电阻值时，应将万用表的红表笔接二极管的____极，黑表笔接二极管的____极。

二、判断题

1. 二极管有一个 PN 结，所以具有单向导电性。（　　）

2. 用指针式万用表欧姆挡的不同量程测量二极管的正向电阻值，其数值是相同的。（　　）

3. 二极管的正向电阻值越小，反向电阻值越大，其单向导电性越好。（　　）

4. 锗二极管的正向压降约为 0.7 V。（　　）

三、选择题

1. 二极管两端加正向电压时（　　）。

A. 一定导通　　B. 超过开启电压才导通

C. 超过 0.7 V 才导通　　D. 超过 0.3 V 才导通

2. 如果二极管的正、反向电阻值都很大，则该二极管（　　）。

A. 正常　　B. 已被击穿

C. 内部开路

3. 在测量二极管反向电阻值时，若用手把引脚捏紧，电阻值将会（　　）。

A. 变大　　B. 变小

C. 不变化

四、简答题

图 1-1-20a 所示电路中二极管为硅管，图 1-1-20b 所示电路中二极管为锗管，分别求电压 U_{AB}。

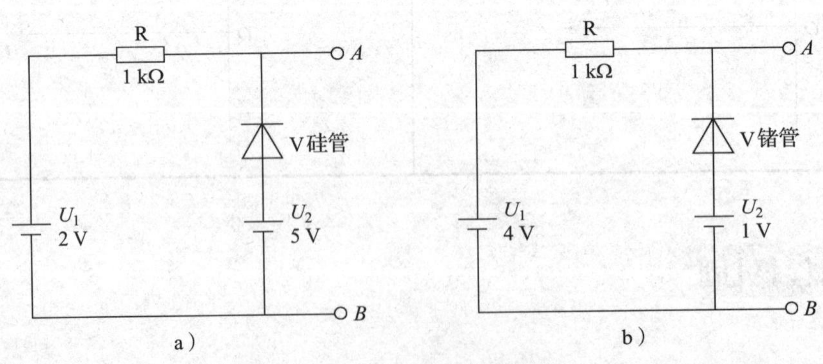

图 1-1-20　二极管应用电路

任务 2 半导体三极管及其应用

要点提示

学习重点：

1. 掌握三极管的结构、图形符号和工作特性，了解三极管的主要参数和型号命名方法。
2. 掌握三极管的识别、检测方法。
3. 熟悉三极管的实际应用。

学习难点：

1. 三极管的电流放大作用。
2. 三极管输出特性曲线三个工作区域的特点。
3. 三极管的检测方法。

复习提问

1. 回顾图 1–2–1 所示的二极管整流、稳压、显示电路板，完成填空。

图 1–2–1 二极管整流、稳压、显示电路板

2. 图 1–2–2 所示的电路中，假设各二极管均为理想二极管。

（1）当开关 S 断开时，*A* 点电位为______V，流过电阻器 R 的电流______A；二极管

V1 的状态为________，V2 的状态为________，V3 的状态为________。

（2）当开关 S 闭合时，*A* 点电位为______V，流过电阻器 R 的电流______A；二极管 V1 的状态为________，V2 的状态为________，V3 的状态为________。

图 1–2–2 二极管应用电路

一、三极管的结构、图形符号和分类

1. 三极管的图形符号与结构关系

三极管的图形符号与结构关系如图 1–2–3 所示，完成填空。

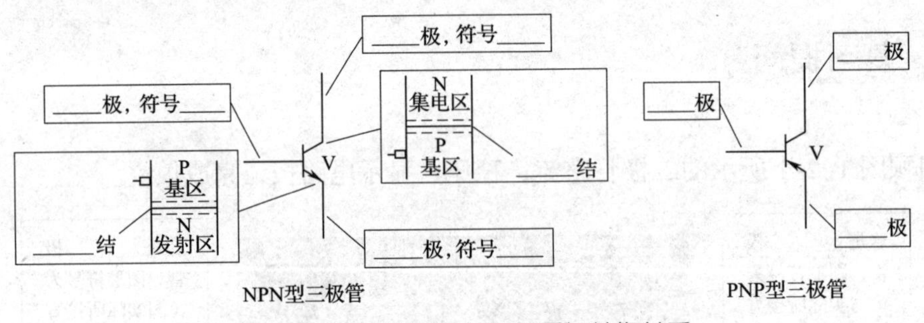

图 1–2–3 三极管的图形符号与结构关系

2. 三极管图形符号的画法

（1）画横线

（2）画短竖线

（3）画两条折角线

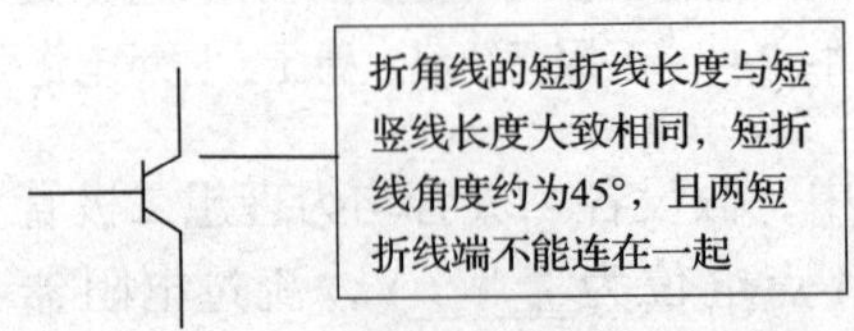

（4）在其中一条短折线的端点画箭头

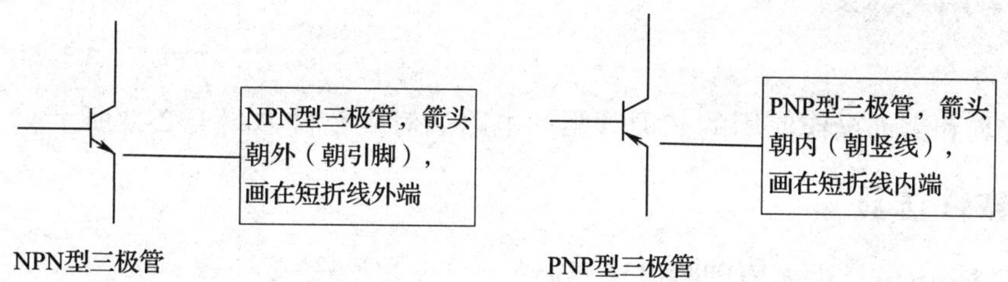

二、三极管的电流分配关系

三极管的电流分配关系如图 1–2–4 所示，完成填空。

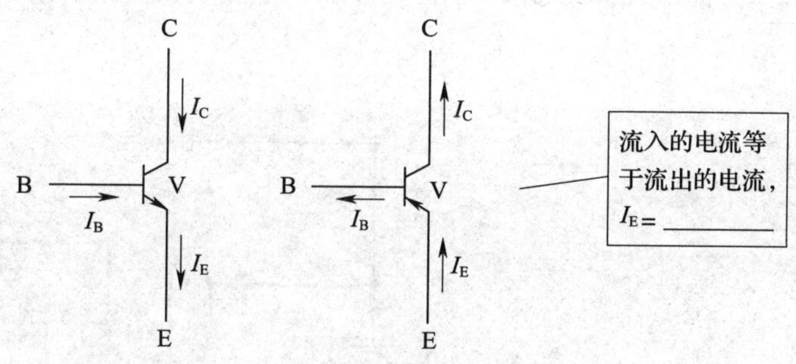

图 1–2–4　三极管的电流分配关系

无论是 NPN 型三极管还是 PNP 型三极管，其三个电极上电流的走向与发射极上箭头的方向是一致的。

三、三极管的伏安特性

三极管的输出特性曲线如图 1–2–5 所示，完成填空。

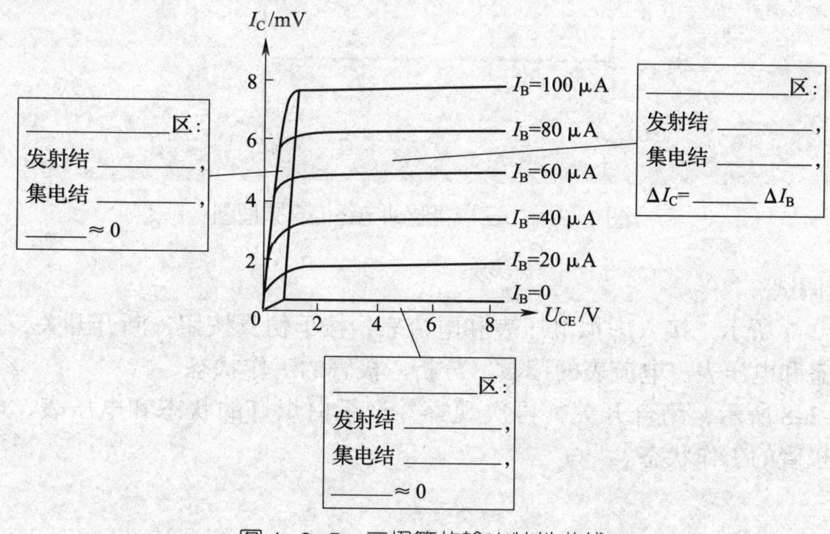

图 1–2–5　三极管的输出特性曲线

动手实践

软件仿真和实训操作使用的三极管驱动电路如对应教材中图 1–2–9 所示。

一、软件仿真

1. 启动 Proteus，进入原理图设计界面

启动 Proteus 8 Professional，进入主界面，新建工程，进入原理图设计界面。

2. 绘制原理图

从元器件库中选取三极管驱动电路仿真所需的元器件，添加到对象选择器窗口，再放置到图形编辑窗口，然后布线，绘制好的三极管驱动电路仿真原理图如图 1–2–6 所示，保存工程。

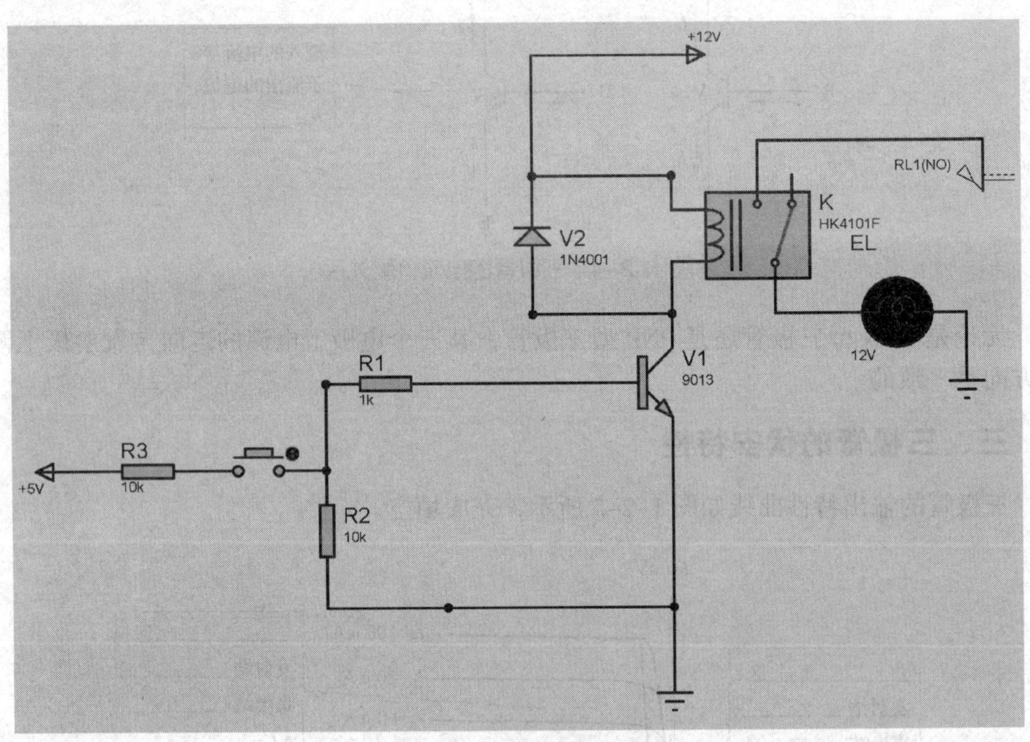

图 1–2–6　三极管驱动电路仿真原理图

3. 仿真调试

如图 1–2–7 所示，接入虚拟电压表和电流表，按下仿真按钮，断开开关，观察并记录白炽灯的状态和电压表、电流表的读数，分析三极管的工作状态。

如图 1–2–8 所示，闭合开关，再次观察并记录白炽灯的状态和电压表、电流表的读数，分析三极管的工作状态。

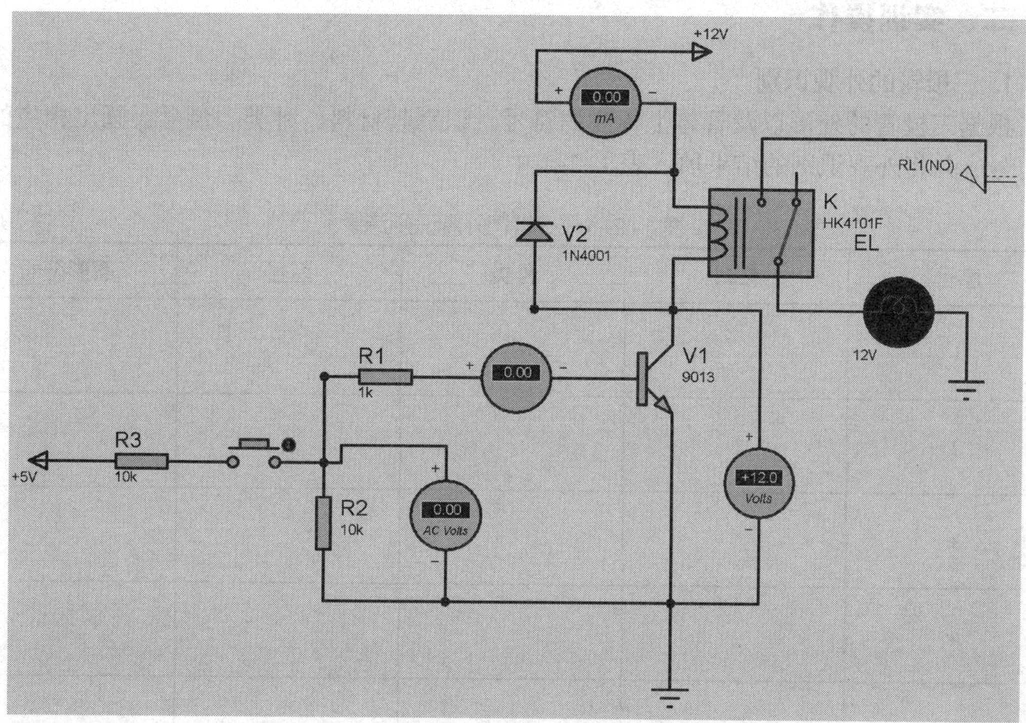

图 1-2-7　断开开关时，三极管驱动电路仿真

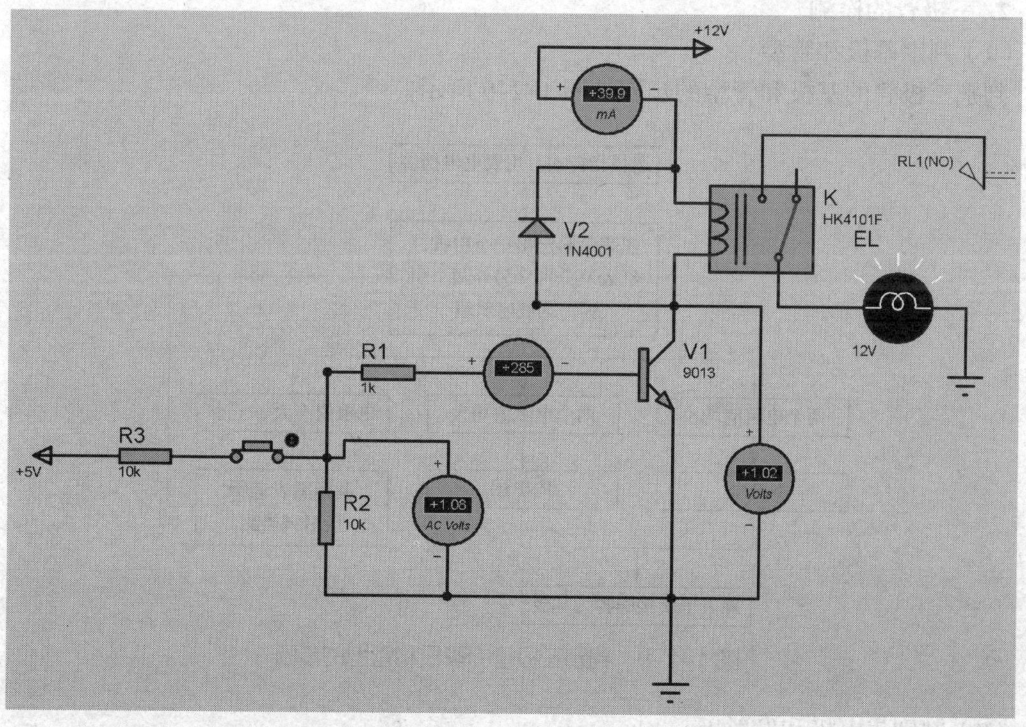

图 1-2-8　闭合开关时，三极管驱动电路仿真

二、实训操作

1. 三极管的外观识别

根据三极管的外形以及管体上标注的符号，识别其材料、种类、型号，画出相应的图形符号，并将外观识别的结果填入表 1–2–1 中。

表 1–2–1　三极管外观识别结果

序号	材料	种类	型号	图形符号
1				
2				
3				
4				
5				

2. 三极管的检测

（1）判别基极和管型

判别三极管的基极和管型的步骤如图 1–2–9 所示。

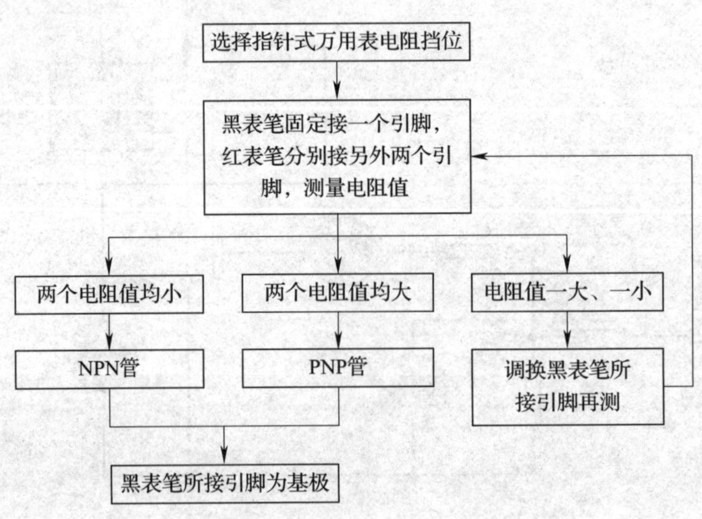

图 1–2–9　判别三极管的基极和管型的步骤

（2）判别集电极和发射极

判别三极管的集电极和发射极的步骤如图 1–2–10 所示。

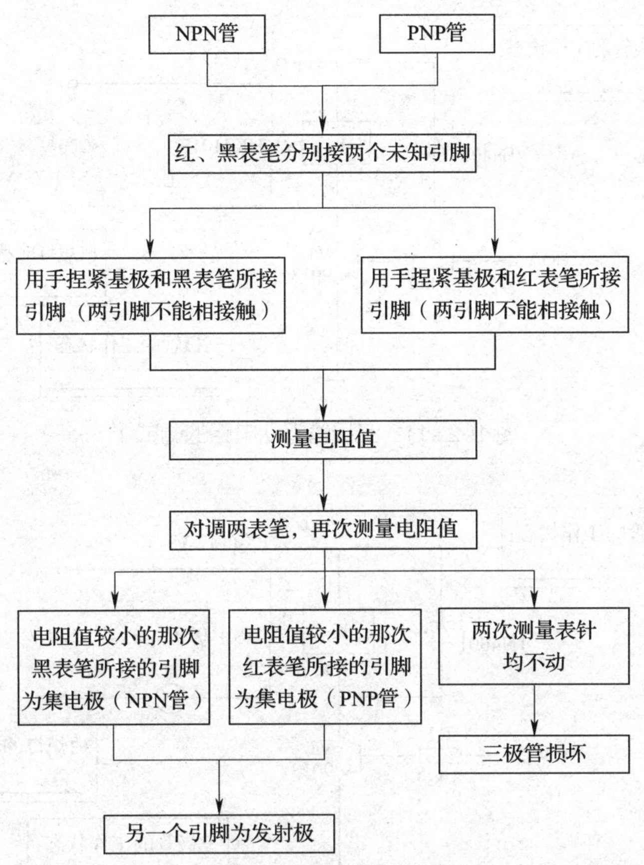

图 1–2–10 判别三极管的集电极和发射极的步骤

用指针式万用表检测 A、B、C、D 四只三极管，将材料、管型和引脚极性填入表 1–2–2 中。

表 1–2–2 三极管检测结果

三极管	A			B			C			D		
材料												
管型												
引脚极性	1	2	3	1	2	3	1	2	3	1	2	3

3. 三极管驱动电路的调试

（1）如图 1–2–11 所示，同时接通 +12 V 和 +5 V 直流稳压电源，观察白炽灯 EL 的状态，分析三极管 V1 和二极管 V2 的工作状态。

（2）如图 1–2–12 所示，接通 +12 V 直流稳压电源，关闭 +5 V 直流稳压电源，观察白炽灯 EL 的状态，分析三极管 V1 和二极管 V2 的工作状态。

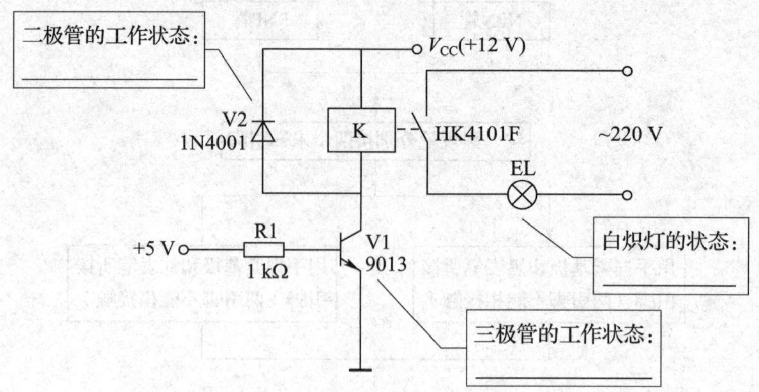

图 1-2-11　三极管驱动电路的调试 1

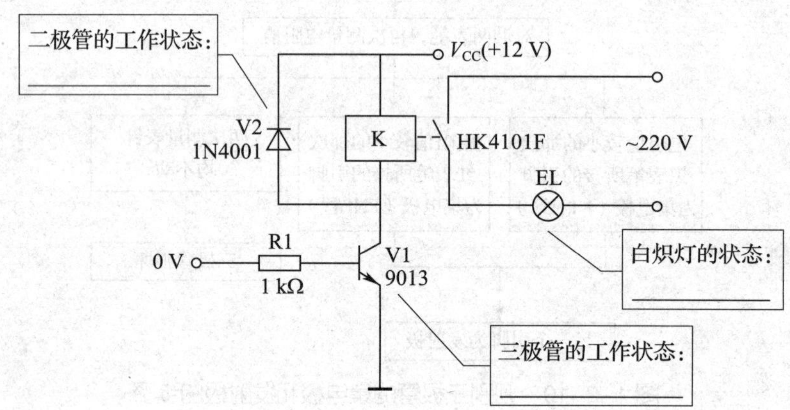

图 1-2-12　三极管驱动电路的调试 2

想一想

如果在安装三极管驱动电路时，三极管的发射极未接地（其他均正常），则此时白炽灯处于何状态（长亮、长灭、闪烁）？

复习巩固

一、填空题

1. 三极管有两个 PN 结，即______结和______结；有三个电极，即______极、______极和______极，分别用______、______和______表示。

2. 某三极管的 U_{CE} 不变，当基极电流 I_B=30 μA，集电极电流 I_C=1.2 mA 时，则发射极电流 I_E=__________mA；当基极电流 I_B 增大到 50 μA，集电极电流 I_C 增大到 2 mA 时，则发射极电流 I_E=__________mA，三极管的共射极交流电流放大系数 β=________。

3. 硅三极管发射结的开启电压约为______V，锗三极管发射结的开启电压约为________V。三极管处于正常放大状态时，硅三极管发射结的正向压降约为________V，锗三极管发射结的正向压降约________V。

4. 当三极管的发射结________偏、集电结______偏时，工作在放大区；发射结______偏、集电结______偏时，工作在饱和区；发射结________偏、集电结______偏时，工作在截止区。

二、判断题

1. 三极管的发射极和集电极可以互换使用。（　　）
2. 发射结正向偏置的三极管一定工作在放大状态。（　　）
3. 常温下硅三极管的 U_{BE} 约为 0.7 V，且随着温度升高而减小。（　　）

三、选择题

1. 用直流电压表测得 NPN 型三极管各极电位分别为 V_B=4.7 V，V_C=4.3 V，V_E=4 V，则该三极管的工作状态是（　　）。

A. 截止状态　　B. 饱和状态

C. 放大状态

2. 满足 $I_C=\bar{\beta}I_B$ 的关系时，三极管工作在（　　）。

A. 截止区　　B. 饱和区

C. 放大区

3. 三极管工作在饱和状态时，其集电极电流将（　　）。

A. 随基极电流的增加而增加　　B. 随基极电流的增加而减小

C. 与基极电流无关，只取决于 V_{CC} 和 R_C

4. 用指针式万用表 R×1k 挡测量一只正常的三极管，若将红表笔固定接一个引脚，黑表笔分别接另外两个引脚时，测得的电阻值均很大，则该三极管是（　　）。

A. PNP 型　　B. NPN 型

C. 无法确定

四、简答题

1. 某只工作在放大状态的三极管，其电流如图 1-2-13 所示，在图中标出三极管的极性，并判断该三极管是 NPN 型还是 PNP 型。

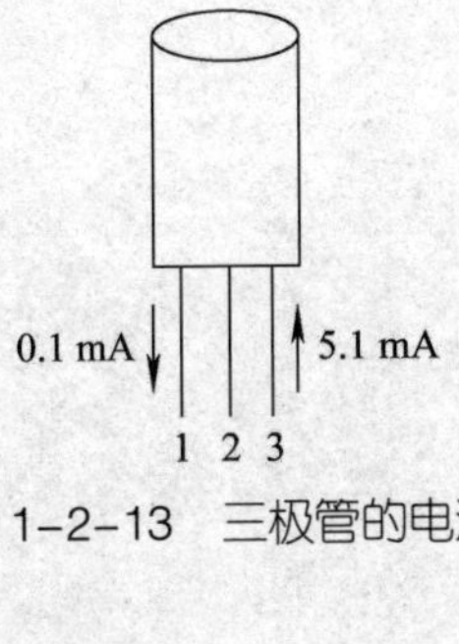

0.1 mA　5.1 mA

1 2 3

图 1-2-13　三极管的电流

2. 根据图 1–2–14 所示的各三极管的各极电位，分析各三极管的情况（说明工作状态是放大、截止或者饱和，哪个结是开路或者短路）。

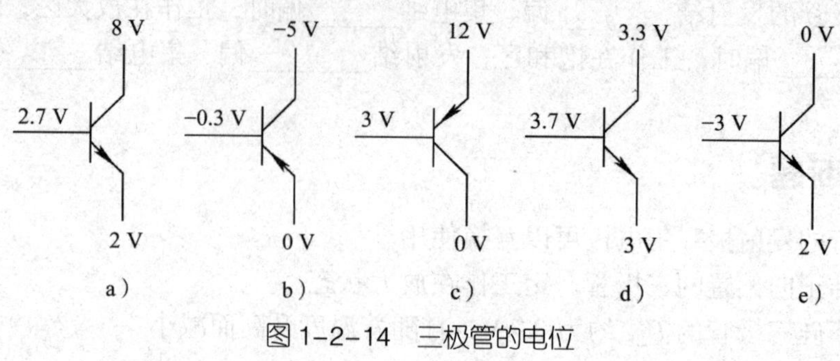

图 1–2–14　三极管的电位

3. 某只处于放大状态的三极管接在电路中，看不出型号和其他标记，用万用表测得各极电位分别是 V_1=−9.5 V，V_2=−5.9 V，V_3=−6.2 V，分析该三极管的类型和极性。

4. 如果对应教材中图 1–2–9 所示的三极管驱动电路的三极管 V1 发射结内部开路，那么会出现什么故障现象？为什么？

5. 对应教材中图 1–2–9 所示的三极管驱动电路的输入电压 u_i=5 V，白炽灯 EL 不亮，简述故障检修步骤。

课题二
放大电路及其应用

任务 1　单管放大电路及其应用

要点提示

学习重点：

1. 了解固定偏置放大电路的组成、工作原理和图解分析法。
2. 掌握分压式射极偏置放大电路的组成和稳定静态工作点原理。
3. 掌握射极输出器的组成和工作特点。
4. 熟悉单管放大电路的安装、调试与检修。

学习难点：

1. 直流通路、交流通路的画法。
2. 静态工作点、电压放大倍数的计算。
3. 单管放大电路的调试与检修。

复习提问

1. 判断图 2–1–1 所示三极管的类型。

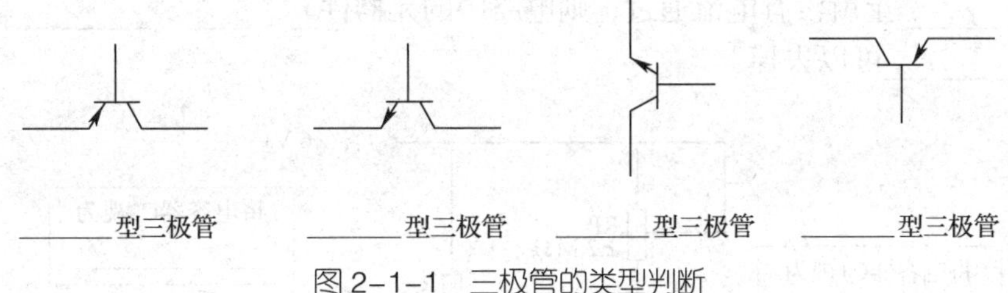

图 2-1-1　三极管的类型判断

2. 回顾图 2-1-2 所示的三极管的输出特性曲线，完成填空。

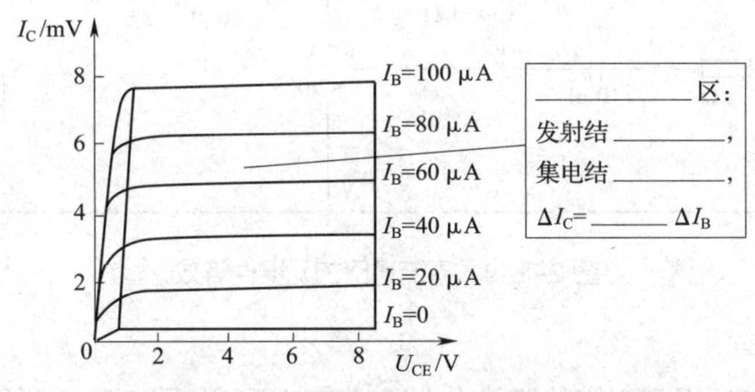

图 2-1-2　三极管的输出特性曲线

3. 回顾图 2-1-3 所示的三极管驱动电路板，通电后，如果白炽灯不亮，首先应测量______的电压；若该电压正常，则应继续测量______的电压。

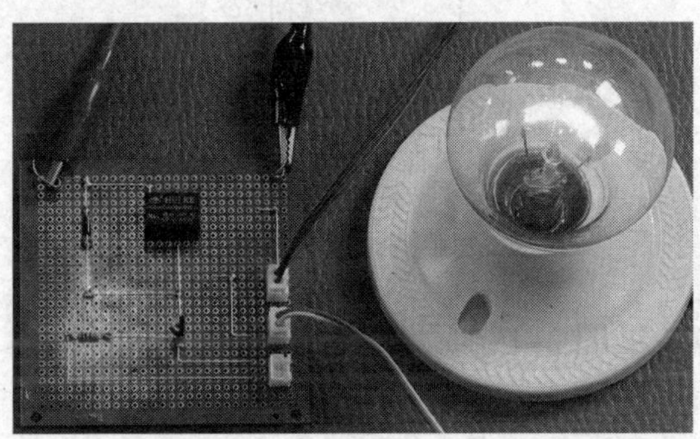
图 2-1-3　三极管驱动电路板

一、固定偏置放大电路

1. 固定偏置放大电路的直流通路

（1）元器件等效

图 2-1-4 所示的固定偏置放大电路中，当电容器 C1、C2 被视为______后，元器件

________、________上就没有电流通过，则电路中的元器件________、________、________、________、________可以去掉。

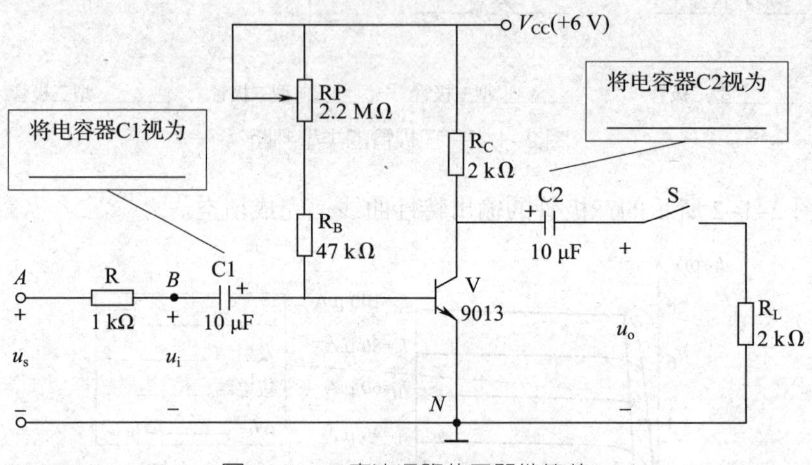

图 2-1-4　直流通路的元器件等效

（2）等效变换

去掉上述元器件后得到固定偏置放大电路的直流通路如图 2-1-5 所示。

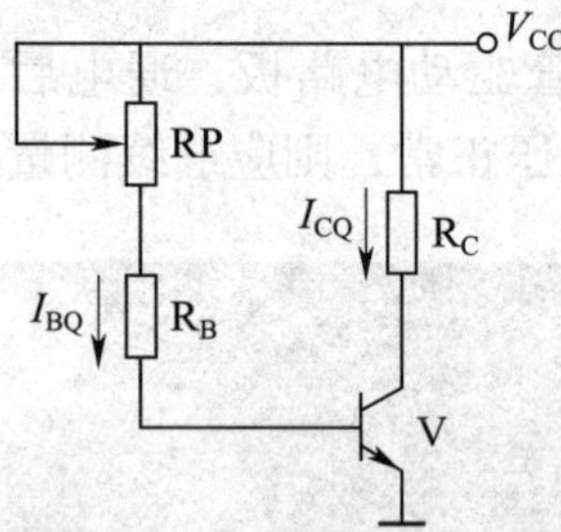

图 2-1-5　固定偏置放大电路的直流通路

（3）静态工作点计算（见图 2-1-6）

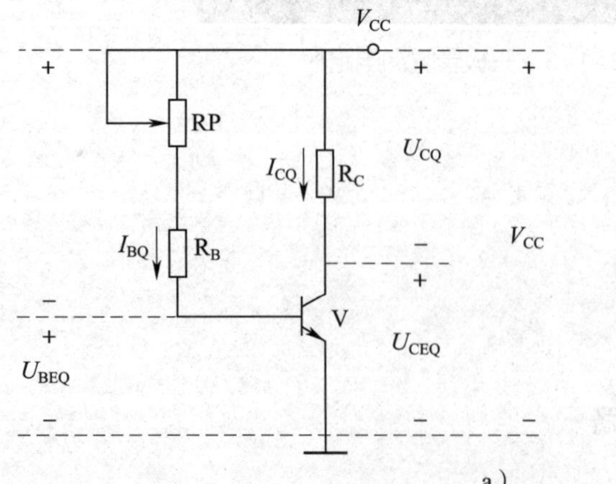

I_{BQ}=(V_{CC}−______)/________

I_{CQ}=____________

U_{CEQ}=________−________

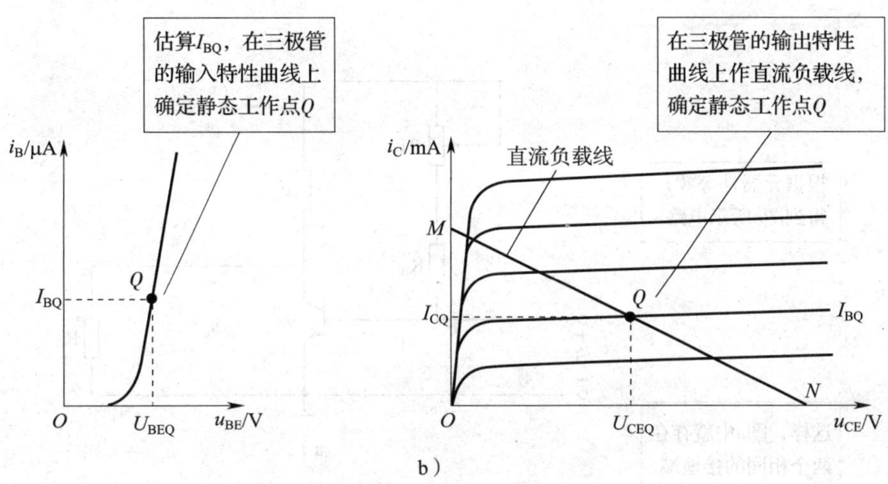

图 2–1–6 静态工作点计算

a）估算法 b）图解分析法

2. 固定偏置放大电路的交流通路

（1）交流通路的元器件等效（见图 2–1–7）

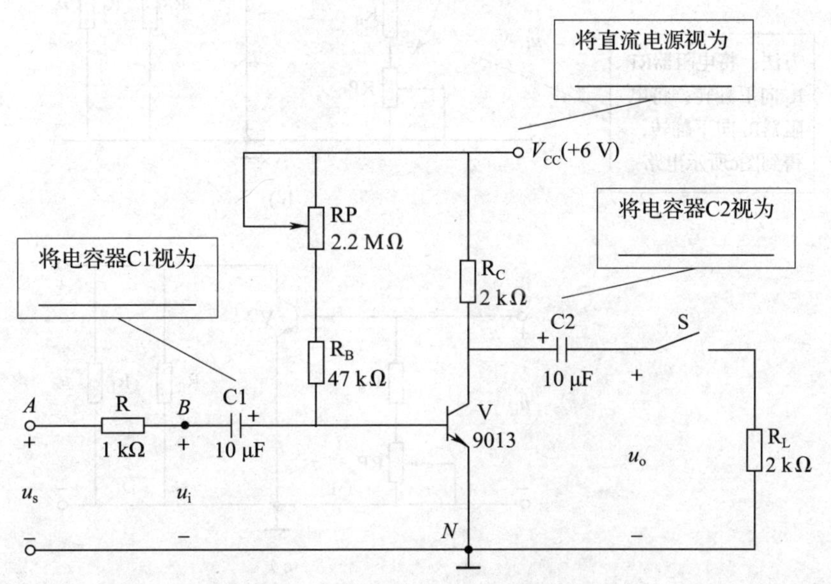

图 2–1–7 交流通路的元器件等效

（2）等效变换（见图 2-1-8）

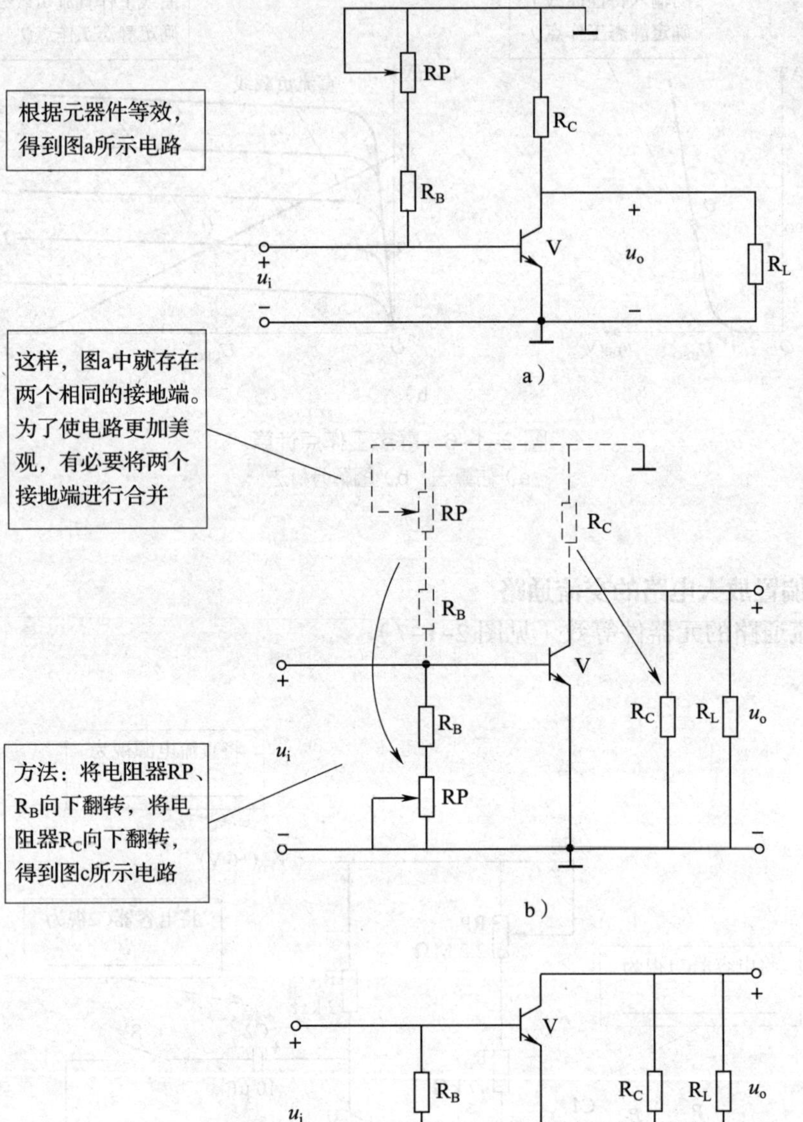
根据元器件等效，得到图a所示电路
RP
R_C
R_B
V
+
u_i
−
+
u_o
−
R_L
a）
这样，图a中就存在两个相同的接地端。为了使电路更加美观，有必要将两个接地端进行合并
RP
R_C
R_B
V
+
u_i
−
R_B
RP
R_C
R_L
u_o
+
−
方法：将电阻器RP、R_B向下翻转，将电阻器R_C向下翻转，得到图c所示电路
b）
V
+
u_i
−
R_B
RP
R_C
R_L
u_o
+
−
c）

图 2-1-8　固定偏置放大电路的交流通路

a）变换一　b）变换二　c）变换三

（3）电压放大倍数、输入电阻、输出电阻计算

1）电压放大倍数的计算（见图 2-1-9）

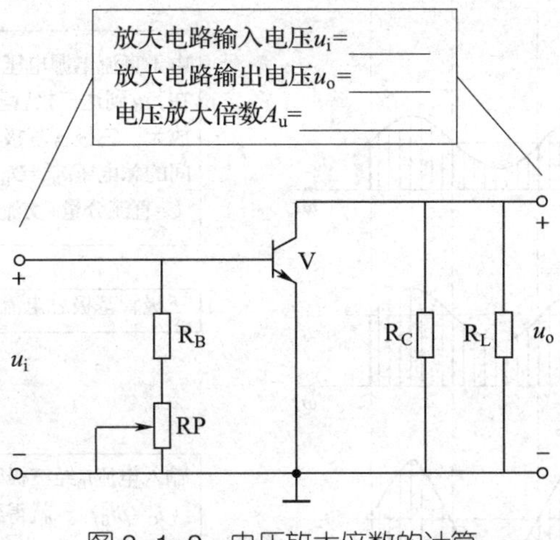

图 2-1-9 电压放大倍数的计算

2）输入电阻的计算（见图 2-1-10）

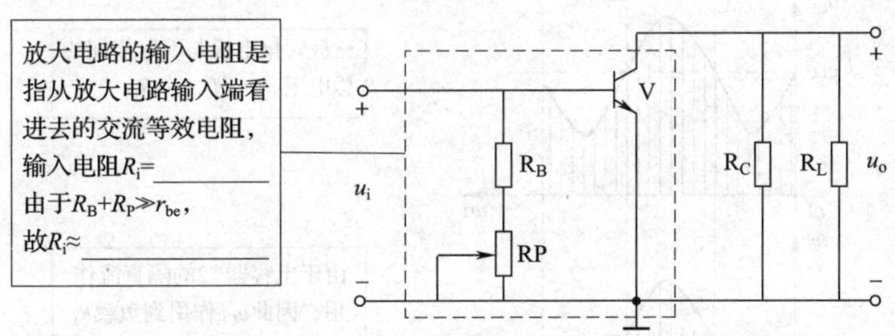

图 2-1-10 输入电阻的计算

3）输出电阻的计算（见图 2-1-11）

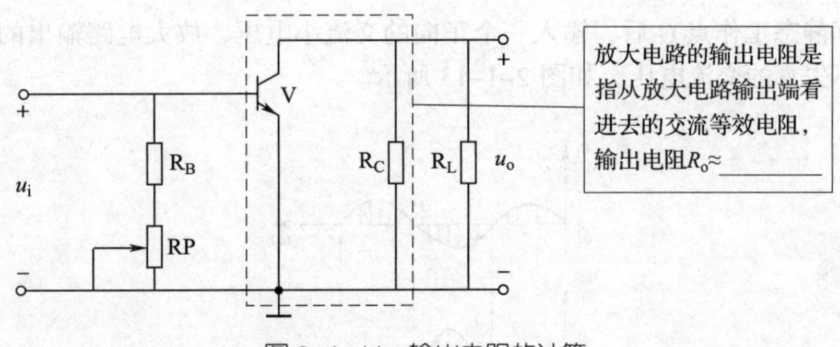

图 2-1-11 输出电阻的计算

3. 固定偏置放大电路的波形

固定偏置放大电路各部分的波形如图 2-1-12 所示。

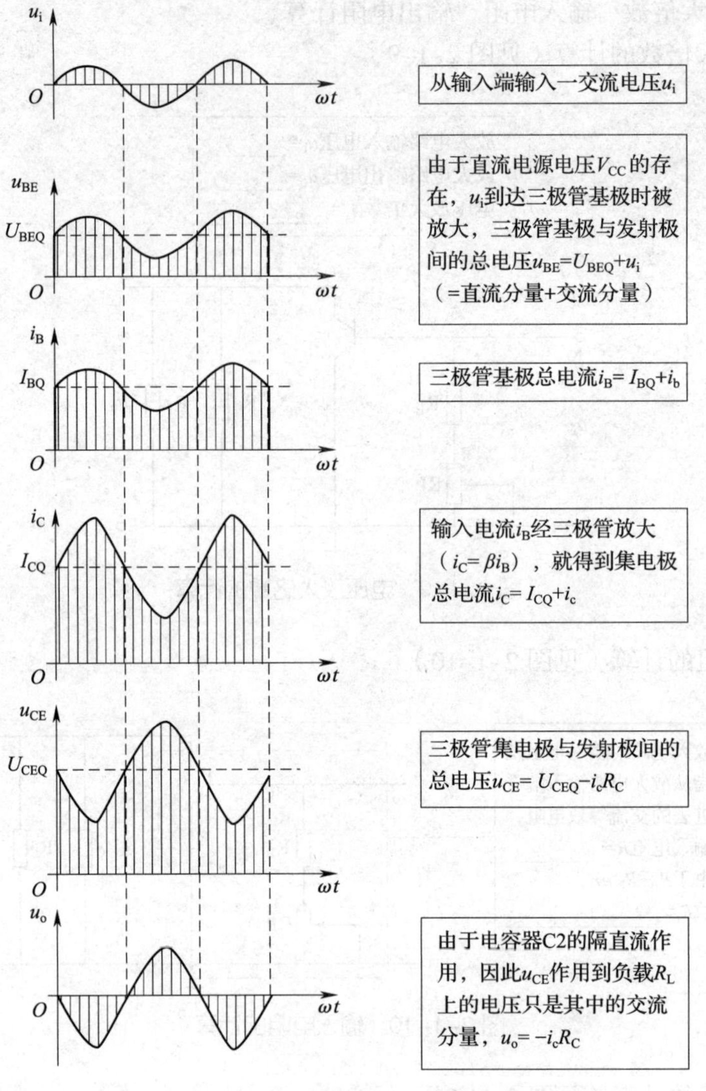

图 2-1-12　固定偏置放大电路各部分的波形

当设置好静态工作点 Q 后，输入一个正向的交流小电压，放大电路输出的是一个被放大、反向、不失真的交流电压，如图 2-1-13 所示。

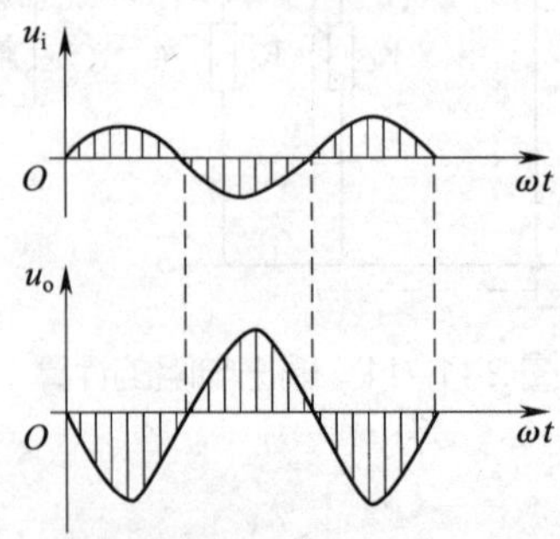

图 2-1-13　固定偏置放大电路的输入、输出电压波形

4. 静态工作点 Q 的重要性

静态工作点 Q 选择不当，会使放大电路工作时产生信号波形的失真，如图 2-1-14 所示。

（1）若静态工作点位置过高，近于 Q_A 处，输入信号的正半周有一部分进入饱和区，造成输出信号波形的负半周被部分削平，产生“饱和失真”。

（2）若静态工作点位置过低，近于 Q_B 处，输入信号的负半周有一部分进入截止区，造成输出信号波形的正半周被部分削平，产生“截止失真”。

饱和失真和截止失真统称为非线性失真。

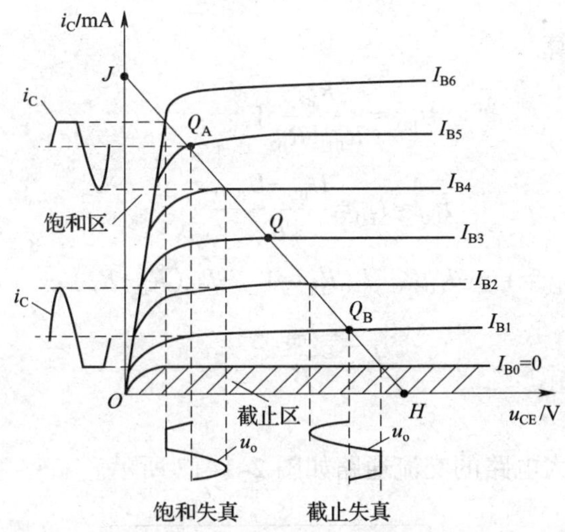

图 2-1-14　波形失真与静态工作点的关系

为了获得幅度大且不失真的输出信号，放大电路的静态工作点应设置在交流负载线的中点 Q 附近。

二、分压式射极偏置放大电路

1. 直流通路分析

分压式射极偏置放大电路的直流通路如图 2-1-15 所示。

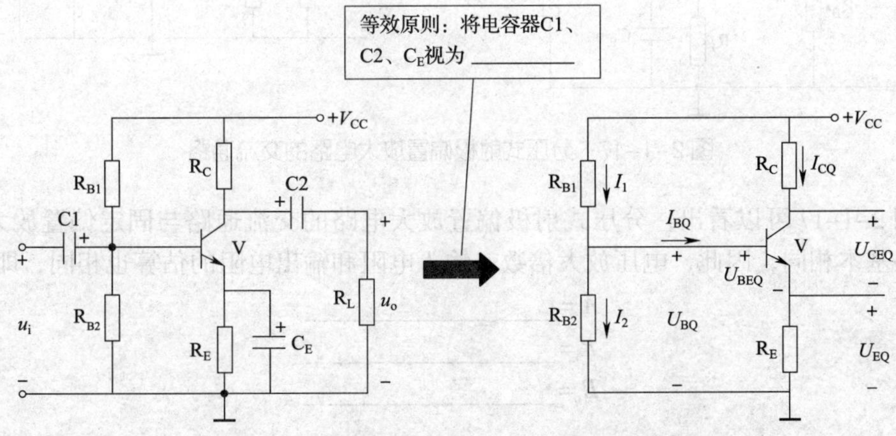

图 2-1-15　分压式射极偏置放大电路的直流通路

（1）静态工作点稳定原理

静态工作点的稳定过程如图 2-1-16 所示。

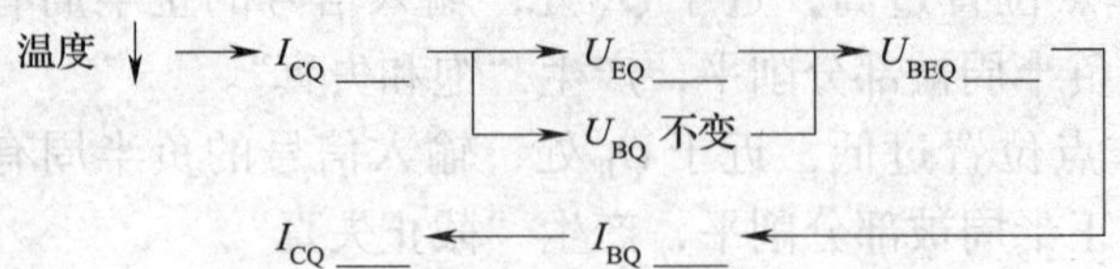

图 2-1-16　静态工作点的稳定过程

（2）静态工作点估算

$$U_{BQ} \approx \frac{R_{B2}}{R_{B1}+R_{B2}} V_{CC}$$

$$I_{CQ} \approx I_{EQ} = \frac{U_{BQ}-U_{BEQ}}{R_E}$$

$$U_{CEQ} = V_{CC} - I_{CQ}R_C - I_{EQ}R_E \approx V_{CC} - I_{CQ}(R_C+R_E)$$

$$I_{BQ} \approx \frac{I_{CQ}}{\beta}$$

2. 交流通路分析

分压式射极偏置放大电路的交流通路如图 2-1-17 所示。

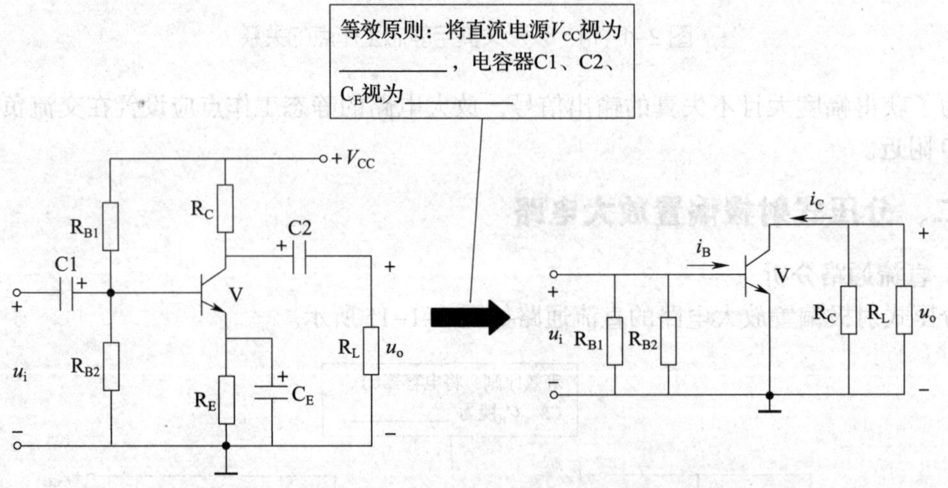

图 2-1-17　分压式射极偏置放大电路的交流通路

由图 2-1-17 可以看出，分压式射极偏置放大电路的交流通路与固定偏置放大电路的交流通路基本相同，因此，电压放大倍数、输入电阻和输出电阻的估算也相同，即

A_u=____________________

R_i=____________________

R_o=____________________

三、射极输出器

1. 直流通路分析

射极输出器电路的直流通路如图 2–1–18 所示。

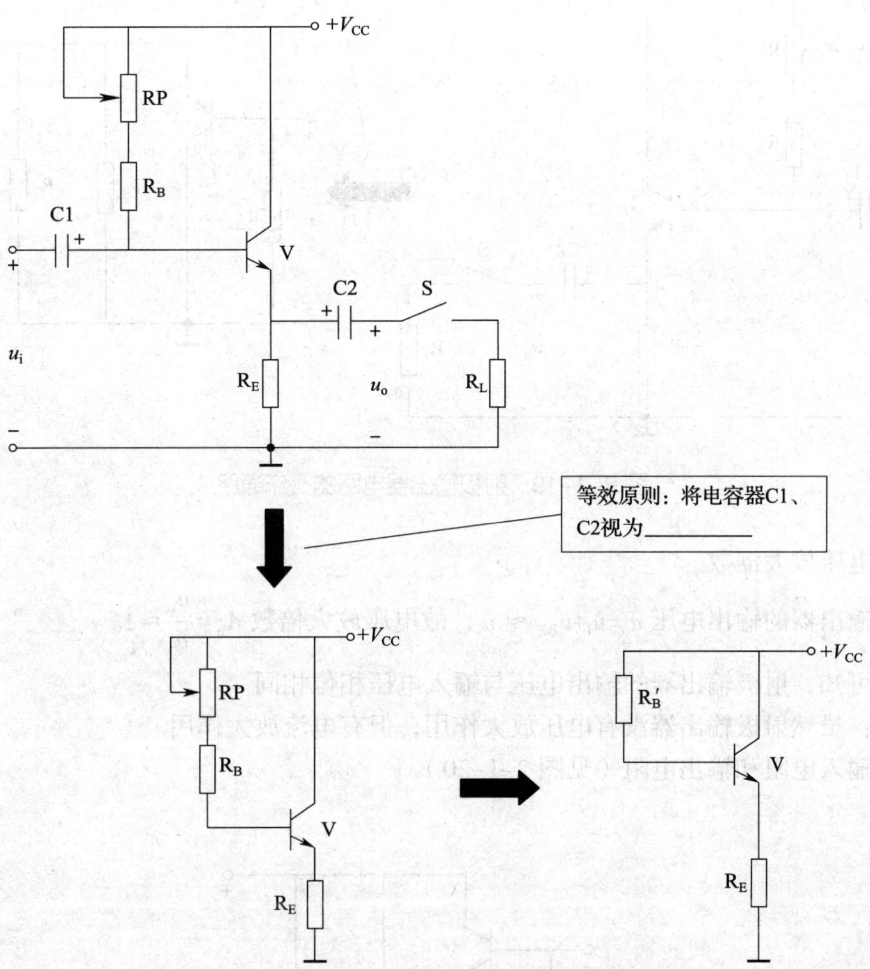

图 2–1–18　射极输出器电路的直流通路

静态工作点估算如下：

由 $V_{CC}=I_{BQ}R_B'+U_{BEQ}+(1+\beta)I_{BQ}R_E$ 可得

$$I_{BQ}=\frac{V_{CC}-U_{BEQ}}{R_B'+(1+\beta)R_E}$$

$$I_{CQ}=\beta I_{BQ}$$

$$U_{CEQ}=V_{CC}-I_{EQ}R_E\approx V_{CC}-I_{CQ}R_E$$

2. 交流通路分析

射极输出器电路的交流通路如图 2–1–19 所示。

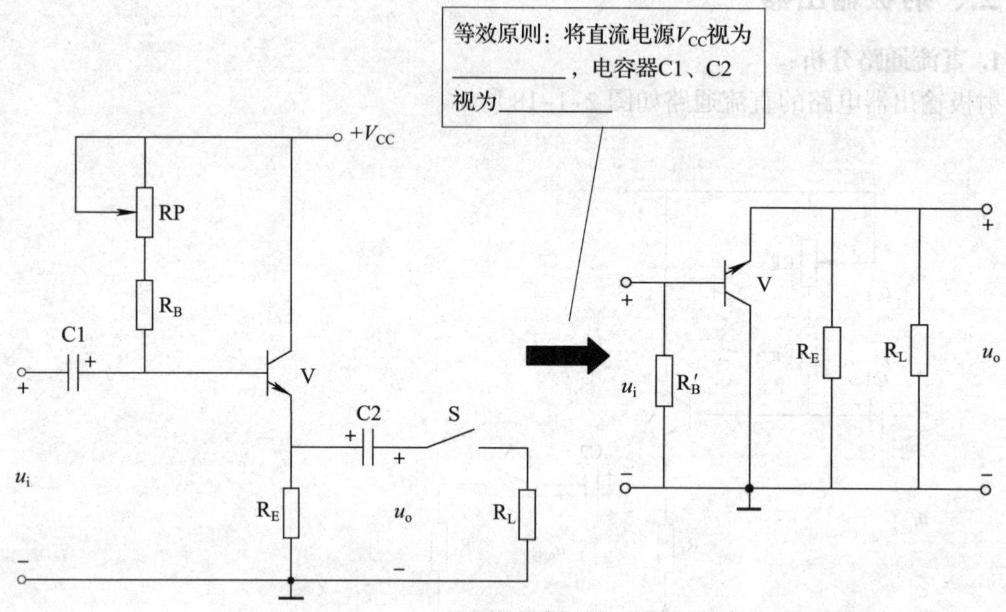

图 2-1-19　射极输出器电路的交流通路

（1）电压放大倍数

射极输出器的输出电压 $u_o=u_i+u_{BE}\approx u_i$，故电压放大倍数 $A_u=\frac{u_o}{u_i}\approx 1$。

由此可知，射极输出器的输出电压与输入电压相位相同。

注意：虽然射极输出器没有电压放大作用，但有电流放大作用。

（2）输入电阻和输出电阻（见图 2-1-20）

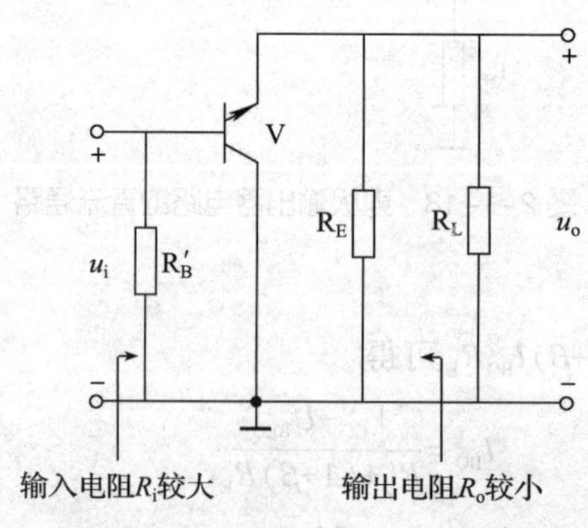

图 2-1-20　输入电阻和输出电阻

软件仿真和实训操作使用的单管放大电路如对应教材中图 2–1–25 所示。

一、软件仿真

1. 启动 Proteus，进入原理图设计界面

启动 Proteus 8 Professional，进入主界面，新建工程，进入原理图设计界面。

2. 绘制原理图

从元器件库中选取单管放大电路仿真所需的元器件，添加到对象选择器窗口，再放置到图形编辑窗口，然后布线，绘制好的单管放大电路仿真原理图如图 2–1–21 所示，保存工程。

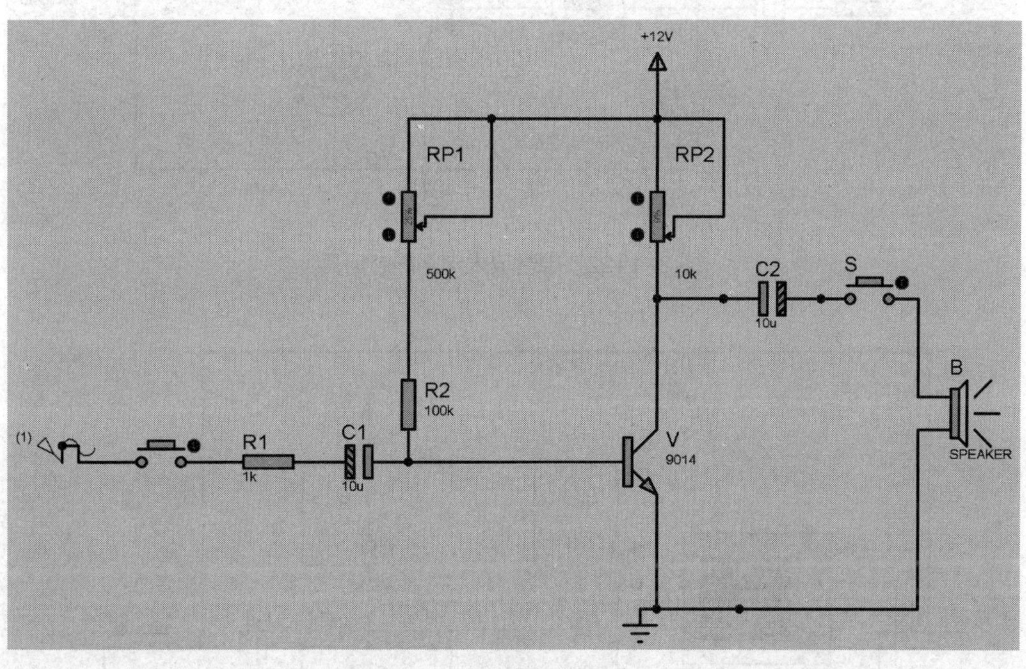

图 2–1–21　单管放大电路仿真原理图

3. 仿真调试

（1）静态仿真

如图 2–1–22 所示，信号输入端接地，并联接入虚拟电压表，串联接入虚拟电流表，按下仿真按钮，观察并记录电压表和电流表的读数，分析三极管的工作状态。

（2）动态仿真

如图 2–1–23 所示，接入信号源和虚拟示波器，按下仿真按钮，观察并记录示波器中输入、输出电压波形，聆听扬声器的声音，对比空载时和接负载时放大电路的输出电压变化。

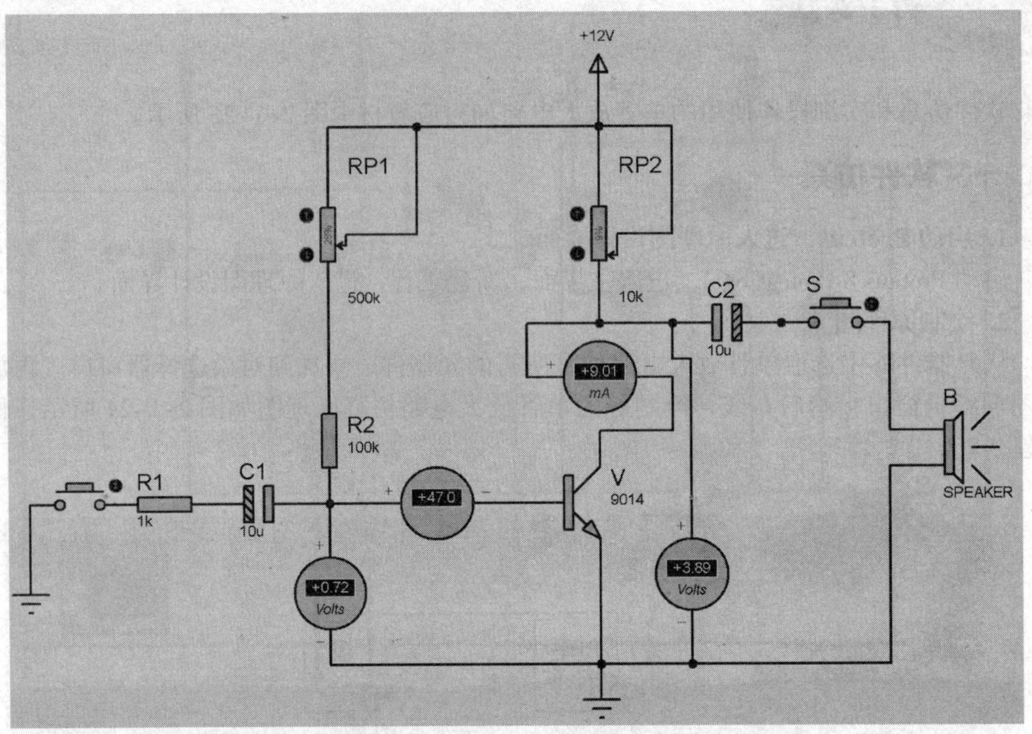

图 2-1-22　单管放大电路静态仿真

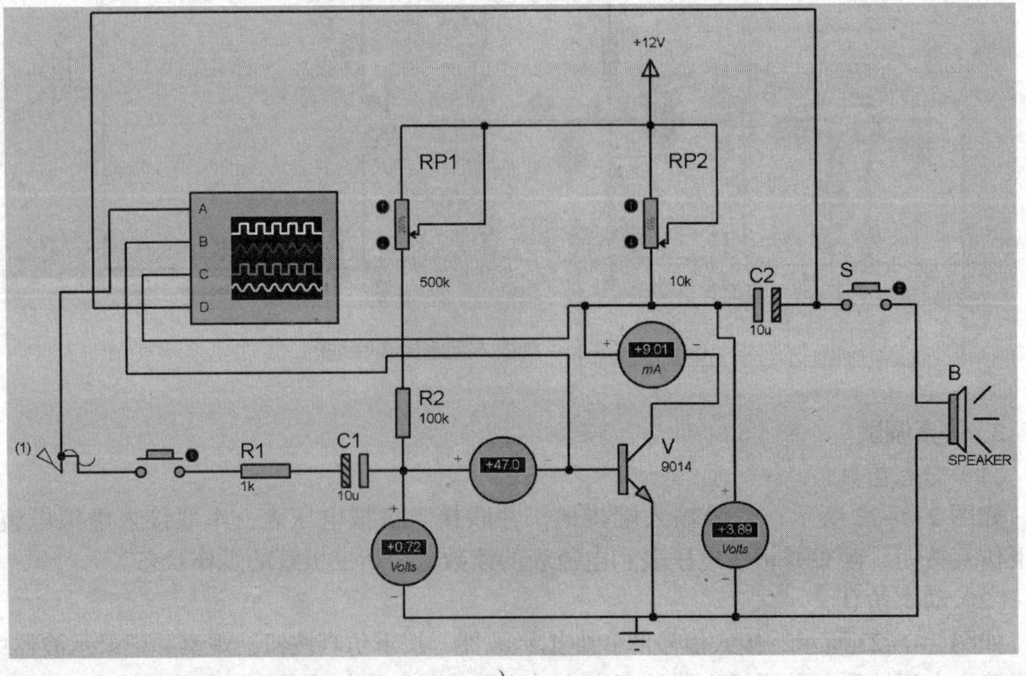

a）

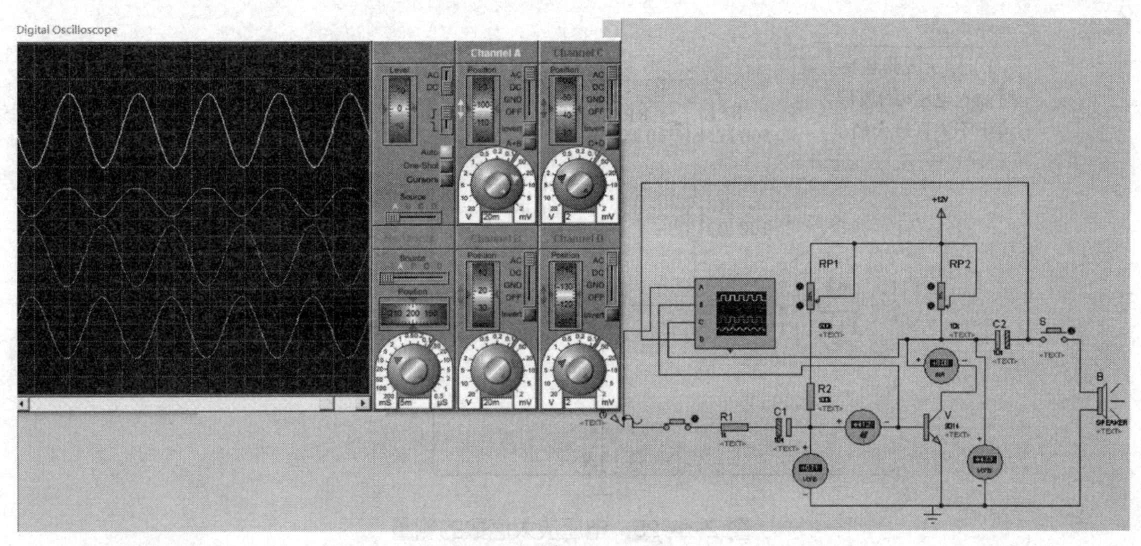

b）

图 2–1–23　单管放大电路动态仿真

a）仿真布置　b）仿真调试

二、实训操作

1. 静态工作点的测量

如图 2–1–24 所示，断开信号源，输入端 A 点接地，闭合开关 S，用万用表测量单管放大电路有载时的静态工作点。

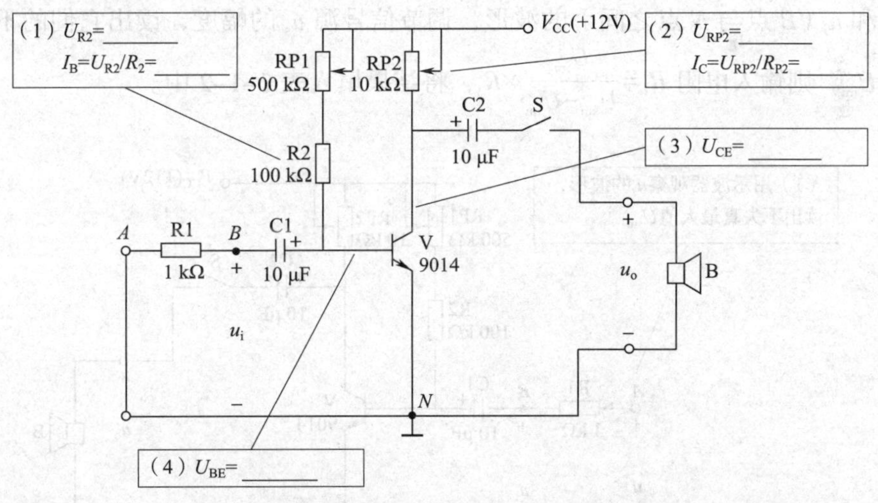

图 2–1–24　静态工作点的测量

2. 电压放大倍数 A_u 的测量

如图 2–1–25 所示，闭合开关 S，输入端 A 点接信号源 u_s，用示波器观察有载时放大电路输入电压 u_i（B 点与 N 点之间）和输出电压 u_o 的波形，读出它们的不失真最大值 U_{im} 和 U_{om}，则电压放大倍数 $A_u=\dfrac{U_{om}}{U_{im}}$，将结果填入表 2–1–1 中。

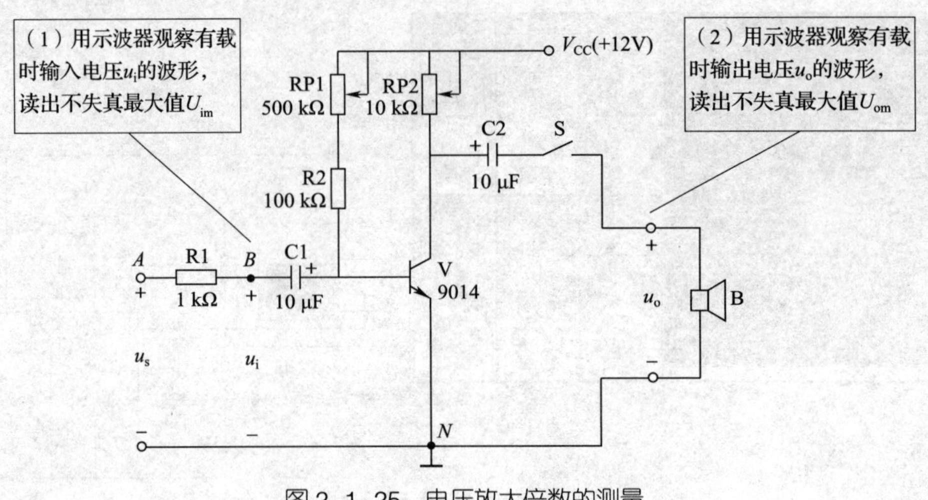

图 2-1-25　电压放大倍数的测量

表 2-1-1　电压放大倍数的测量与计算记录

U_{im}	U_{om}	$A_u=\frac{U_{om}}{U_{im}}$

3. 输入电阻 R_i 的测量

如图 2-1-26 所示，闭合开关 S，输入端 A 点接信号源 u_s，用示波器观察 u_s（A 点与 N 点之间）和 u_i（B 点与 N 点之间）的波形，调节信号源 u_s 的幅度，读出它们的不失真最大值 U_{sm} 和 U_{im}，则输入电阻 $R_i=\frac{U_{im}}{U_{sm}-U_{im}}\times R_1$，将结果填入表 2-1-2 中。

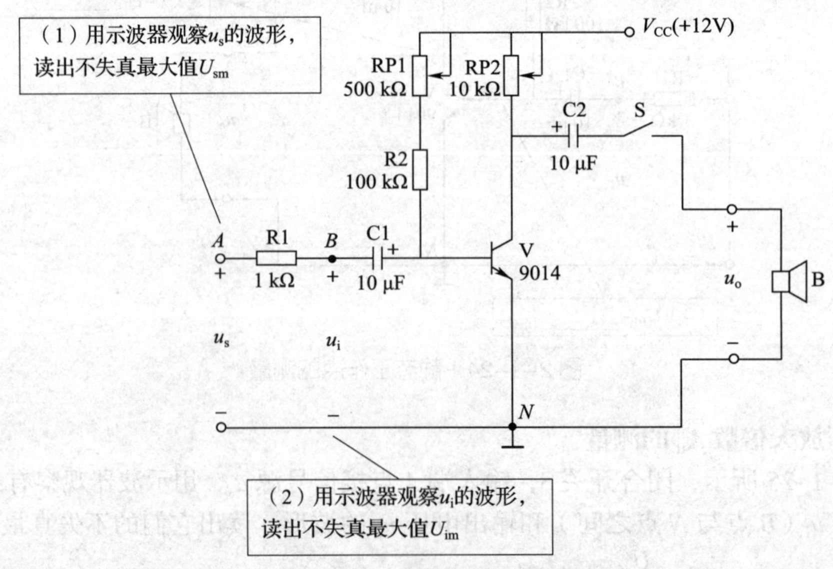

图 2-1-26　输入电阻的测量

表 2–1–2　输入电阻的测量与计算记录

U_{sm}	U_{im}	$R_i=\dfrac{U_{im}}{U_{sm}-U_{im}}\times R_1$

4. 输出电阻 R_o 的测量

如图 2–1–27 所示，输入端 A 点接信号源 u_s，用示波器观察 u_o 的波形，先断开开关 S，将扬声器 B 断开，读出空载时的不失真最大值 U_{om}，而后闭合开关 S，将扬声器 B 接上，再读出有载时的不失真最大值 U'_{om}，则输出电阻 $R_o=\left(\dfrac{U_{om}}{U'_{om}}-1\right)\times R_L$，其中 R_L 为扬声器 B 的等效电阻值，将结果填入表 2–1–3 中。

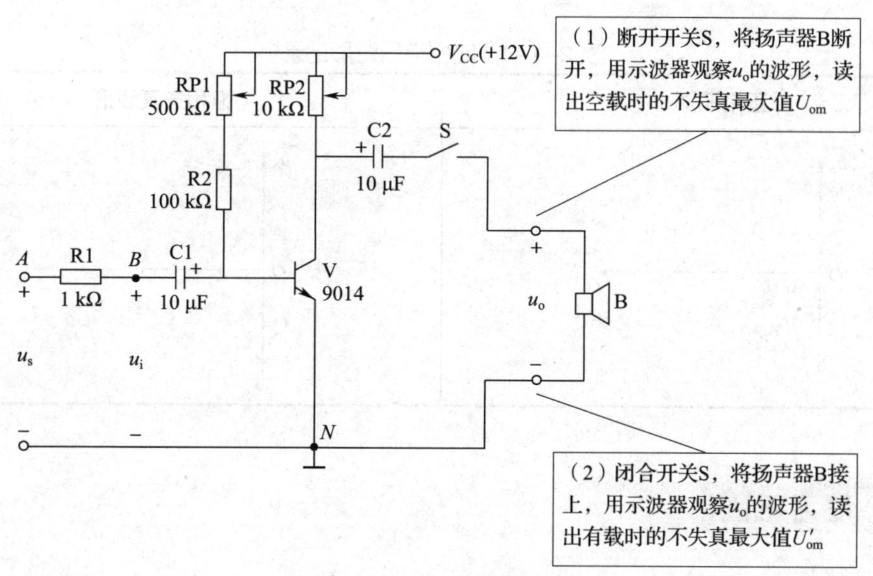

图 2–1–27　输出电阻的测量

表 2–1–3　输出电阻的测量与计算记录

U_{om}	U'_{om}	$R_o=\left(\dfrac{U_{om}}{U'_{om}}-1\right)\times R_L$

5. 观察静态工作点对输出波形的影响

如图 2–1–28 所示，调节电位器 RP1（减小其电阻值），用示波器观察输出电压波形，当调节到一定的程度时，波形的底部会被削平，电路出现饱和失真现象，记录输出电压正常波形和饱和失真波形的形状，将结果填入表 2–1–4 中。

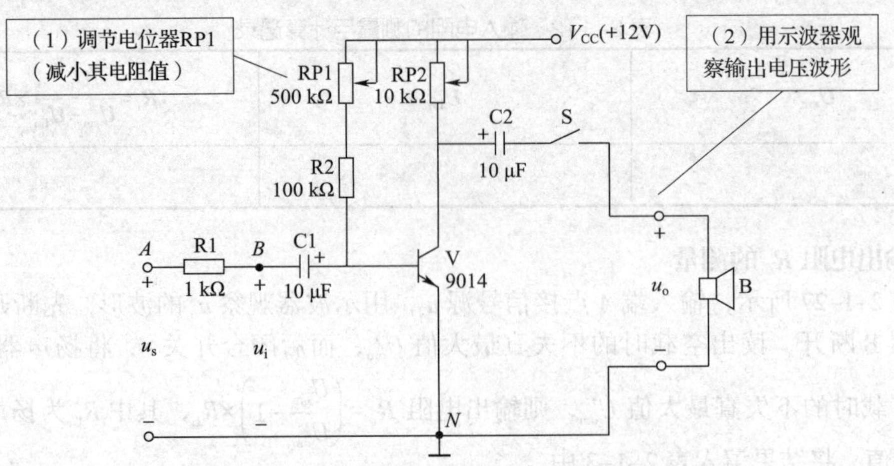

图 2-1-28　观察静态工作点对输出波形的影响

表 2-1-4　输出电压波形记录

正常波形	饱和失真波形
u_o O　　　　　t	u_o O　　　　　t

复习巩固

一、填空题

1. 放大电路按三极管的连接方式，可分为__________放大电路、__________放大电路和__________放大电路。

2. 放大电路中三极管的静态工作点是指________、________和________。

3. 放大电路在动态时，u_{CE}、i_B、i_C 都包括________分量和________分量两部分。在固定偏置放大电路中，输出电压 u_o 和输入电压 u_i 相位________。

4. 影响静态工作点稳定的主要因素是________，此外，________和________也会影响静态工作点的稳定。

5. 在固定偏置放大电路中，若静态工作点设置过高，容易产生________失真，消除失真的方法是______________________，使 Q 点适当______；若静态工作点设置过低，容易产生________失真，此时输出信号的______半周出现平顶，输出信号的______半周被部分削平。

6. 当环境温度升高时，三极管的 U_{BE}________、I_{CBO}________、β________，进而导致 I_C________，Q 点________。最常用的稳定静态工作点的放大电路是____________________________。

7. 射极输出器又称为____________________，其电压放大倍数__________，输出电压与输入电压相位________。

8. 射极输出器具有________放大作用。

二、判断题

1. 在三极管放大电路中，其发射结加正向电压，集电结加反向电压。（　　）
2. 共射极放大电路的输出电压和输入电压相位相反，因此又称为反相器。（　　）
3. 放大电路的静态工作点确定后，就不会受到外界因素的影响。（　　）
4. 固定偏置放大电路产生截止失真的原因是其静态工作点设置偏低。（　　）
5. 分压式射极偏置放大电路中，三极管的 β 增大时，电压放大倍数基本不变。（　　）
6. 采用分压式射极偏置放大电路的主要目的是增大输入电阻。（　　）
7. 分压式射极偏置放大电路中，若旁路电容器断开，那么放大电路的电压放大倍数减小，输入电阻增大。（　　）
8. 分压式射极偏置放大电路中，若出现了饱和失真，应将上基极偏置电阻调大。（　　）
9. 射极输出器的输入电压小，输出电压大，没有放大作用。（　　）
10. 射极输出器的输入电阻大，输出电阻小。（　　）

三、选择题

1. 低频放大电路放大的对象是电压、电流的（　　）。

A. 稳定值　　B. 变化量

C. 平均值

2. 放大电路在动态时，为避免失真，发射结电压的直流分量和交流分量的大小关系通常为（　　）。

A. 直流分量大　　B. 交流分量大

C. 相等

3. 在放大电路中，为了使工作在饱和状态的三极管进入放大状态，可以采用的方法是（　　）。

A. 减小 I_B　　B. 提高 V_{CC} 的绝对值

C. 减小 R_C

4. 如图 2-1-29 所示的单管放大电路，当输入交流电压时，输出电压波形的负半周出现了平顶失真，则这种失真是（　　）。

A. 截止失真　　B. 饱和失真

C. 频率失真

为了消除失真，应当（　　）。

A. 减小 R_C　　　　　　　　　　B. 改换 β 较小的三极管
C. 增大 R_B　　　　　　　　　　D. 减小 R_B

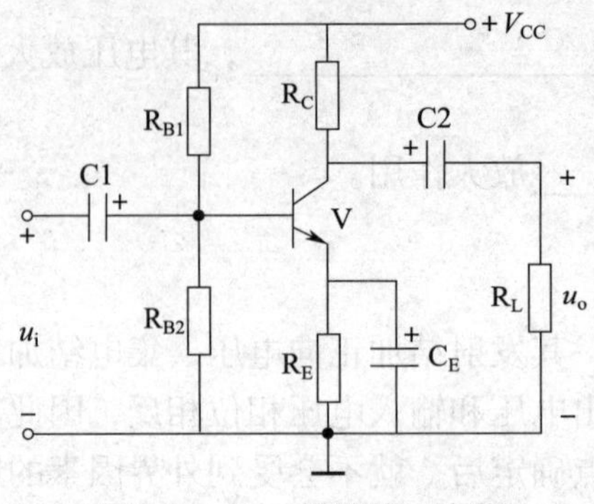

图 2-1-29　单管放大电路

四、简答题

1. 一个固定偏置放大电路由哪些元器件组成？各元器件的作用是什么？

2. 什么是放大电路的直流通路和交流通路？

3. 如果放大电路产生输出波形失真，是否说明静态工作点一定不合适？为什么？

4. 图 2-1-30 所示的固定偏置放大电路中，已知三极管的β=50，V_{CC}=12 V，R_B=250 kΩ，R_C=4 kΩ，R_L=1 kΩ，求其静态工作点。

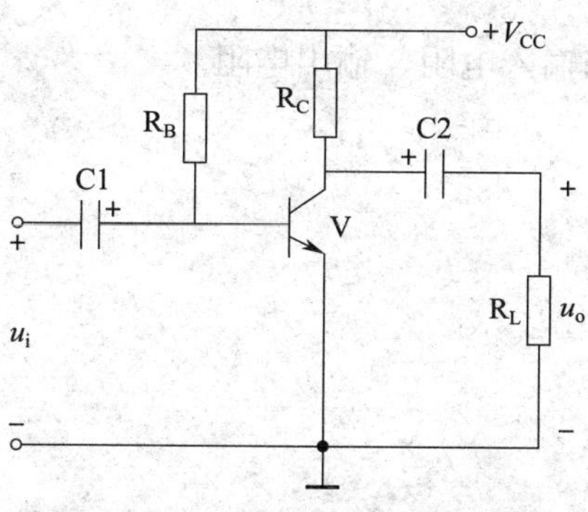

图 2-1-30 固定偏置放大电路

5. 图 2-1-31 所示的电路有无正常的电压放大作用？为什么？

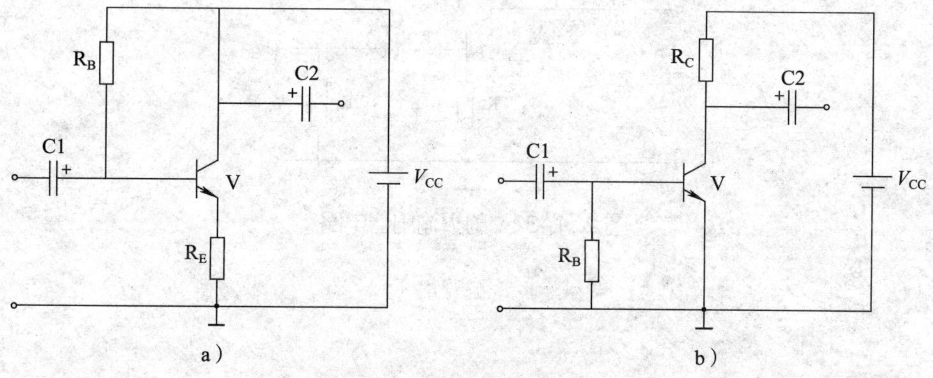

图 2-1-31 单管放大电路

6. 图 2–1–29 所示的单管放大电路中，已知三极管的 U_{BEQ}=0.7 V，β=50，R_{B1}=8 kΩ，R_{B2}=2 kΩ，R_C=2 kΩ，R_E=850 Ω，R_L=3 kΩ。

（1）计算静态工作点。

（2）计算电压放大倍数和输入电阻、输出电阻。

7. 图 2–1–32 所示的射极输出器电路中，已知 V_{CC}=12 V，R_B=200 kΩ，R_E=3 kΩ，R_L=6 kΩ，三极管的β=50，画出其直流通路，并计算静态工作点。

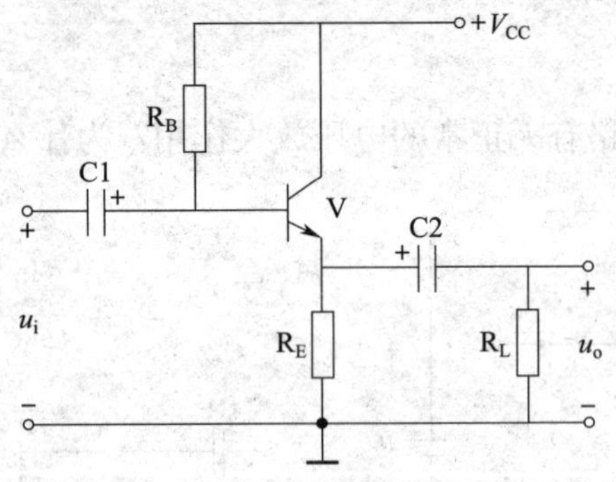

图 2–1–32　射极输出器电路

8. 若对应教材中图 2–1–25 所示的单管放大电路的输出电压波形产生截止失真，应如何解决？

9. 若对应教材中图 2–1–25 所示的单管放大电路的三极管的发射结或集电结开路，分别会出现什么故障现象？为什么？

任务 2　负反馈多级放大电路及其应用

要点提示

学习重点：

1. 了解多级放大电路的级间耦合形式，会计算其电压放大倍数和输入、输出电阻。
2. 掌握反馈的概念、分类以及负反馈的作用。
3. 熟悉负反馈多级放大电路的组成、工作原理、安装、调试与检修。

学习难点：

1. 反馈的概念。
2. 四种反馈类型的判别。
3. 负反馈多级放大电路的调试与检修。

复习提问

1. 回顾图 2-2-1 所示的单管放大电路板，完成填空。

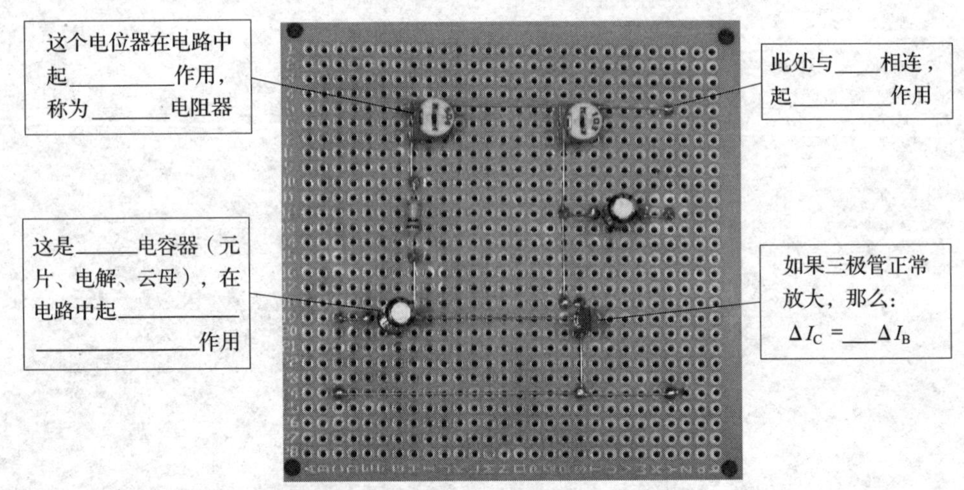

图 2-2-1　单管放大电路板

2. 指出图 2–2–2 所示的分压式射极偏置放大电路共有几处错误，并在图中进行修改。

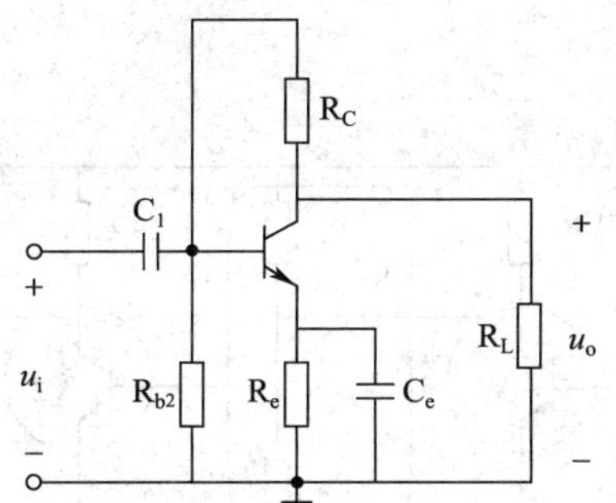

图 2–2–2 分压式射极偏置放大电路

一、多级放大电路

1. 什么是多级放大

（1）什么是“级”

多级放大电路中的每个单级放大电路称为“级”，如图 2–2–3 所示。

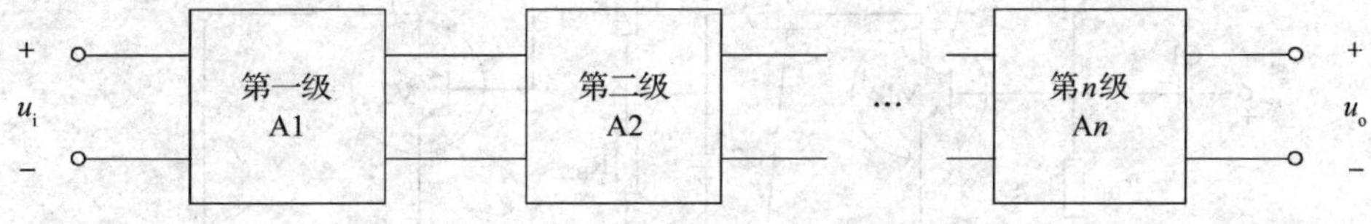

图 2–2–3 多级放大电路的组成框图

从图 2–2–3 可以看出，第一级的输出信号作为第二级的输入信号，即前级的输出作为后级的输入。

（2）什么是“耦合”

级与级之间的连接称为耦合。常用的耦合形式包括直接耦合、阻容耦合和变压器耦合，如图 2–2–4 所示。

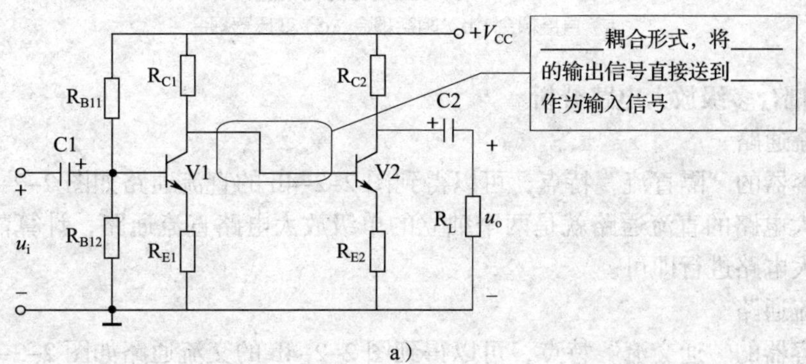

a）

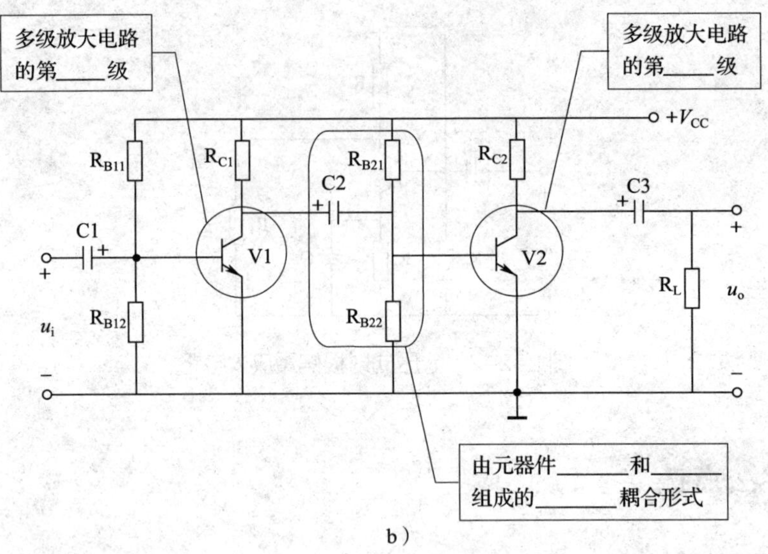

b）

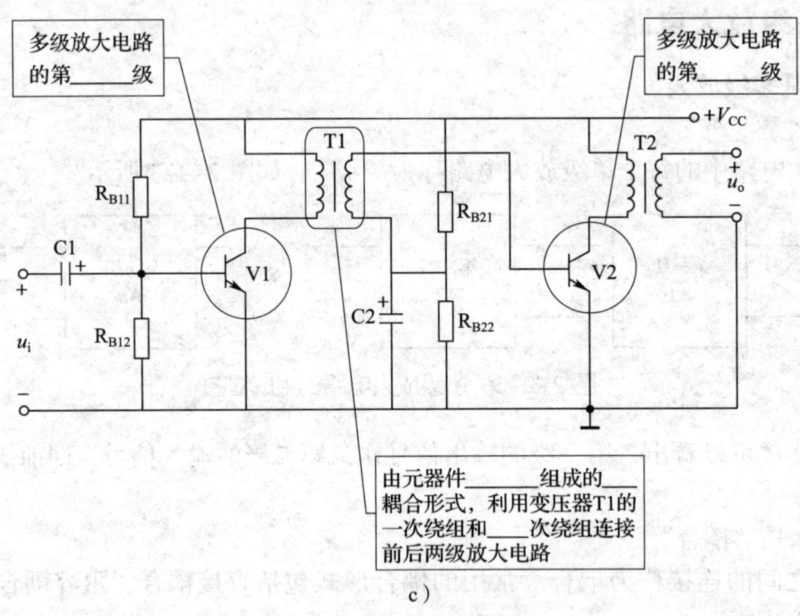

c）

图 2-2-4　多级放大电路的耦合形式

a）直接耦合　b）阻容耦合　c）变压器耦合

2. 阻容耦合多级放大电路分析

（1）直流通路

根据电容器的“隔直流”特点，可以得到图 2-2-4b 的直流通路如图 2-2-5 所示。

两级放大电路的直流通路就是两个独立的单级放大电路直流通路，计算静态工作点时按照单级放大电路进行即可。

（2）交流通路

根据电容器的“通交流”特点，可以得到图 2-2-4b 的交流通路如图 2-2-6 所示。

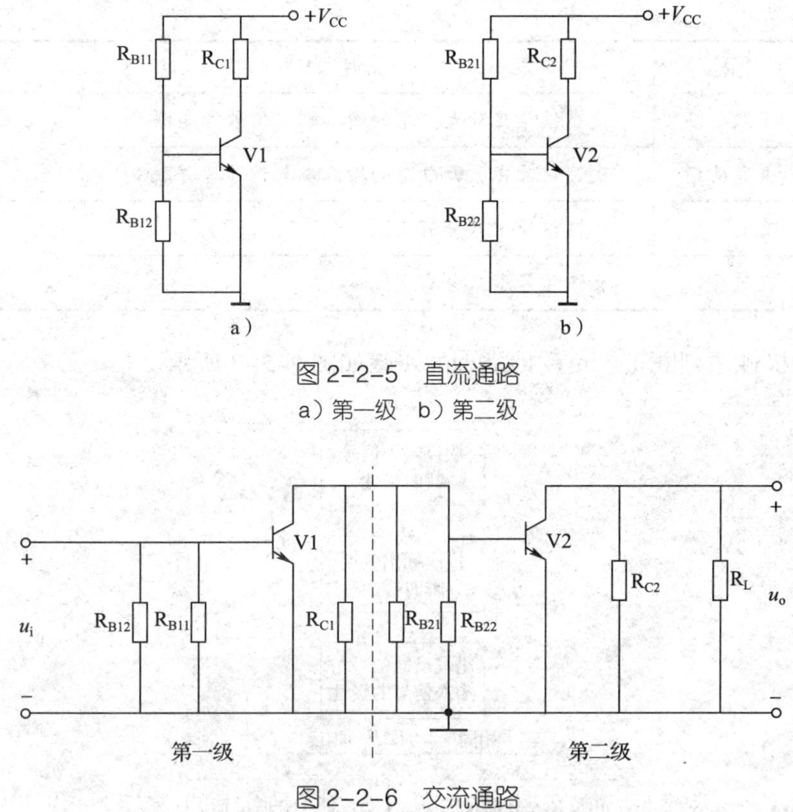

图 2-2-5 直流通路

a）第一级 b）第二级

图 2-2-6 交流通路

两级放大电路的交流通路近似于将两个单级放大电路的交流通路连接在一起。

上面分析了阻容耦合两级放大电路的等效情况，那么三级放大电路、四级放大电路，甚至更多级放大电路，它们的等效情况如何呢？

所谓多级放大，实际上就像传接力棒一样，前级把信号放大后输出给后级，后级在前级的基础上再放大，这样一级一级地放大下去（有几级，放大几次）。

二、反馈的概念

四种反馈类型及其判断方法见表 2-2-1。

表 2-2-1 四种反馈类型及其判断方法

类型	名称	说明	判断方法
正、负反馈	正反馈	反馈信号起增强放大电路净输入信号作用	瞬时极性法，步骤如图 2-2-7 所示
	负反馈	反馈信号起削弱放大电路净输入信号作用	
电压、电流反馈	电压反馈	反馈信号取自放大电路的输出电压	输出端短路法，步骤如图 2-2-8 所示
	电流反馈	反馈信号取自放大电路的输出电流	

续表

类型	名称	说明	判断方法
串联、并联反馈	串联反馈	反馈信号在放大电路的输入端与信号源串联	输入端短路法，步骤如图 2-2-9 所示
	并联反馈	反馈信号在放大电路的输入端与信号源并联	
直流、交流反馈	直流反馈	反馈信号中只含有直流量	
	交流反馈	反馈信号中只含有交流量	

使用瞬时极性法判断正、负反馈类型的步骤如图 2-2-7 所示。

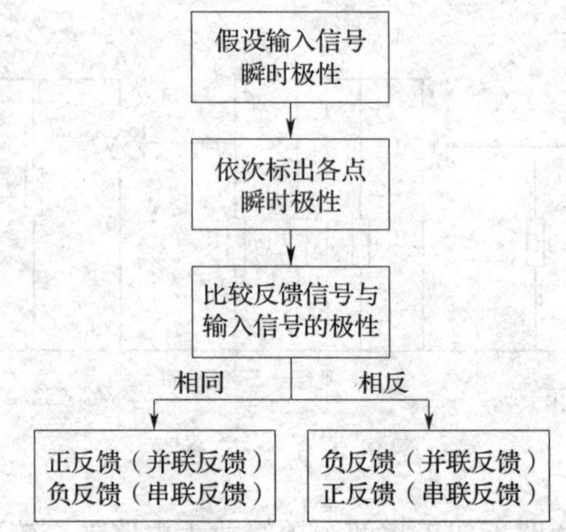

图 2-2-7　使用瞬时极性法判断正、负反馈类型的步骤

使用输出端短路法判断电压、电流反馈类型的步骤如图 2-2-8 所示。

使用输入端短路法判断串联、并联反馈类型的步骤如图 2-2-9 所示。

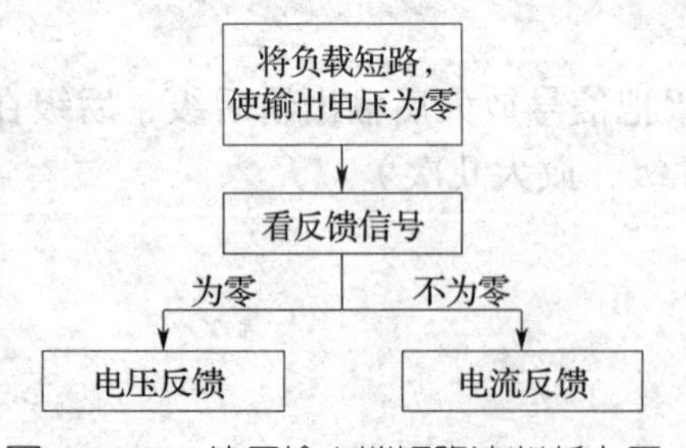

图 2-2-8　使用输出端短路法判断电压、电流反馈类型的步骤

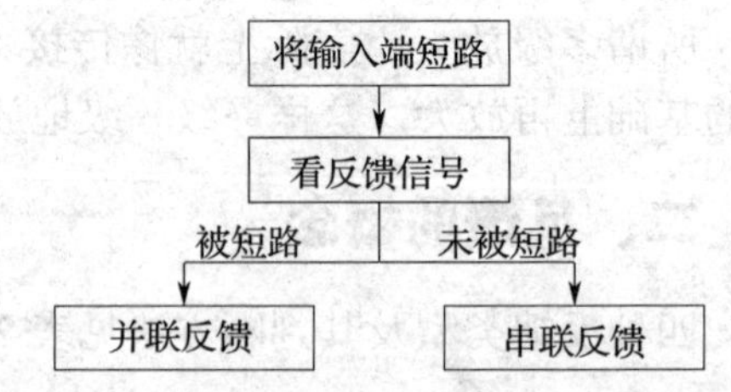

图 2-2-9　使用输入端短路法判断串联、并联反馈类型的步骤

三、负反馈多级放大电路的工作原理

1. 分析电路组成

分析图 2-2-10 所示负反馈多级放大电路的组成。

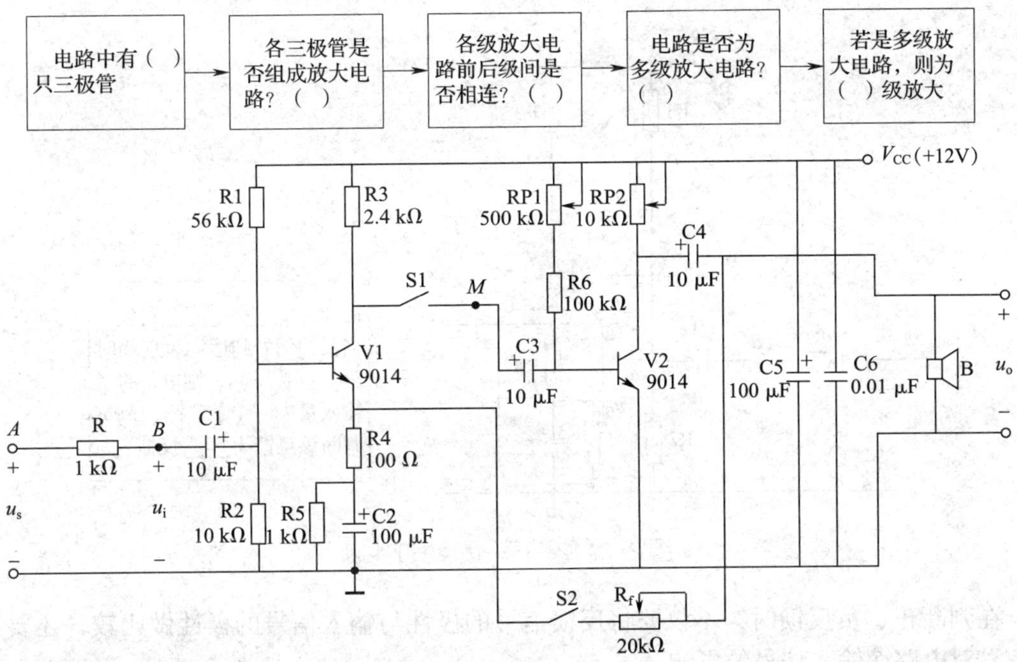

图 2-2-10　负反馈多级放大电路

2. 判断反馈类型

使用瞬时极性法判断电路中的反馈是正反馈还是负反馈。

（1）假设某一瞬间，A 点输入信号极性为“+”→经 C1 到 V1 基极→经 V1 反相放大，V1 集电极极性为“−”→经 C3 到 V2 基极→经 V2 反相放大，V2 集电极极性为“+”→经 C4、R_f 返回到 V1 发射极→V1 发射极极性为“+”，$u_{BE1}=u_{B1}-u_{E1}$，如图 2-2-11 所示。

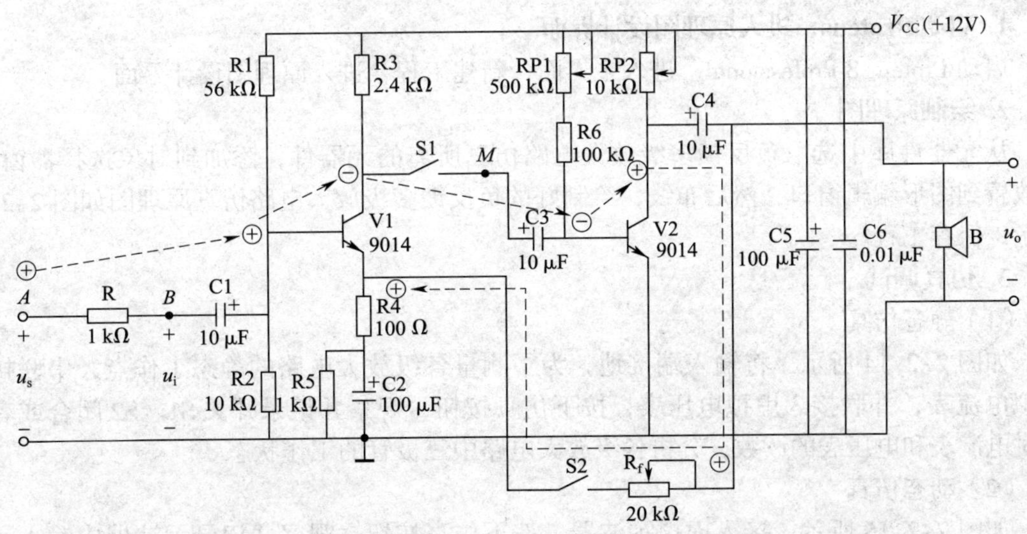

图 2-2-11　判断过程

（2）判断正、负反馈，如图 2-2-12 所示。

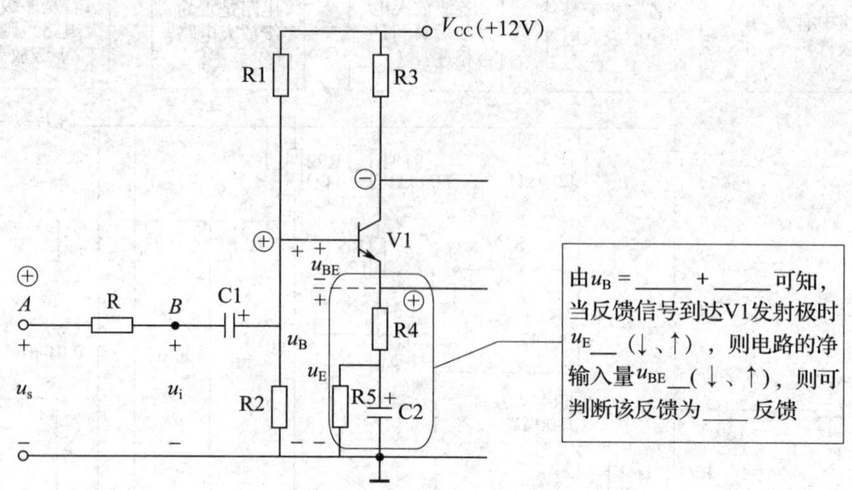

图 2-2-12　正、负反馈的判断

在判断正、负反馈时，不仅要将反馈信号的极性与输入信号的极性做比较，还要看反馈信号对电路净输入信号的影响。

动手实践

软件仿真和实训操作使用的负反馈多级放大电路如对应教材中图 2-2-8 所示。

一、软件仿真

1. 启动 Proteus，进入原理图设计界面

启动 Proteus 8 Professional，进入主界面，新建工程，进入原理图设计界面。

2. 绘制原理图

从元器件库中选取负反馈多级放大电路仿真所需的元器件，添加到对象选择器窗口，再放置到图形编辑窗口，然后布线，绘制好的负反馈多级放大电路仿真原理图如图 2-2-13 所示，保存工程。

3. 仿真调试

（1）静态仿真

如图 2-2-14 所示，将输入端接地，为了测量各级放大电路的静态工作点，串联接入虚拟电流表，并联接入虚拟电压表；按下仿真按钮，观察并记录开关 S1、S2 闭合或者断开时电流表和电压表的读数，分析各级放大电路中三极管的工作状态。

（2）动态仿真

如图 2-2-15 所示，接入虚拟示波器，按下仿真按钮，观察并记录示波器中输入、输出电压波形，静态工作点对输出电压波形的影响以及反馈对输出电压波形的影响。

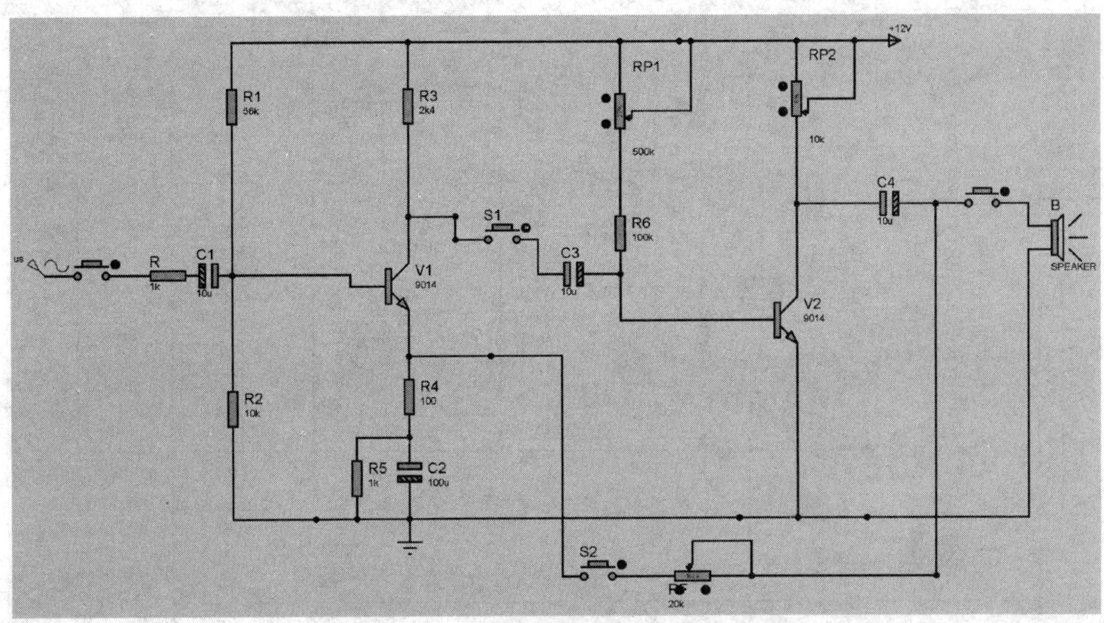

图 2-2-13 负反馈多级放大电路仿真原理图

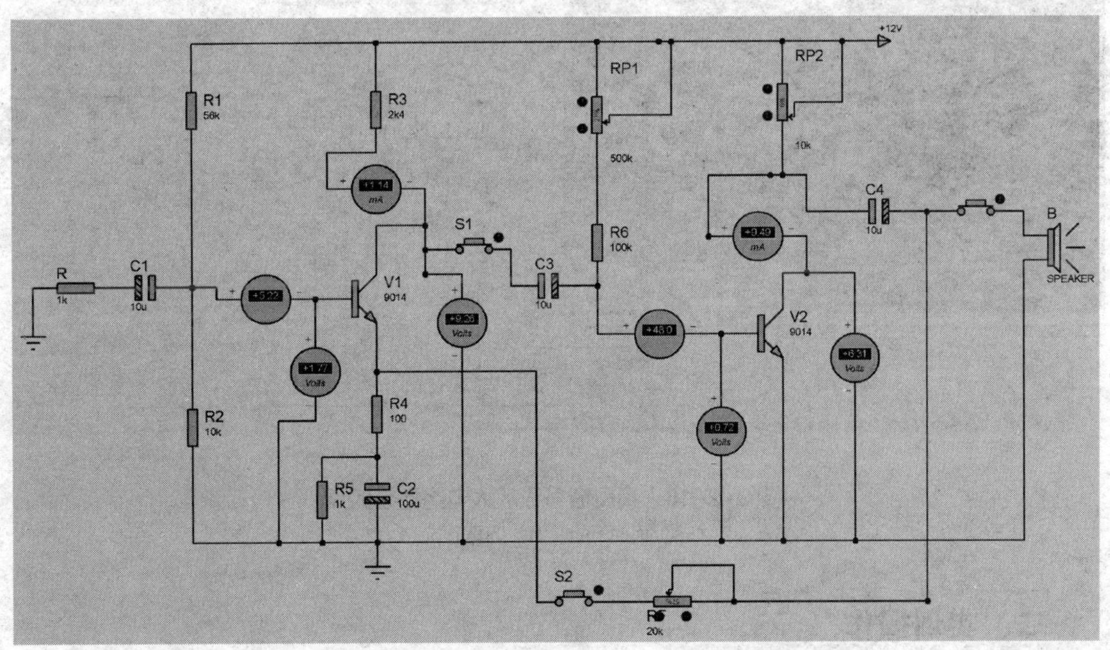

图 2-2-14 负反馈多级放大电路静态仿真

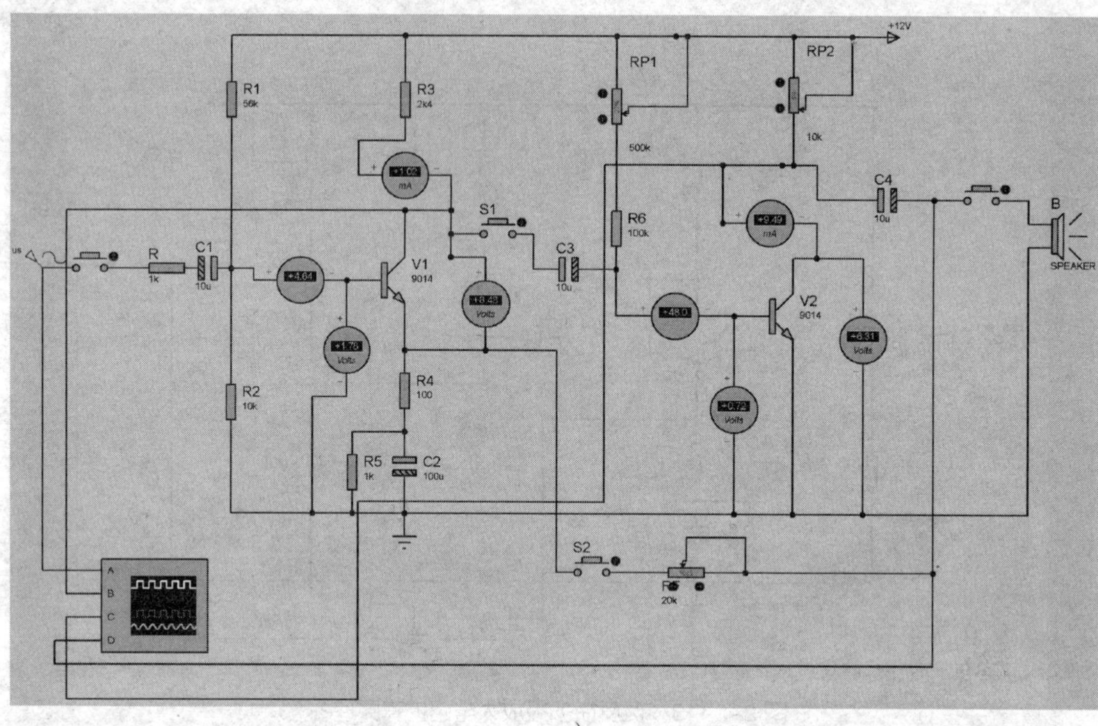

a）

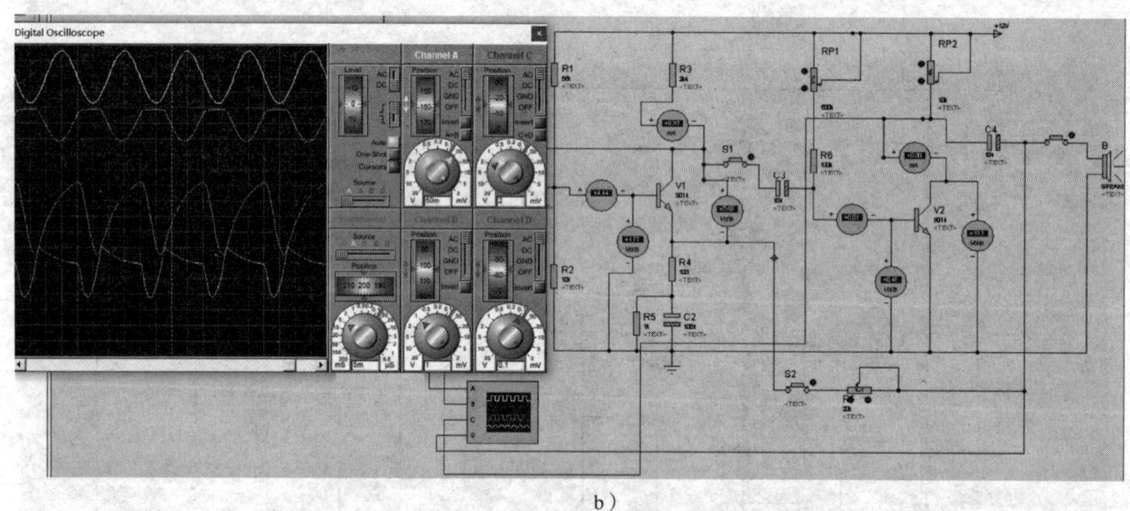

b）

图 2-2-15　负反馈多级放大电路动态仿真

a）仿真布置　b）仿真调试

二、实训操作

1. 各级静态工作点的测量

如图 2-2-16 所示，断开信号源，闭合开关 S1，断开开关 S2，将输入端 *A* 点接地，用万用表测量有载时两级放大电路的静态工作点。

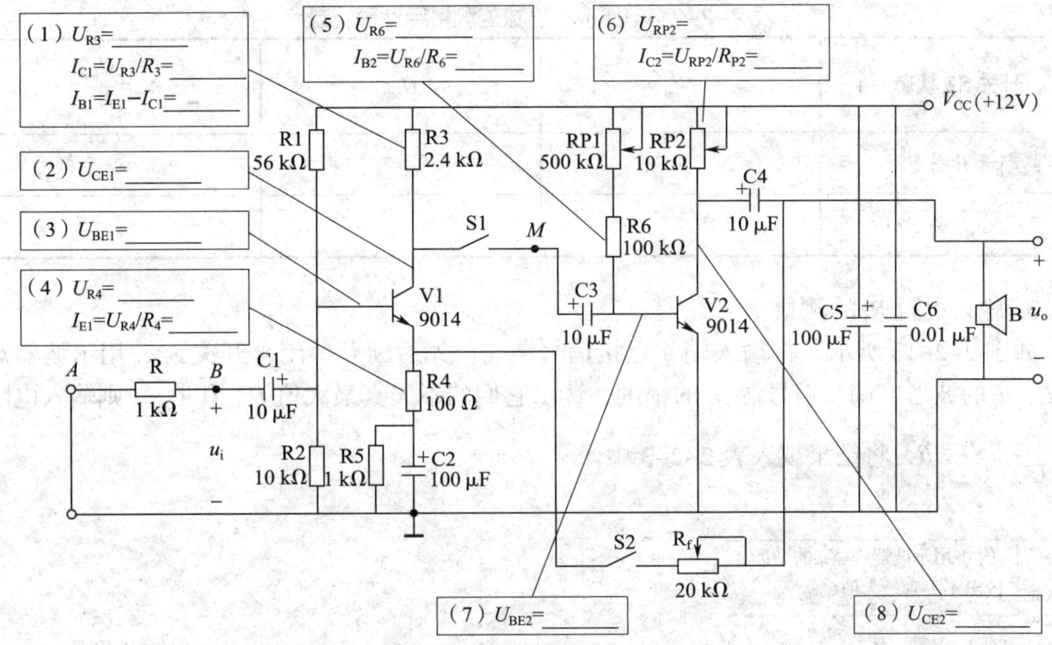

图 2-2-16　各级静态工作点的测量

2. 电压放大倍数 A_u 的测量

如图 2-2-17 所示，将输入端 A 点接信号源 u_s，先后断开、闭合开关 S2，用示波器观察放大电路有载时输入电压 u_i 和输出电压 u_o 的波形，读出它们的不失真最大值 U_{im} 和 U_{om}，则电压放大倍数 $A_u=\frac{U_{om}}{U_{im}}$，将结果填入表 2-2-2 中。

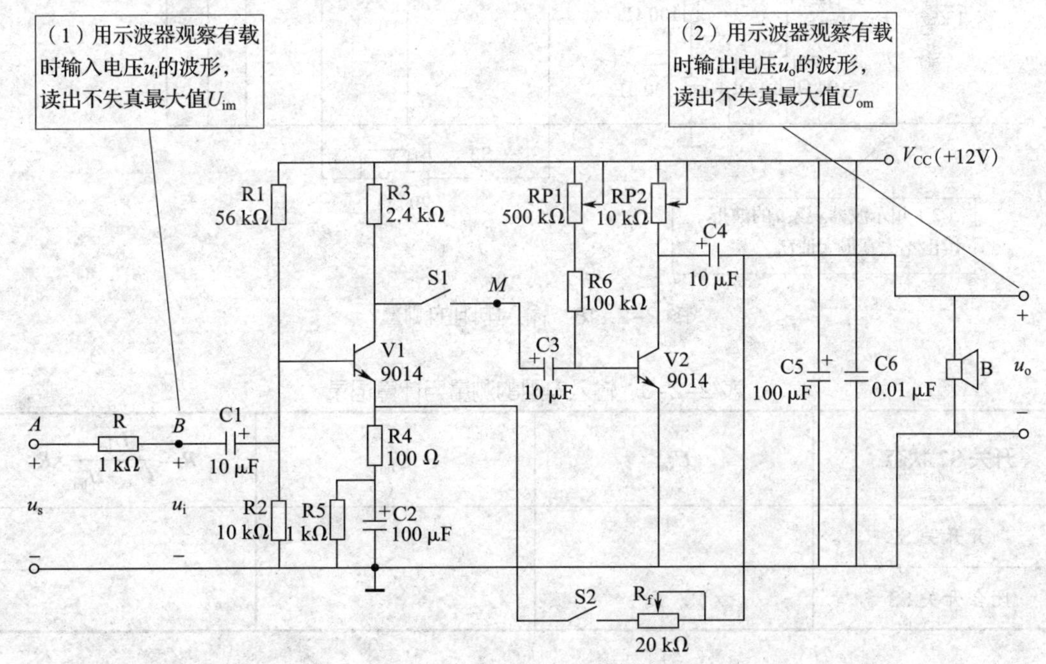

图 2-2-17　电压放大倍数的测量

表 2–2–2　电压放大倍数的测量与计算记录

开关 S2 状态	U_{im}	U_{om}	$A_u=\frac{U_{om}}{U_{im}}$
断开开关 S2			
闭合开关 S2			

3. 输入电阻 R_i 的测量

如图 2–2–18 所示，将输入端 A 点接信号源 u_s，先后断开、闭合开关 S2，用示波器观察 u_s、u_i 的波形，调节信号源 u_s 的幅度，读出它们的不失真最大值 U_{sm} 和 U_{im}，则输入电阻 $R_i=\frac{U_{im}}{U_{sm}-U_{im}}\times R$，将结果填入表 2–2–3 中。

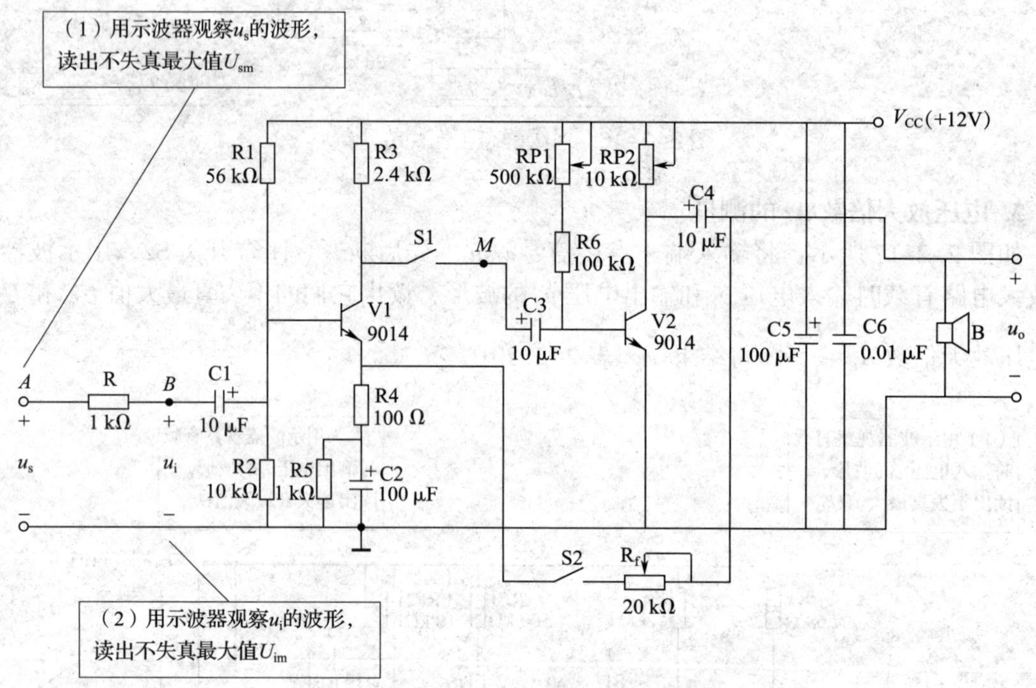

图 2–2–18　输入电阻的测量

表 2–2–3　输入电阻的测量与计算记录

开关 S2 状态	U_{sm}	U_{im}	$R_i=\frac{U_{im}}{U_{sm}-U_{im}}\times R$
断开开关 S2			
闭合开关 S2			

4. 输出电阻 R_o 的测量

如图 2-2-19 所示，将输入端 A 点接信号源 u_s，先后断开、闭合开关 S2，用示波器观察 u_o 的波形，先将扬声器 B 断开，读出空载时的不失真最大值 U_{om}，而后将扬声器 B 接上，再读出有载时的不失真最大值 U'_{om}，则输出电阻 $R_o=\left(\dfrac{U_{om}}{U'_{om}}-1\right)\times R_L$，其中，$R_L$ 为扬声器 B 的等效电阻值，将结果填入表 2-2-4 中。

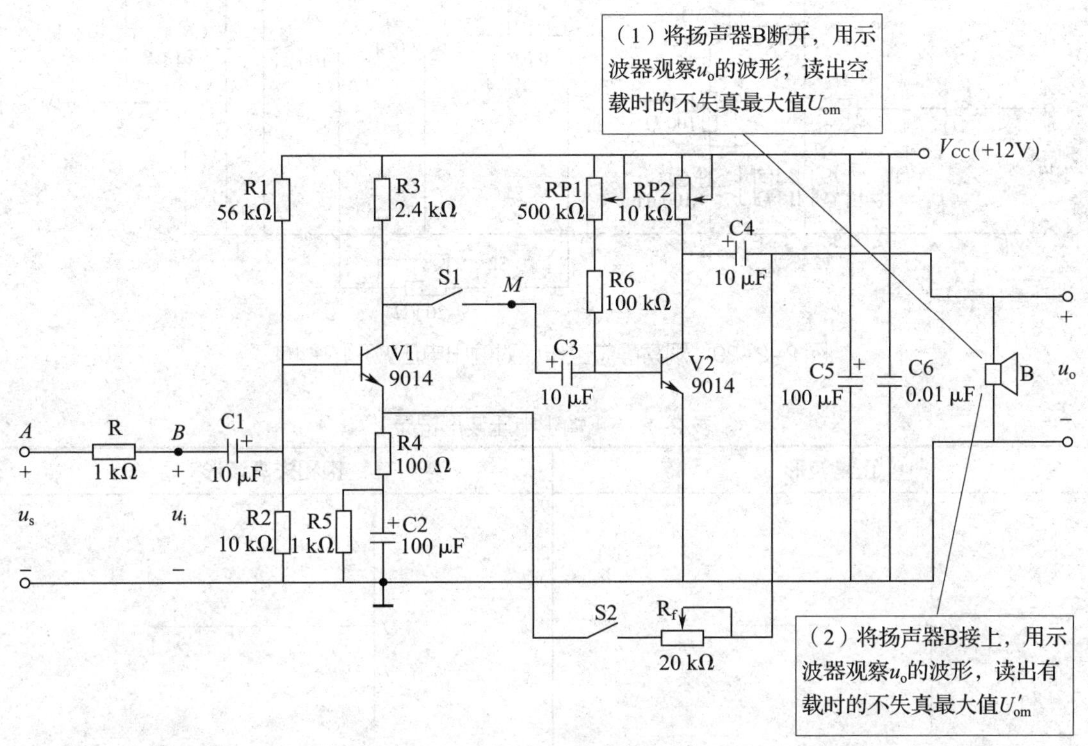

图 2-2-19　输出电阻的测量

表 2-2-4　输出电阻的测量与计算记录

开关 S2 状态	U_{om}	U'_{om}	$R_o=\left(\dfrac{U_{om}}{U'_{om}}-1\right)\times R_L$
断开开关 S2			
闭合开关 S2			

5. 观察静态工作点对输出电压波形的影响

如图 2-2-20 所示，调节电位器 RP1（减小其电阻值），用示波器观察输出电压波形，当调节到一定的程度时，波形的底部会被削平，电路出现饱和失真现象，记录输出电压正常波形和饱和失真波形的形状，将结果填入表 2-2-5 中。

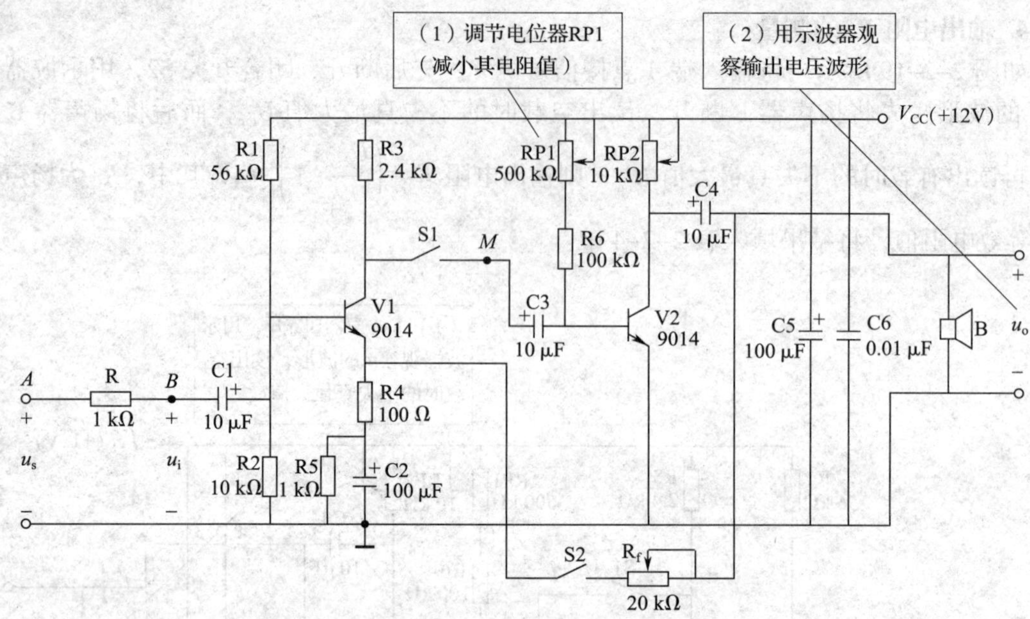

图 2-2-20　观察静态工作点对输出电压波形的影响

表 2-2-5　输出电压波形记录

正常波形	饱和失真波形
u_o O t	u_o O t

复习巩固

一、填空题

1. 多级放大电路的级间耦合形式包括＿＿＿＿＿＿、＿＿＿＿＿＿和＿＿＿＿＿＿。

2. 在多级放大电路中，前级放大电路是后级的＿＿＿＿＿＿，其输出电阻就是信号源的＿＿＿＿＿＿；后级放大电路是前级的＿＿＿＿＿＿，其输入电阻就是前级的＿＿＿＿＿＿。

3. 多级阻容耦合放大电路的输入电阻就是＿＿＿＿放大电路的输入电阻，而输出电阻就是＿＿＿＿放大电路的输出电阻。

4. 多级放大电路与单级放大电路相比，电压放大倍数较＿＿＿＿，通频带较＿＿＿＿＿＿。

5. 将电路＿＿＿＿＿＿＿＿＿＿＿＿的部分或全部，通过某种电路，以一定的方式送回到＿＿＿＿＿＿回路并影响输入信号（电压或电流）和输出信号的过程称为反馈。

6. 反馈放大电路由____________电路和____________电路组成。

7. 反馈信号以电压形式出现且与输入电压串联起来加到放大电路输入端的反馈称为____________反馈，反馈信号以电流形式出现且与输入电流并联起来加到放大电路输入端的反馈称为____________反馈。

8. 电压负反馈的作用是________________________，电流负反馈的作用是________________________。

9. 放大电路引入负反馈后将会____放大电路的放大倍数，____________放大倍数的稳定性，____________非线性失真，____________通频带，____________输入、输出电阻。

二、判断题

1. 直流放大电路的级间耦合形式可以采用变压器耦合。（　　）

2. 两级阻容耦合放大电路的通频带比组成它的单级放大电路的通频带要宽。（　　）

3. 在阻容耦合放大电路中，耦合电容器对交流信号相当于短路，因此电容器两端电压为零。（　　）

4. 送回到放大电路输入端的反馈信号极性与原来假设的输入端信号极性相同的反馈为正反馈，相反的为负反馈。（　　）

5. 电压串联负反馈可以增大放大电路的输入电阻，提高电压放大倍数。（　　）

6. 负反馈可以消除放大电路的非线性失真。（　　）

7. 负反馈对放大电路的输入电阻和输出电阻都有影响。（　　）

8. 串联负反馈都是电流反馈，而并联负反馈都是电压反馈。（　　）

9. 在负反馈放大电路中，放大电路的放大倍数越大，反馈放大倍数就越稳定。（　　）

10. 凡是串联负反馈都能增大输入电阻，并联负反馈都能减小输入电阻。（　　）

11. 只要引入负反馈就能扩展放大电路的通频带，完全消除非线性失真。（　　）

12. 放大电路只要引入负反馈，其输出电压的稳定性就能得到改善。（　　）

三、选择题

1. 放大电路和负载之间要实现阻抗匹配，应当采用（　　）耦合。

A. 直接　　B. 阻容

C. 变压器

2. 阻容耦合放大电路（　　）。

A. 只能传输直流信号　　B. 只能传输交流信号

C. 交、直流信号都能传输

3. 直接耦合放大电路（　　）。

A. 只能传输直流信号　　B. 只能传输交流信号

C. 交、直流信号都能传输

4. 已知在某两级阻容耦合放大电路中，两级的电压放大倍数分别为 40 和 50，两级的相位差分别为 100° 和 80°，则该两级放大电路的电压放大倍数和相位差分别为（　　）。

A. 90 和 180°　　B. 2 000 和 180°

C. 90 和 20°　　D. 2 000 和 20°

四、简答题

1. 根据图 2-2-21 中所示的放大电路，回答下列问题：

（1）三极管 V2 发射极的电阻器 R6、R7、R8 构成何种反馈？

（2）三极管 V1、V2 级间的电阻器 R3、R4 分别引入什么反馈？对放大电路的输入电阻和输出电阻有何影响？

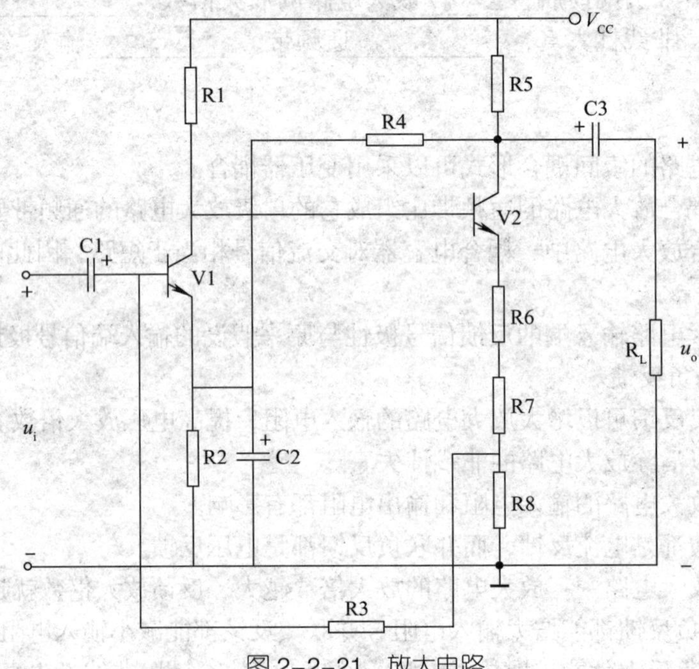

图 2-2-21　放大电路

2. 指出图 2-2-22 所示放大电路中的反馈元器件和反馈的极性，确定反馈类型，分析反馈元器件对电路性能的影响。

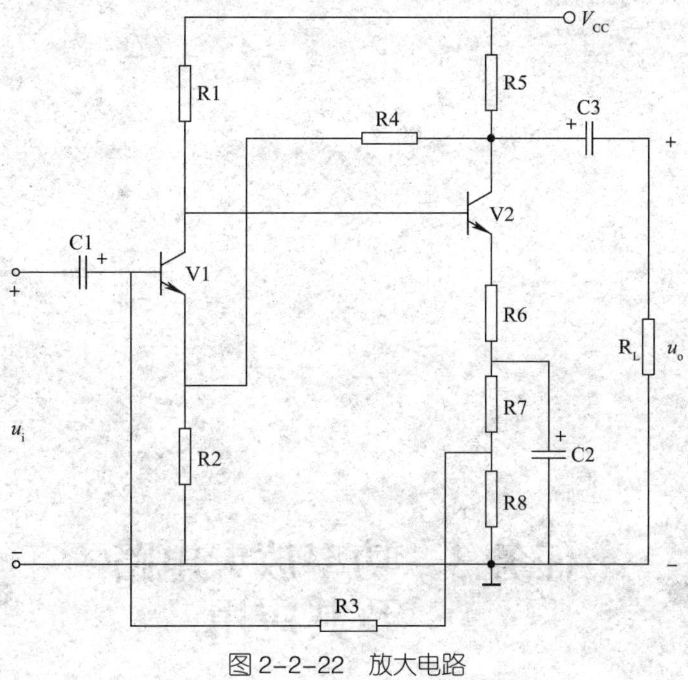

图 2-2-22　放大电路

3. 在图 2-2-10 所示的负反馈多级放大电路中，闭合或者断开开关 S2 对电路性能有什么影响？为什么？

4. 在图 2-2-10 所示的负反馈多级放大电路中，若电容器 C2 开路，可能出现什么故障现象？为什么？

任务 3　功率放大电路及其应用

要点提示

学习重点：

1. 了解功率放大电路的概念、基本要求和分类。
2. 理解常用功率放大电路的原理，掌握典型集成功率放大电路的功能和特点。
3. 熟悉 OTL 功率放大电路的安装、调试与检修。

学习难点：

1. 常用功率放大电路的功能和特点。
2. OTL 功率放大电路的调试与检修。

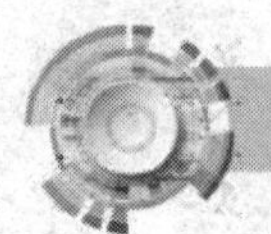

复习提问

1. 图 2-3-1 所示的放大电路为________级放大电路，其中三极管 V1 为________级、V2 为________级、V3 为________级，V1 与 V2 之间采用________耦合形式，V2 与 V3 之间采用________耦合形式。

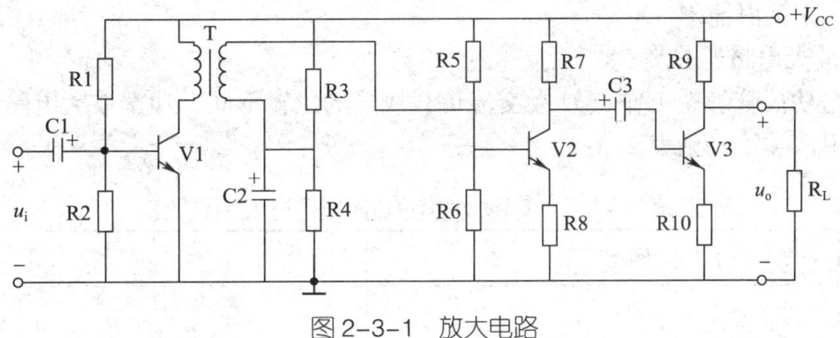

图 2–3–1　放大电路

2. 回顾图 2–3–2 所示的负反馈多级放大电路板，完成填空。

图 2–3–2　负反馈多级放大电路板

一、功率放大电路

1. 功率放大电路与电压放大电路的区别

（1）电压放大电路

向负载提供不失真的电压信号，主要指标是电压放大倍数、输入电阻、输出电阻等，而电路的输入功率不一定大。

（2）功率放大电路

向负载提供一定的不失真（或失真较小）的功率，要求电路不但能输出一定的电压，而且能输出一定的电流。

2. 功率放大电路的分类

（1）根据功放管静态工作点 Q 在交流负载线上的位置不同，功率放大电路可以分为甲类、乙类、甲乙类等，见表 2–3–1。

表 2–3–1　功率放大电路的输出图形和特性

类型	输出图形	特性
甲类		静态工作点 Q 在交流负载线的________，I_{CQ} 上的叠加信号 i_C 向上最大到________、向下最大到________。此时的输出波形________（失真、不失真），为________（整个、大半个、半个、小半个）正弦波
乙类		静态工作点 Q 在交流负载线的________，I_{CQ}=________，I_{CQ} 上的叠加信号 i_C 向上最大到________，向下进入________。此时的输出波形________（失真、不失真），为________（整个、大半个、半个、小半个）正弦波
甲乙类		静态工作点 Q 在略________（高于、低于）乙类工作点处（即在放大区且靠近截止区），I_{CQ}________（不为 0、为 0），I_{CQ} 上的叠加信号 i_C 向上最大到________，向下延伸一小段后进入________，变成 0。此时的输出波形________（失真、不失真），仅有________（整个、大半个、半个、小半个）正弦波

（2）三类功率放大电路的比较（见表 2–3–2）

表 2–3–2　三类功率放大电路的比较

类型	Q 点位置	输出波形	幅度大小	工作效率高低
甲类	交流负载线中点	完整正弦波	甲类＜甲乙类＜乙类	甲类＜甲乙类＜乙类
乙类	放大区与截止区交界处	半个正弦波		
甲乙类	放大区，靠近截止区	大半个正弦波		

二、OTL 功率放大电路

1. 什么是互补对称功率放大电路

互补是指利用 NPN 型三极管和 PNP 型三极管交替工作来实现放大。

互补对称功率放大电路包括乙类和甲乙类两种。

2. 乙类互补对称功率放大电路

乙类互补对称功率放大电路如图 2–3–3 所示。

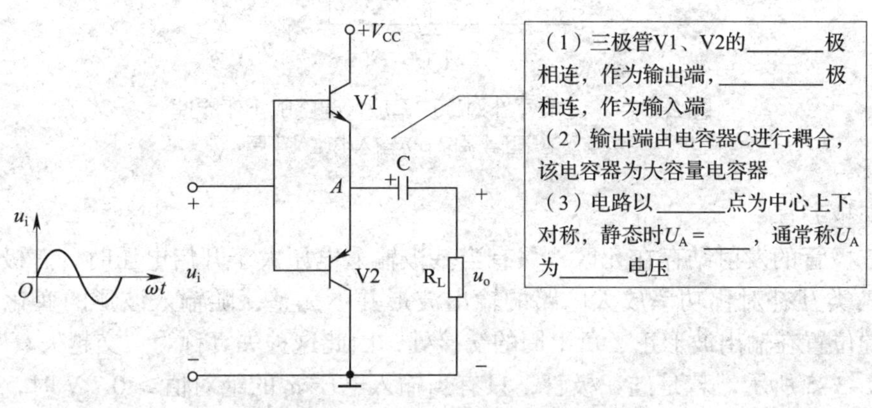

图 2–3–3　乙类互补对称功率放大电路

（1）工作原理

三极管 V1、V2 在输入电压 u_i 的正、负半周轮流导通，输入电压正半周时的电流流向如图 2–3–4a 所示，输入电压负半周时的电流流向如图 2–3–4b 所示。

由此可见，在输入电压 u_i 的一个周期内，电流 i_{C1} 和 i_{C2} 以不同的方向交替流过负载电阻 R_L，在负载上合成而得到一个完整的输出电压波形。

乙类互补对称功率放大电路实际是一个共集电极放大电路，又称为射极跟随器，以基极为输入端，发射极为输出端。根据射极跟随器的输入、输出特性，乙类互补对称功率放大电路的输出波形应与输入波形一致。

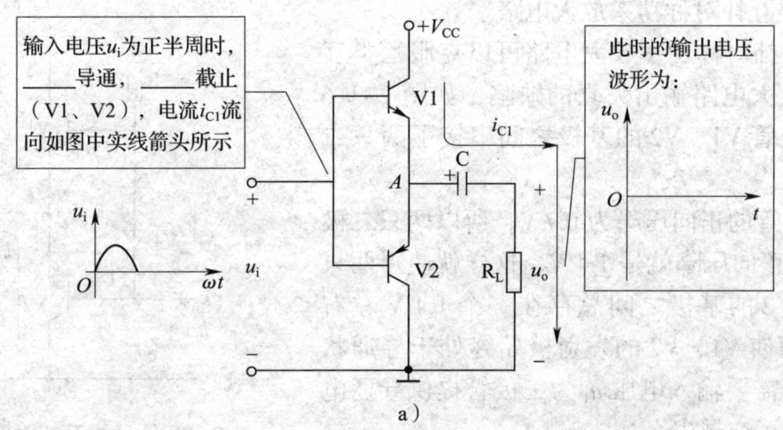

a）

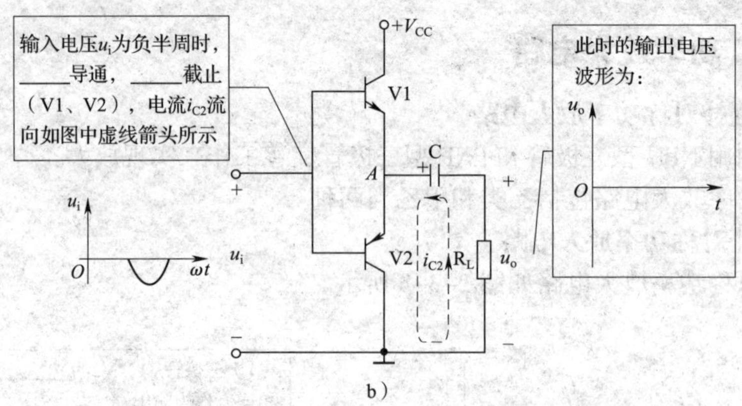

图 2-3-4　乙类互补对称功率放大电路的工作原理

a）输入电压正半周　b）输入电压负半周

（2）交越失真

由于三极管的发射结存在死区，只有当基极输入电压大于开启电压时，三极管才能导通，所以乙类互补对称功率放大电路的输出波形并不完整，随输入波形的变化会出现失真。失真的位置在输出波形正、负半周的交接处，因此这种失真称为“交越失真”。

如图 2-3-5 所示，若是硅三极管，只有当输入电压 u_i 的绝对值≥ 0.7 V 时，三极管才能正常工作，此时的输出波形正常；而当输入电压 u_i 的绝对值 <0.7 V 时，三极管未能完全导通，此时的输出波形失真。

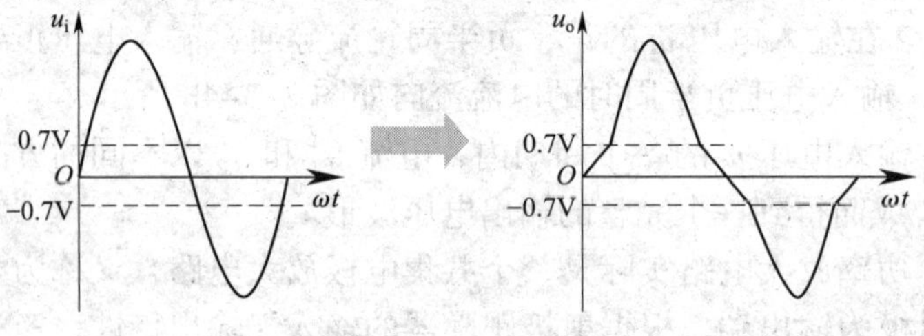

图 2-3-5　交越失真

由此可见，输入电压 u_i 除了作为输入，还用来开启三极管并保证其正常工作。

3. 甲乙类互补对称功率放大电路

甲乙类互补对称功率放大电路可以克服乙类互补对称功率放大电路输出失真的缺陷，如图 2-3-6 所示，在三极管 V1、V2 的基极之间串接了两只二极管 V3、V4。

由于二极管的正向压降为 0.7 V，所以两只二极管 V3、V4 的正向压降就是 1.4 V，这样就使得两只三极管 V1、V2 的基极之间总存在一个 1.4 V 左右的电压，从而使 V1、V2 的发射极始终处于导通状态。那么就不需要输入电压 u_i 为三极管提供导通电压，也就克服了交越失真。

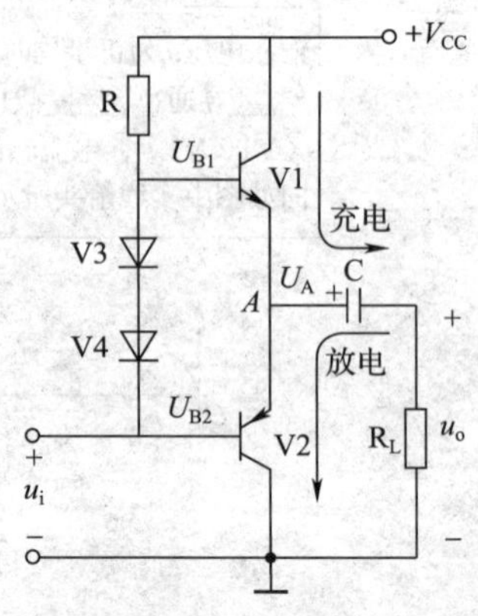

图 2-3-6　甲乙类互补对称功率放大电路

软件仿真和实训操作使用的 OTL 功率放大电路如对应教材中图 2–3–4 所示。

一、软件仿真

1. 启动 Proteus，进入原理图设计界面

启动 Proteus 8 Professional，进入主界面，新建工程，进入原理图设计界面。

2. 绘制原理图

从元器件库中选取 OTL 功率放大电路仿真所需的元器件，添加到对象选择器窗口，再放置到图形编辑窗口，然后布线，绘制好的 OTL 功率放大电路仿真原理图如图 2–3–7 所示，保存工程。

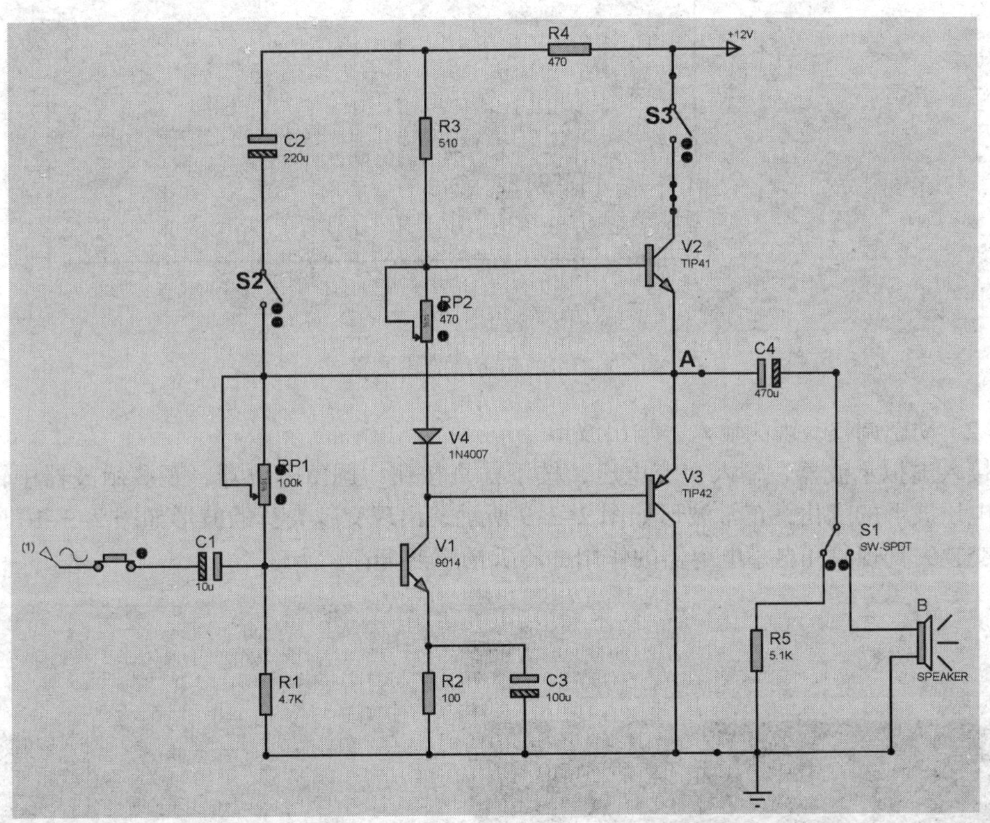

图 2–3–7　OTL 功率放大电路仿真原理图

3. 仿真调试

（1）静态工作点调整

如图 2–3–8 所示，串联接入虚拟电流表，并联接入虚拟电压表，闭合开关 S2，开关 S1 接电阻器 R5，断开开关 S3，按下仿真按钮，调整电位器 RP1、RP2，使中点 A 处电位等于 6 V。

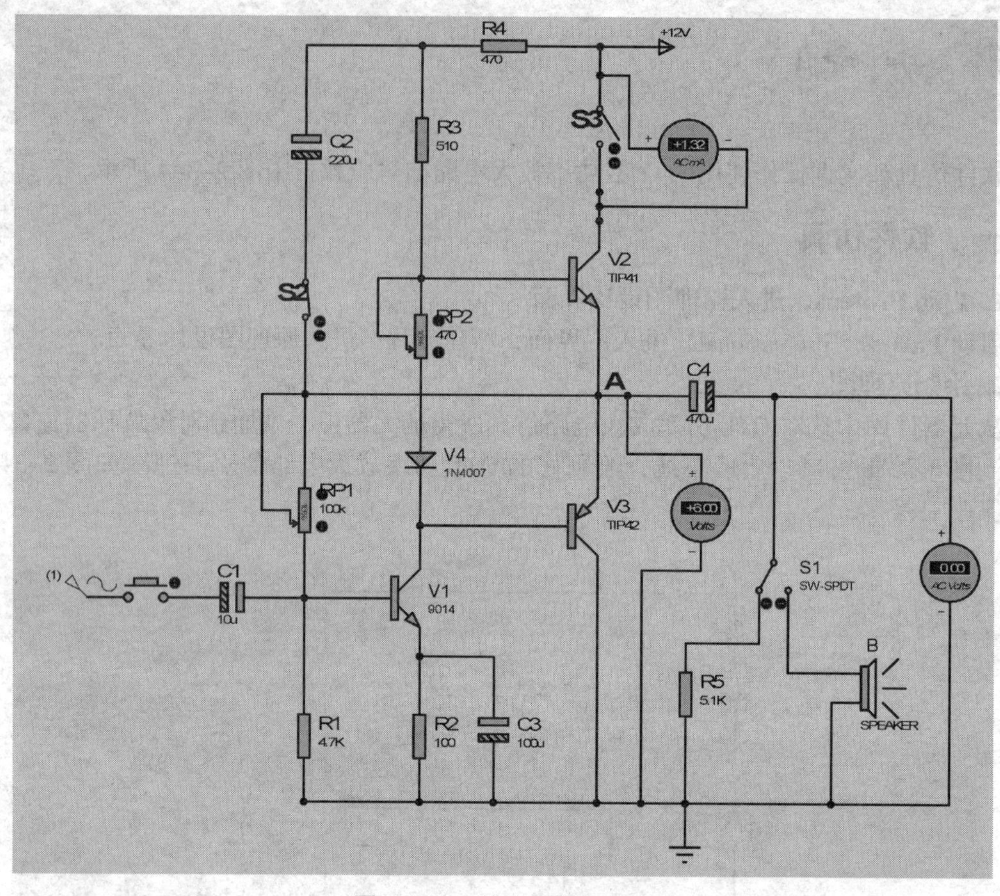

图 2-3-8　静态工作点调整

（2）动态调整，观测输入、输出波形

接入虚拟示波器，输入交流电压，按下仿真按钮，调整电位器，观测示波器中输入、输出电压波形的变化，正常波形如图 2-3-9 所示，出现交越失真的波形如图 2-3-10 所示，理解交越失真现象和自举电容器的作用，聆听扬声器声音。

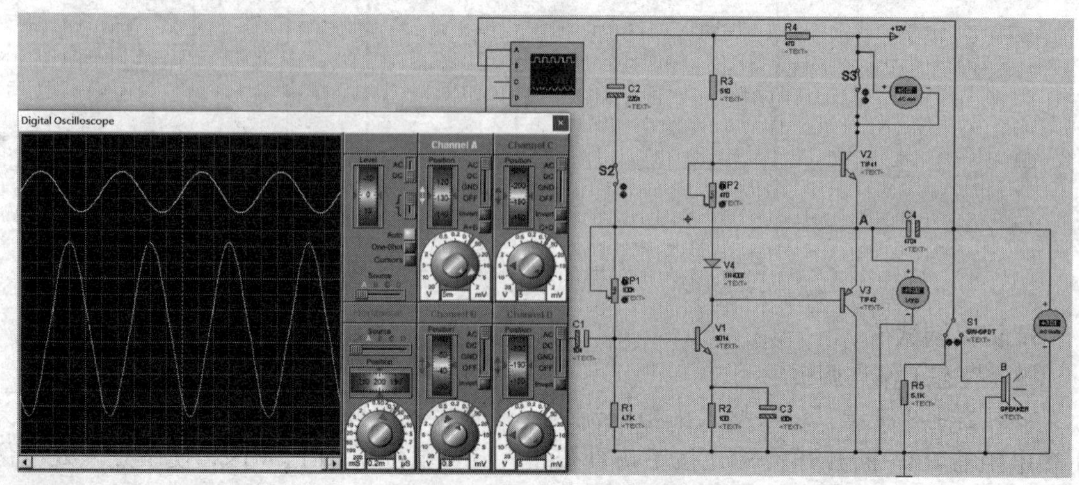

图 2-3-9　正常波形

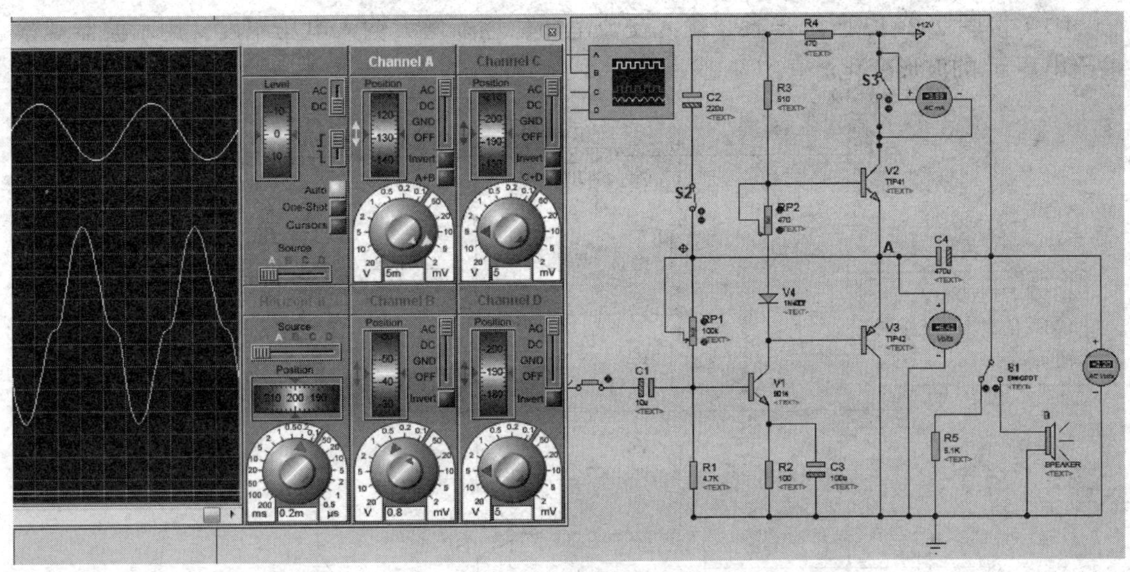

图 2-3-10 出现交越失真的波形

二、实训操作

1. 静态工作点的调整

按图 2-3-11 所示步骤进行调整，使中点 A 处电位等于 6 V。

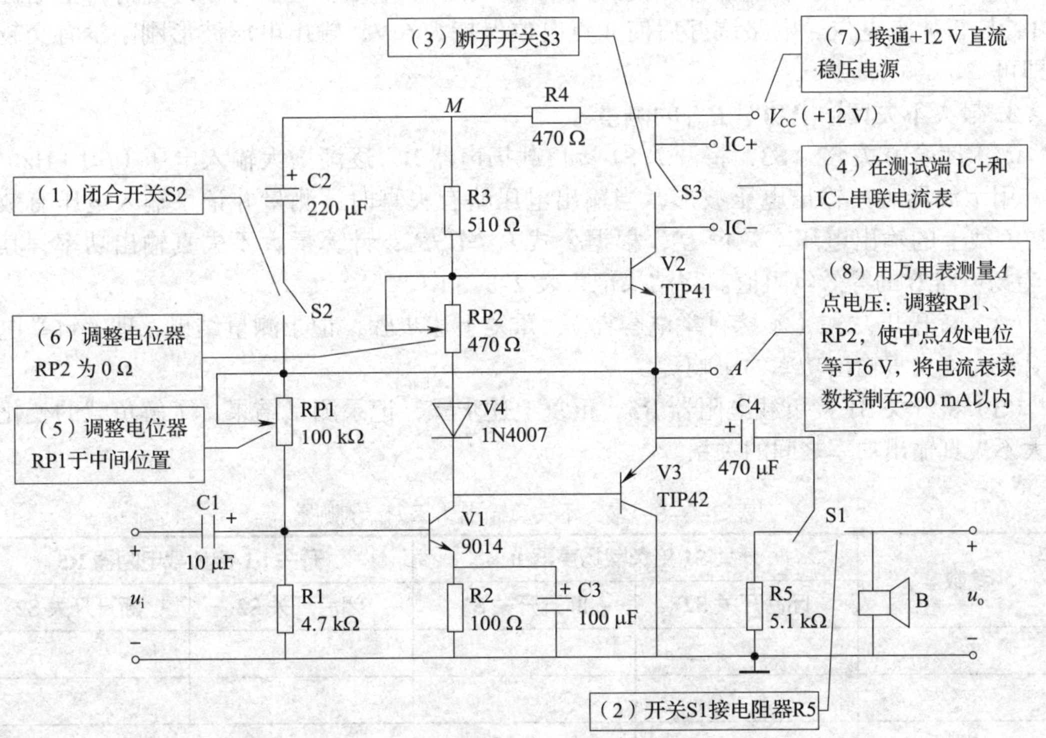

图 2-3-11 静态工作点的调整步骤

2. 动态调整

（1）按图 2–3–12 所示步骤，输入交流电压，逐渐增大输入电压幅度，用示波器观察输出电压 u_o 的波形变化。

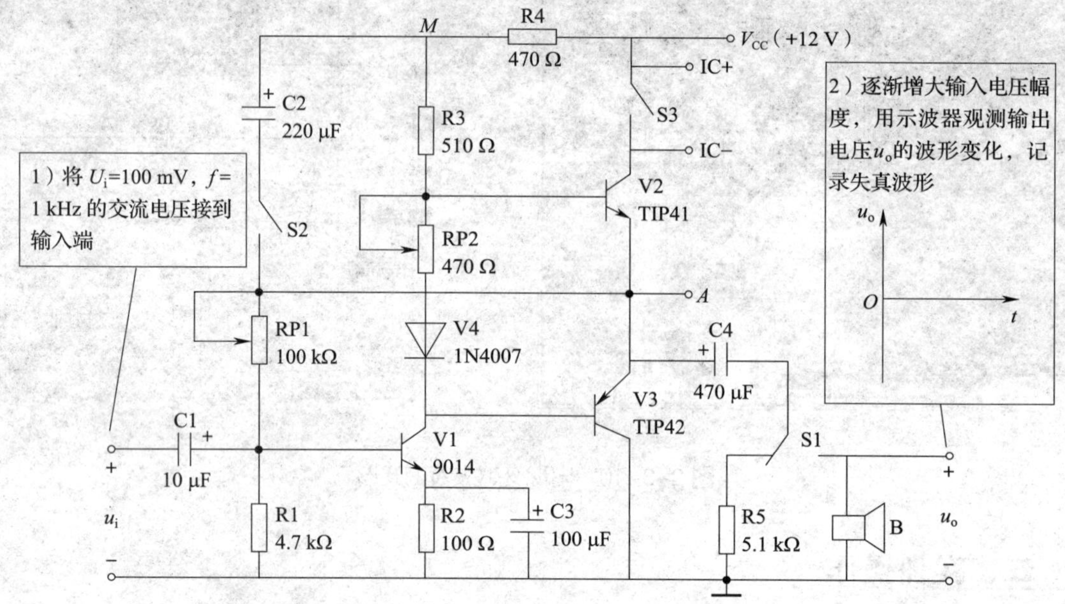

图 2–3–12　动态调整步骤

（2）调整电位器 RP2，使输出电压波形的交越失真现象基本消除，重新调整电位器 RP1，校正 A 点电位。电路调好后使 A 点电位保持为 6 V，输出电压波形刚刚没有交越失真即可。

3. 最大不失真输出功率 P_{om} 的测量

（1）闭合开关 S2、S3，将开关 S1 接负载扬声器 B，逐渐增大输入电压（f=1 kHz）幅度，用示波器观察输出电压波形，当输出电压略有失真时，测量并记录输入电压有效值 U_i、负载上的输出电压有效值 U_o，根据公式 $P_{om}=U_o^2/R_L$，计算最大不失真输出功率，其中 R_L 为扬声器 B 的等效电阻值。将结果记入表 2–3–3 中。

（2）断开开关 S2（不接自举电容器），重复上述步骤，记录测量结果，理解自举电容器对最大不失真输出功率的影响。

（3）将开关 S1 接负载电阻器 R5，重复上述步骤，记录测量结果，了解负载的变化与最大不失真输出功率之间的关系。

表 2–3–3　最大不失真输出功率 P_{om} 的测量

参数	开关 **S1** 接负载扬声器 **B**		开关 **S1** 接负载电阻器 **R5**	
	闭合开关 **S2**	断开开关 **S2**	闭合开关 **S2**	断开开关 **S2**
U_i				
U_o				
P_{om}				

4. 功率放大电路与负反馈多级放大电路放大功能的比较

将 OTL 功率放大电路的开关 S1 接扬声器，音源提供的音频信号接电路的输入端，调节音源的音量，同时调节电位器 RP1、PR2，仔细聆听扬声器播放的音乐，直到声音清晰、音量适中且无失真为止，并与负反馈多级放大电路放大音乐的效果进行比较。

复习巩固

一、填空题

1. 向负载提供__________的放大电路称为功率放大电路，对低频功率放大电路的基本要求是________________、________________、________________和________________。

2. 按照输出端的特点不同，功率放大电路可以分为__________________功率放大电路、________________功率放大电路和_________功率放大电路。

3. 功率放大电路工作在_____状态，宜采用的分析方法是__________。

4. 乙类功率放大电路的_______比较高，在理想情况下可以达到_______，这种电路会产生特有的非线性失真，称为__________失真，为了消除这种失真，应当使电路工作在__________类放大状态。

5. 变压器耦合功率放大电路的输入变压器二次绕组带中心抽头，对输入信号起__________和__________作用，以保证两只功放管的基极获得__________信号；输出变压器的一次绕组带中心抽头，对输出信号起__________和__________作用，以保证负载在整个信号周期内能获得一个完整的输出波形。

6. OTL 功率放大电路主要由两只对称的__________组成，在输入信号的正、负半周轮流__________工作，在负载上合成完整的放大信号。

7. OTL 功率放大电路接入自举电容器，可以使放大电路功率增益_______。

8. OCL 功率放大电路的输出级与负载_______耦合，因此在静态时，负载上不能有________，中点的静态电位必须为_______。

9. OTL 功率放大电路的负载 R_L=8 Ω，最大不失真输出功率 P_{om}=9 W，那么电源电压 V_{CC}=_______ V；若 R_L 换成 16 Ω，则最大不失真输出功率 P_{om}=________。

10. 集成功率放大器一般由_______、_______和________三部分构成。

11. LM386 具有____低、____宽、_______大和外接元件少的特点。

二、判断题

1. 三极管不能放大功率，只能起到能量转换作用。（ ）

2. 功率放大电路的负载所获得的功率是由直流电源提供的。（ ）

3. OTL、OCL 功率放大电路都不用输出变压器。（ ）

4. 甲乙类互补对称功率放大电路能消除交越失真。（ ）

5. 在互补对称功率放大电路中输入交流信号时，总有一只功放管处于截止状态，所以输出信号波形必然失真。（ ）

6. 组成互补对称功率放大电路的两只三极管工作在共集电极状态。（　　）
7. 单电源互补对称功率放大电路中的自举电容器可以提高输出信号的幅度。（　　）
8. 变压器耦合功率放大电路中的变压器仅起耦合作用。（　　）
9. 变压器耦合功率放大电路中的两只三极管工作在共发射极状态。（　　）
10. OTL 功率放大电路输出电容器的作用只是将信号传递到负载。（　　）
11. OCL 功率放大电路采用单电源供电。（　　）

三、简答题

1. 比较功率放大电路与小信号电压放大电路在主要功能、工作状态和主要指标等方面的特点。

2. 图 2-3-13 所示的 OTL 功率放大电路中，已知 V_{CC}=24 V，扬声器 B 的等效电阻值 R_L=8 Ω。

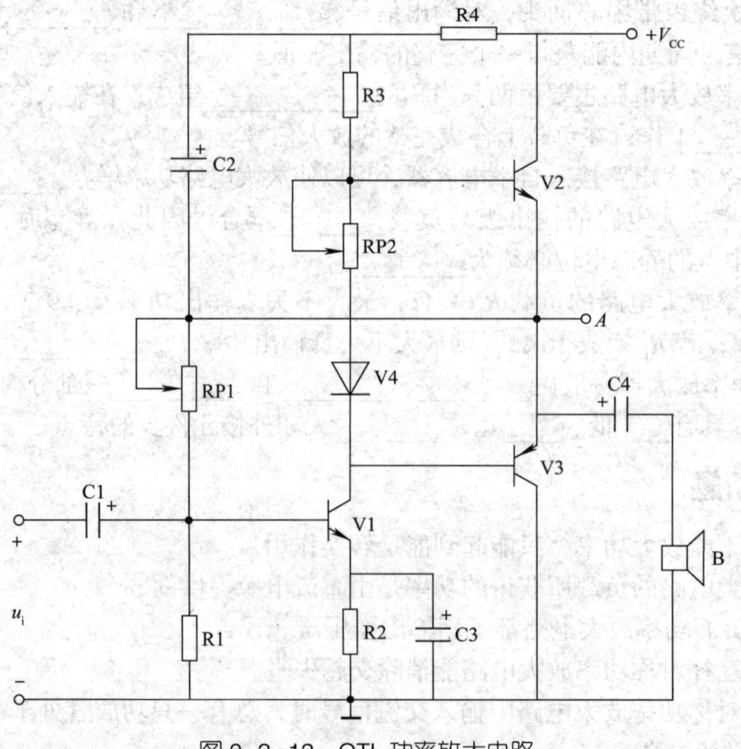

图 2-3-13　OTL 功率放大电路

（1）如何调节静态工作点？静态时 A 点电位 U_A 的正常值应为多少？

（2）电位器 RP2 起什么作用？如果 RP2 断开，可能产生什么后果？

（3）二极管 V4 能否反接，为什么？

（4）电位器 RP1 引入什么类型的反馈？其在电路中起什么作用？

（5）理想状况下，扬声器上的最大不失真输出功率为多少？

（6）若电容器 C2 断开，对电路有什么影响？

（7）若输入电压有效值为 0.5 V，三极管 V1 的电压放大倍数为 10，三极管 V2、V3 的电压放大倍数均为 1，实际输出功率为多少？

3. 什么是交越失真？如何消除 OTL 功率放大电路的交越失真？

课题三
直流稳压电源

任务1　串、并联型稳压电路

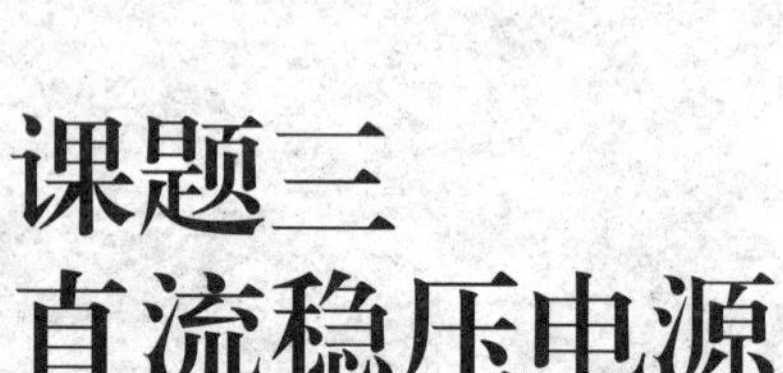

要点提示

学习重点：

1. 掌握单相整流、滤波电路的组成和工作原理。
2. 掌握并联型稳压电路、串联型稳压电路的组成和工作原理。
3. 掌握串联型稳压电路的安装、调试与检修。

学习难点：

1. 串联型稳压电路的组成和工作原理。
2. 串联型稳压电路的调试与检修。

复习提问

1. 回顾图 3-1-1 所示的 OTL 功率放大电路板，完成填空。

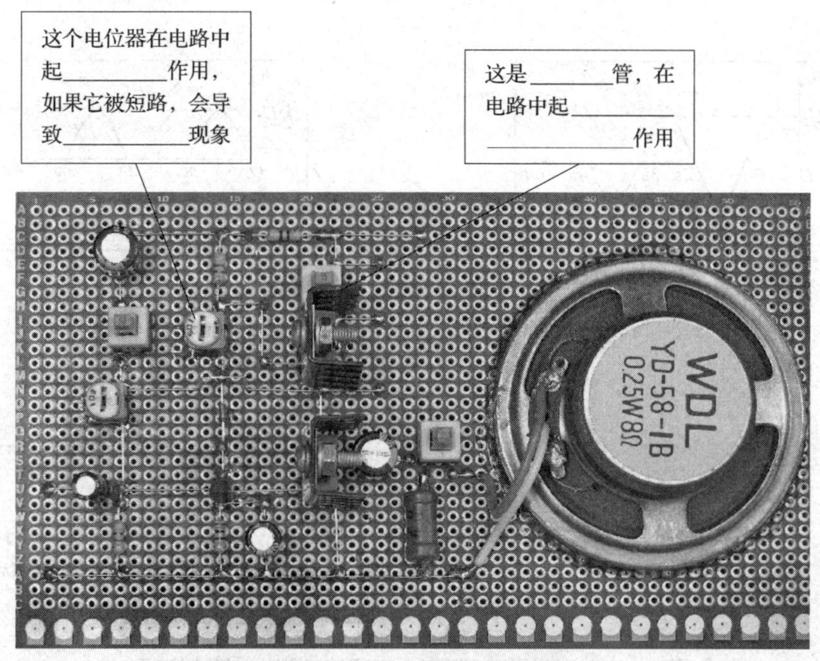

图 3-1-1　OTL 功率放大电路板

2. 补充、修改图 3-1-2 所示的 OCL 功率放大电路，使它能输出不失真波形。

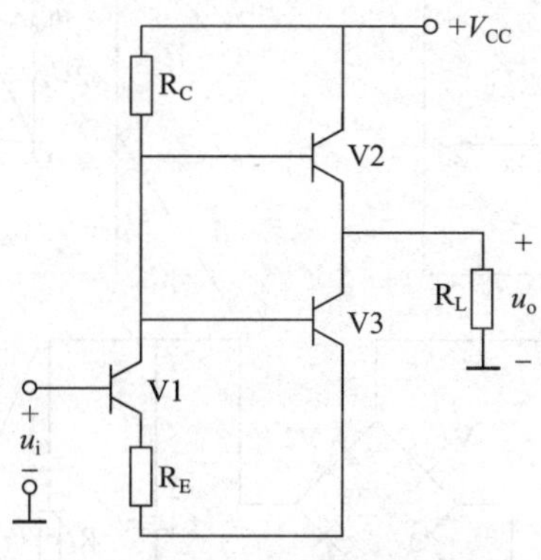

图 3-1-2　OCL 功率放大电路

学法点拨

一、单相整流、滤波电路

1. 单相半波整流电容滤波电路组成及其波形如图 3-1-3 所示。
2. 单相桥式整流电容滤波电路组成及其波形如图 3-1-4 所示。

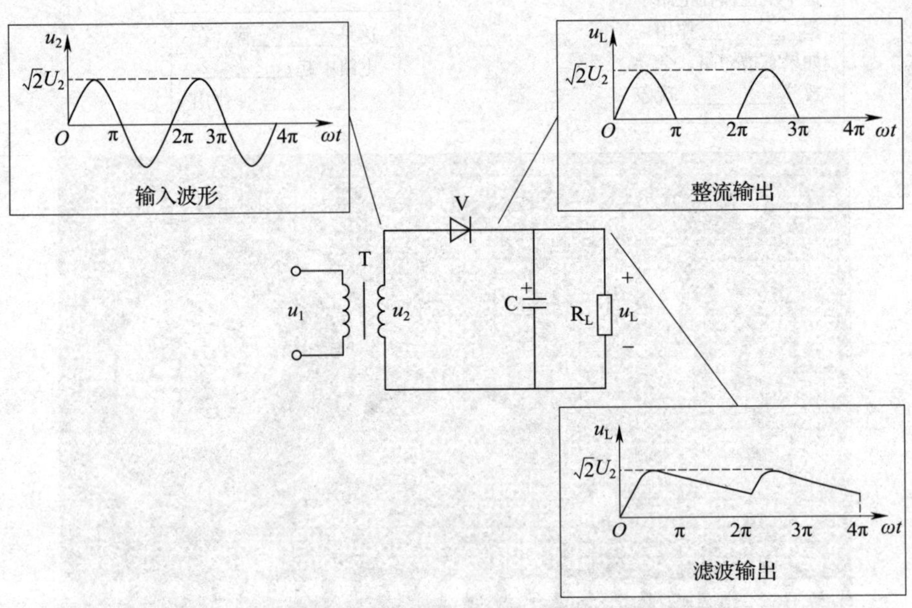

图 3-1-3　单相半波整流电容滤波电路组成及其波形

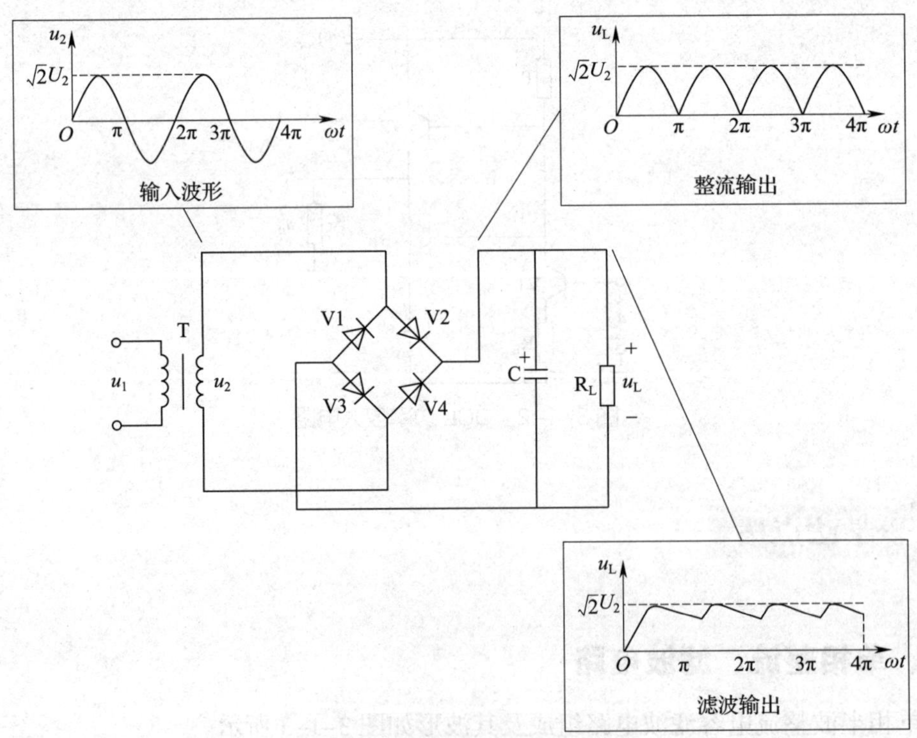

图 3-1-4　单相桥式整流电容滤波电路组成及其波形

二、串联型稳压电路

1. 电路组成

串联型稳压电路一般由基准电压电路、取样电路、比较放大电路和调整管组成，如图 3–1–5 所示。

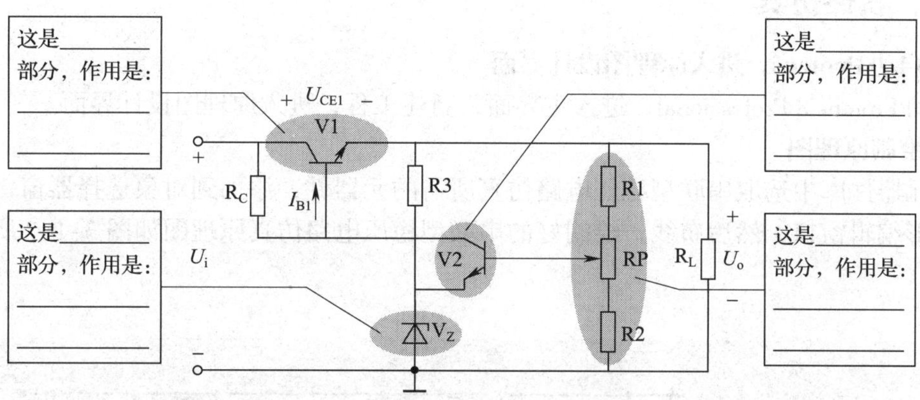

图 3–1–5　串联型稳压电路

输出电压 U_o 的变化量经取样电路加到三极管 V2 的基极，基准电压加在 V2 的发射极，两者在比较放大电路中进行比较，其差值经放大后从 V2 的集电极输出，去控制调整管 V1 的基极电流 I_{B1}，从而改变 U_{CE1} 的大小，实现稳压。电阻器 R_C 既是 V2 集电极的负载电阻器，又是调整管 V1 的偏置电阻器。

2. 工作原理

串联型稳压电路的稳压过程如图 3–1–6 所示，假设由于某种原因（如电网电压波动或负载变化等）使输出电压 U_o 降低，取样电路将这一变化趋势送到比较放大电路三极管 V2 的基极与发射极基准电压 U_Z 进行比较，并将两者的差值进行放大，V2 的集电极电位 U_{C2} 增大。由于调整管采用射极输出形式，因此输出电压 U_o 必然增大，从而保证 U_o 基本稳定。其稳压过程如下：

$$U_o\downarrow\rightarrow U_{B2}\downarrow\rightarrow U_{BE2}\downarrow\rightarrow I_{C2}\downarrow\rightarrow U_{C2}\ (U_{B1})\uparrow\rightarrow I_{B1}\uparrow\rightarrow I_{C1}\uparrow\rightarrow U_{CE1}\downarrow\rightarrow U_o\uparrow$$

若输出电压 U_o 上升，则稳压过程如下：

$$U_o\uparrow\rightarrow U_{B2}\uparrow\rightarrow U_{BE2}\uparrow\rightarrow I_{C2}\uparrow\rightarrow U_{C2}\ (U_{B1})\downarrow\rightarrow I_{B1}\downarrow\rightarrow I_{C1}\downarrow\rightarrow U_{CE1}\uparrow\rightarrow U_o\downarrow$$

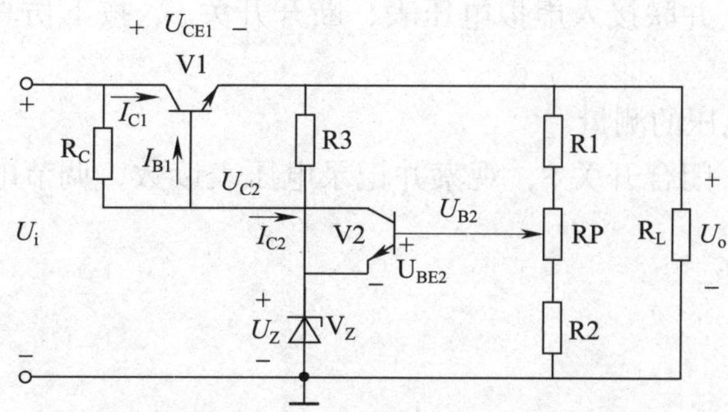

图 3–1–6　串联型稳压电路的稳压过程

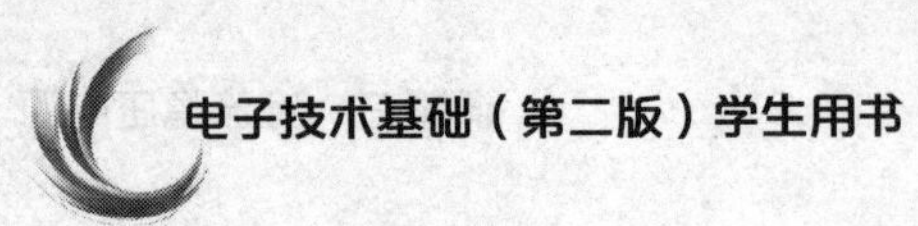

软件仿真和实训操作使用的串联型稳压电路如对应教材中图 3–1–12 所示。

一、软件仿真

1. 启动 Proteus，进入原理图设计界面

启动 Proteus 8 Professional，进入主界面，新建工程，进入原理图设计界面。

2. 绘制原理图

从元器件库中选取串联型稳压电路仿真所需的元器件，添加到对象选择器窗口，再放置到图形编辑窗口，然后布线，绘制好的串联型稳压电路仿真原理图如图 3–1–7 所示，保存工程。

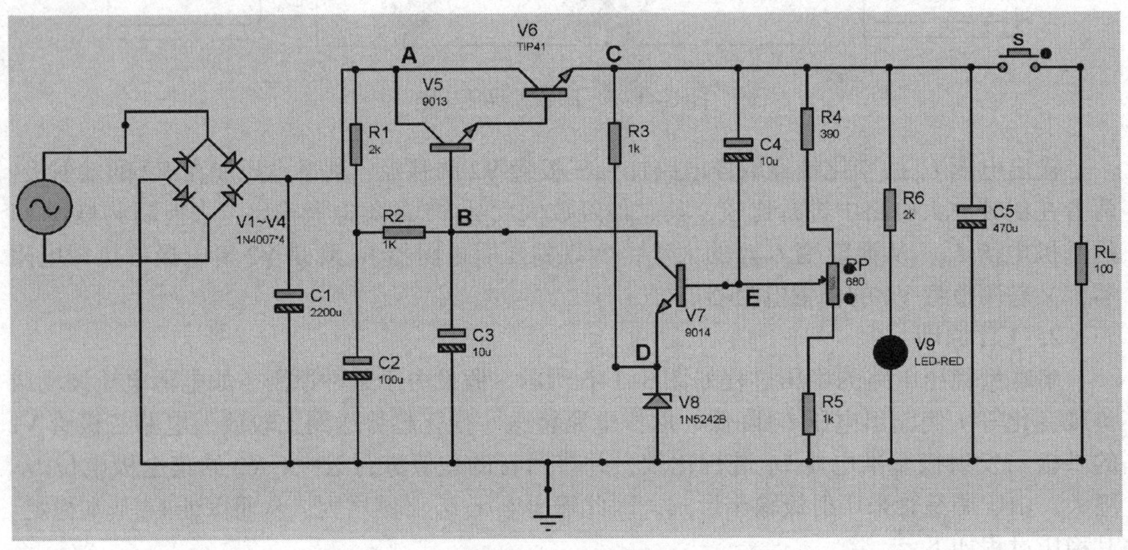

图 3–1–7　串联型稳压电路仿真原理图

3. 仿真调试

（1）空载时工作电压的测量

如图 3–1–8 所示，并联接入虚拟电压表，断开开关 S，按下仿真按钮，观察并记录电压表读数。

（2）有载时工作电压的测量

如图 3–1–9 所示，闭合开关 S，观察并记录电压表读数，调节电位器，测量输出电压范围。

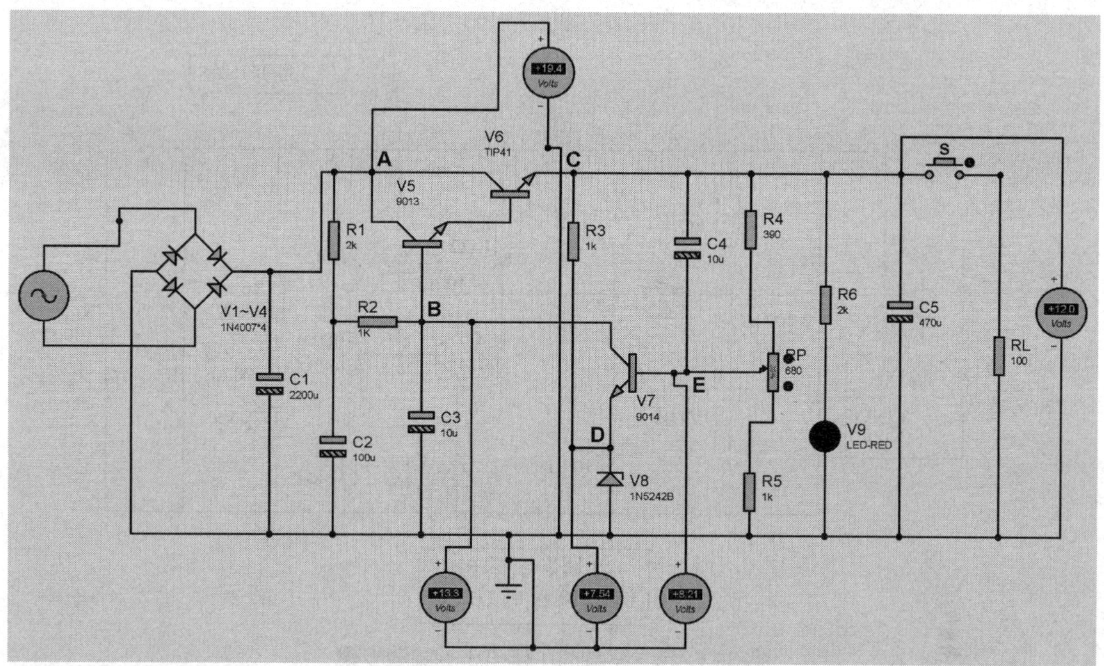

图 3-1-8　空载时工作电压的测量

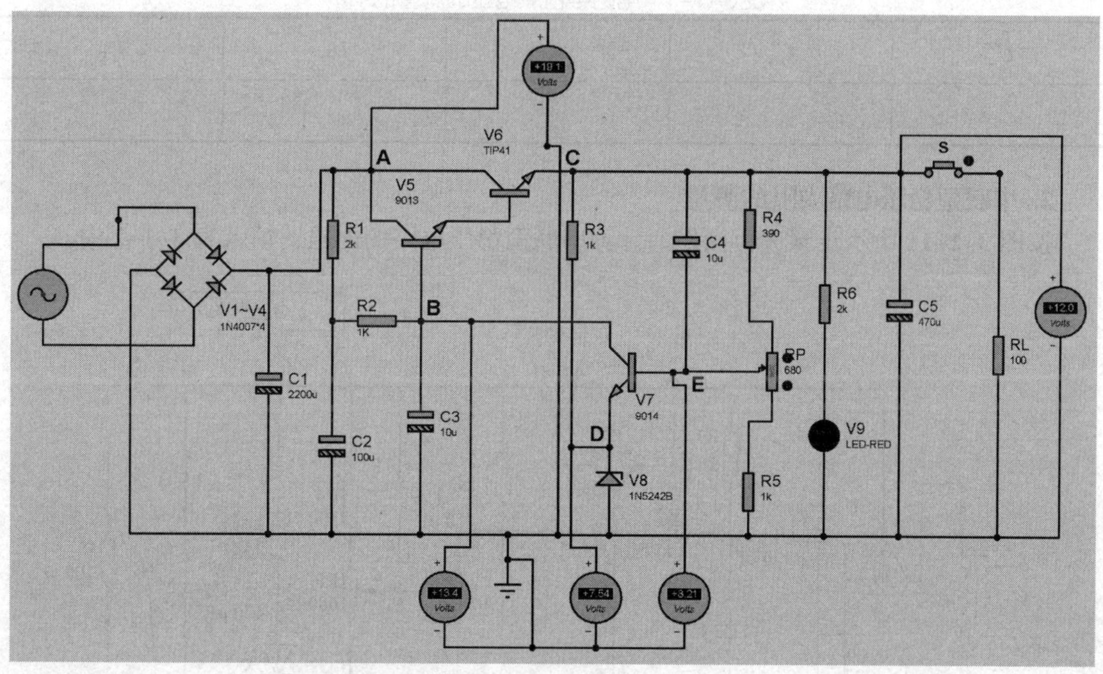

图 3-1-9　有载时工作电压的测量

二、实训操作

1. 空载时工作电压的测量

按图 3-1-10 所示步骤进行操作，测量电路中各点的电压，填入表 3-1-1 中。

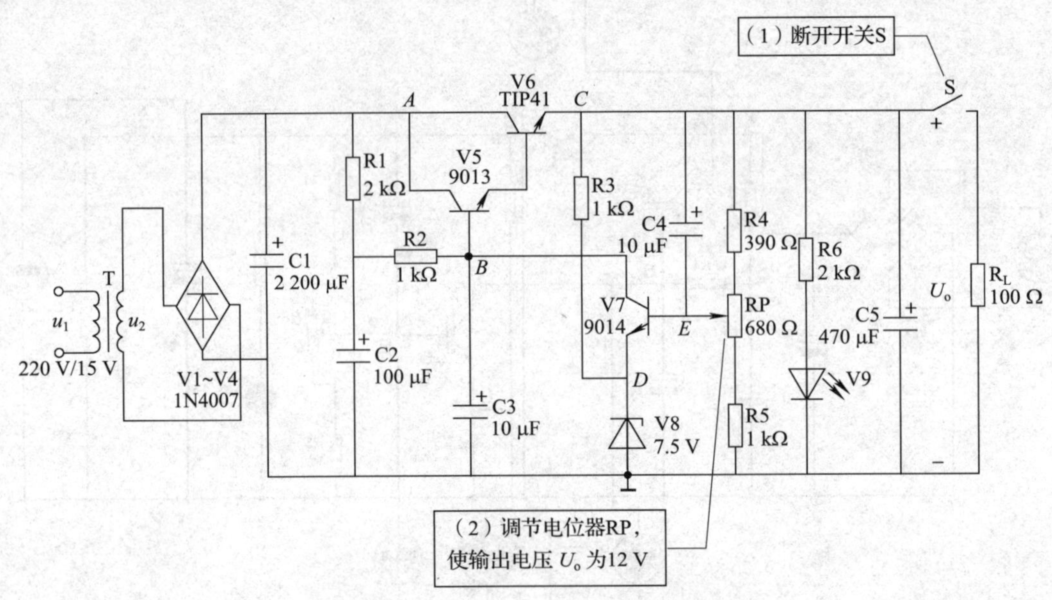

图 3-1-10　空载时工作电压的测量步骤

表 3-1-1　电路中各点电压的测量记录

U_A	U_B	U_C	U_D	U_E

2. 串联型稳压电路内阻的测量

按图 3-1-11 所示步骤进行操作，计算串联型稳压电路的内阻，填入表 3-1-2 中。

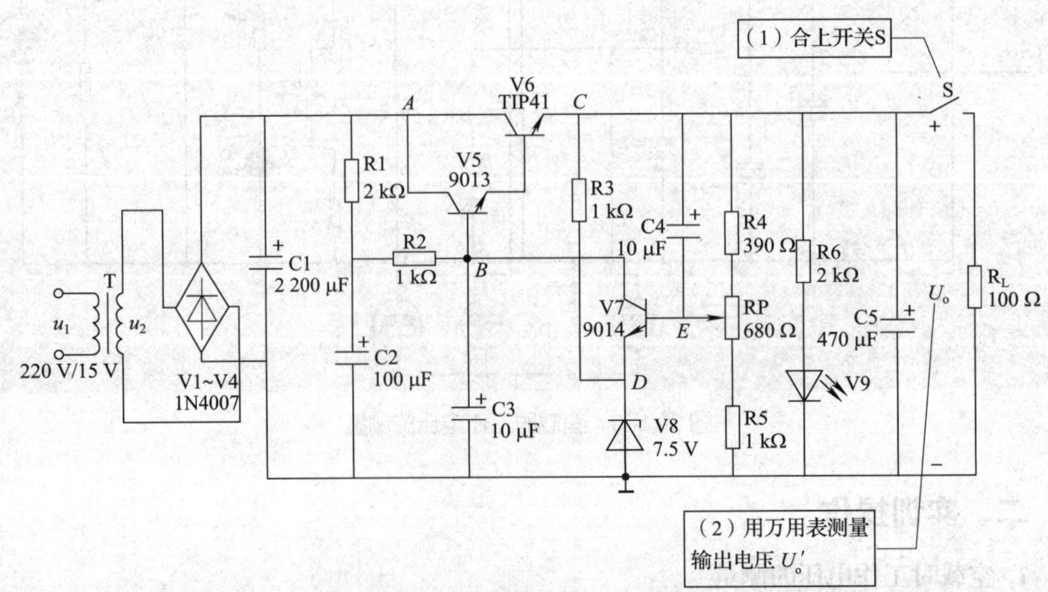

图 3-1-11　串联型稳压电路内阻的测量步骤

表 3-1-2 串联型稳压电路内阻的计算记录

U_o	R_L	U'_o	$r=\left(\dfrac{U_o}{U'_o}-1\right)\times R_L$
12 V			

3. 输出电压波形的观察

按图 3-1-12 所示步骤进行操作，用示波器观察输出电压的波形，记录两个波形的形状并比较两者的差别，填入表 3-1-3 中。

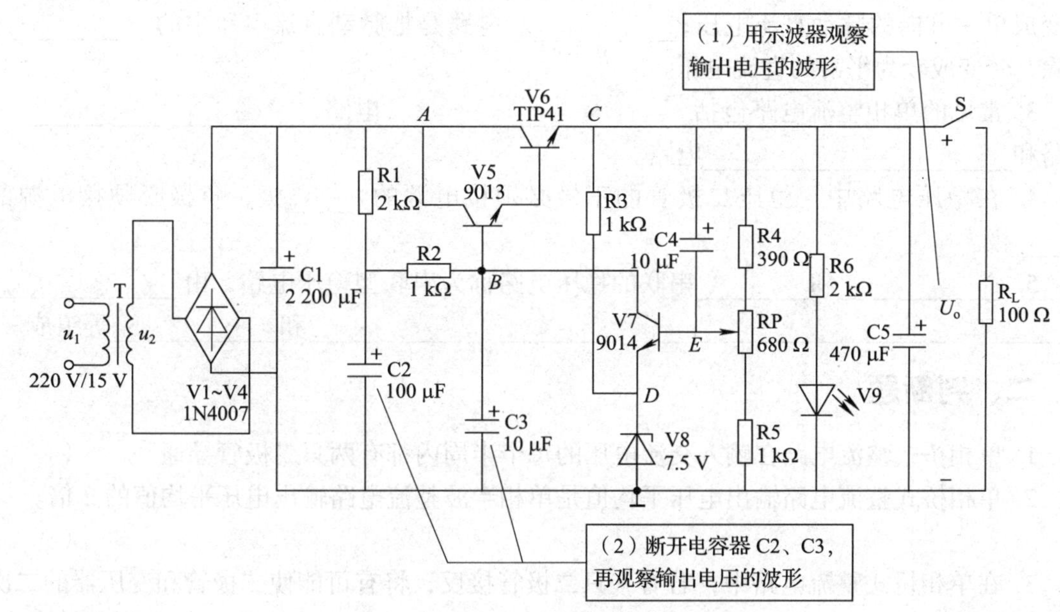

图 3-1-12 输出电压波形的观察步骤

表 3-1-3 输出电压波形的观察与比较记录

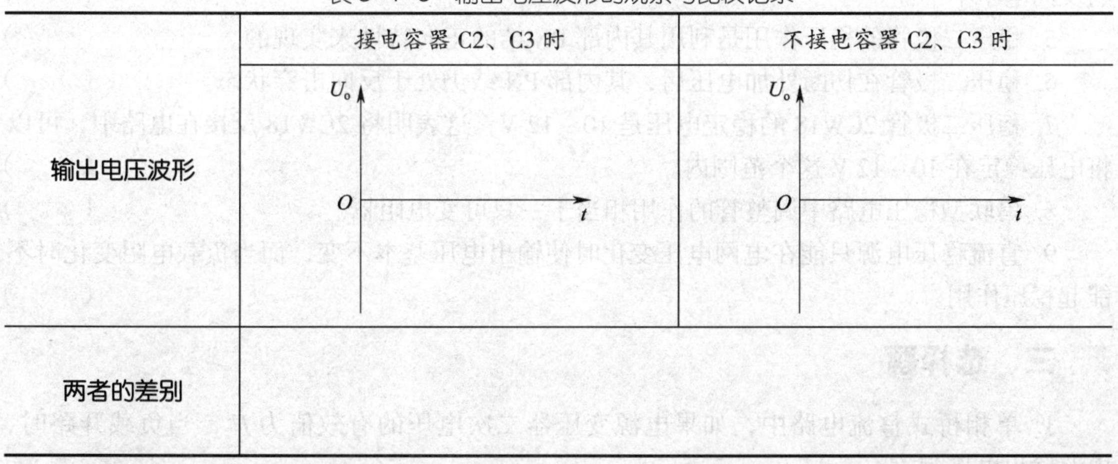

	接电容器 C2、C3 时	不接电容器 C2、C3 时
输出电压波形	U_o O t	U_o O t
两者的差别		

用示波器观察波形时，VOLTS/DIV 旋钮置于________位置，SEC/DIV 旋钮置于________位置。

复习巩固

一、填空题

1. 小功率直流稳压电源由____________、____________、____________和____________四部分组成。

2. ________电路是利用二极管的________，将大小和方向都变化的交流电压转变成单一方向的脉动直流电压；________电路是把脉动直流电压中的________滤除，转变成较为平滑的直流电压。

3. 常见的单相整流电路包括____________电路、____________电路和____________电路。

4. 在稳压电路中，稳压二极管的正极必须接电源的____极，负极必须接电源的____极。

5. ________和______串联的稳压电路称为串联型稳压电路，由________、________、________和________等组成。

二、判断题

1. 单相桥式整流电路在输入交流电压的每个半周内都有两只二极管导通。 （　　）

2. 单相桥式整流电路输出电压平均值是单相半波整流电路输出电压平均值的 2 倍。 （　　）

3. 在单相桥式整流电路中，若有一只二极管接反，将有可能使二极管和变压器的二次绕组烧毁。 （　　）

4. 单相桥式整流电路有电容滤波二极管时承受的反向电压和无电容滤波二极管时承受的反向电压不一样。 （　　）

5. 稳压二极管的稳压作用是利用其内部 PN 结的正向特性来实现的。 （　　）

6. 稳压二极管在切断外加电压后，其内部 PN 结仍处于反向击穿状态。 （　　）

7. 稳压二极管 2CW18 的稳定电压是 10 ~ 12 V，这表明将 2CW18 反接在电路中，可以将电压稳定在 10 ~ 12 V 这个范围内。 （　　）

8. 串联型稳压电路中调整管的作用相当于一只可变电阻器。 （　　）

9. 直流稳压电源只能在电网电压变化时使输出电压基本不变，而当负载电阻变化时不能起稳压作用。 （　　）

三、选择题

1. 单相桥式整流电路中，如果电源变压器二次电压的有效值为 U_2，当负载开路时，电路输出电压为（　　）。

A. 0　　B. U_2

C. $0.9U_2$　　D. $\sqrt{2}U_2$

2. 单相桥式整流电路中，通过每只二极管的平均电流等于（　　）。

A. 输出平均电流　　B. 输出平均电流的 1/2

C. 输出平均电流的 1/4

3. 单相桥式整流电路中，如果电源变压器二次电压的有效值为 U_2，则每只二极管承受的最高反向电压为（　　）。

A. U_2　　B. $\sqrt{2}U_2$

C. $2\sqrt{2}U_2$

4. 选择单相桥式整流电容滤波电路中的电容器时，要考虑电容器的（　　）。

A. 容量　　B. 额定电压

C. 容量和额定电压

5. 串联型稳压电路的调整管工作在（　　）。

A. 截止区　　B. 饱和区

C. 放大区

6. 直流稳压电路中，采取稳压措施的目的是（　　）。

A. 消除整流电路输出电压的交流分量

B. 将电网提供的交流电压转化为直流电压

C. 保持输出直流电压不受电网电压波动和负载变化的影响

7. 两只稳压二极管 2CW15 的稳定电压分别为 8 V 和 7.5 V，如果将它们用不同的方式组合起来，可组成（　　）种不同的稳定电压。

A. 3　　B. 2

C. 5

8. 串联型稳压电路实际上是一种（　　）电路。

A. 电压串联型负反馈　　B. 电压并联型负反馈

C. 电流并联型负反馈

四、简答题

1. 图 3-1-13 所示的单相半波整流电容滤波电路中，已知电源变压器一次电压 U_1=220 V，变压比 n=10，负载电阻 R_L=5 kΩ，分别计算开关 S 断开和闭合时，电路输出电压 U_L 和负载电流 I_L。

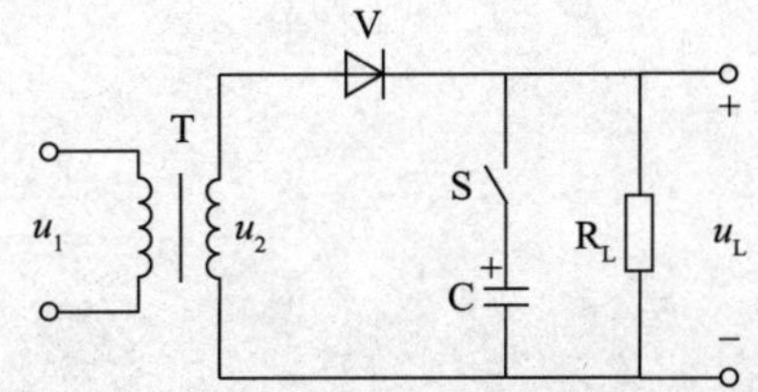

图 3-1-13　单相半波整流电容滤波电路

2. 图 3–1–13 所示的单相半波整流电容滤波电路中，已知电源变压器一次电压 U_1= 220 V，负载电阻 R_L=5 kΩ，当开关 S 断开时，输出电压 U_L=4.5 V，计算此时的负载电流 I_L、电源变压器二次电压 U_2、变压比 n。如果闭合开关 S，电路输出电压 U_L 和负载电流 I_L 是多少？

3. 图 3–1–14 所示的单相桥式整流电容滤波电路中，断开开关 S1、闭合开关 S2，若四只二极管全部接反，对输出电压有何影响？若其中一只二极管断开、短路或接反，对输出电压有何影响？

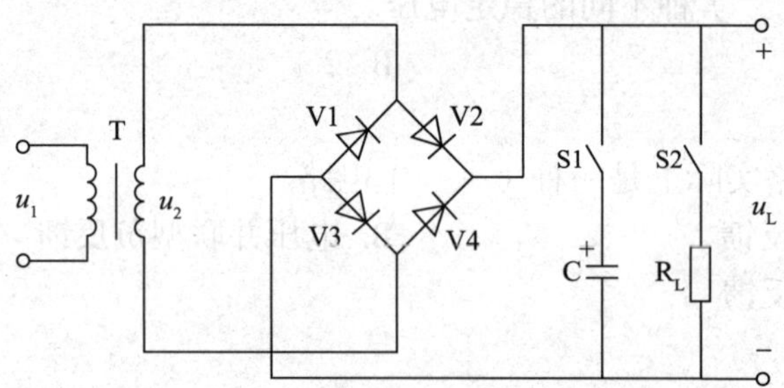

图 3–1–14 单相桥式整流电容滤波电路

4. 图 3-1-14 所示的单相桥式整流电容滤波电路中，已知电源变压器一次电压 U_1=220 V，变压比 n=22，负载电阻 R_L=1 kΩ，分别计算下列各种情况时的输出电压 U_L 和负载电流 I_L。

（1）断开开关 S1，闭合开关 S2。

（2）闭合开关 S1 和 S2。

（3）闭合开关 S1，断开开关 S2。

5. 电源变压器、四只二极管和负载电阻器在电路板上的排列如图 3-1-15 所示，试将四只二极管各个引脚连接电源变压器和负载电阻器实现桥式整流，要求完成的电路简明整齐。

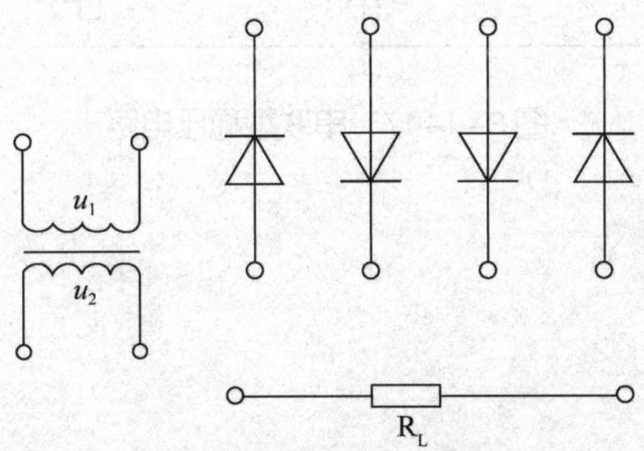

图 3-1-15 单相桥式整流电路的连接

6. 图 3-1-16 所示的单相桥式整流电容滤波电路中，已知负载电阻 R_L=100 Ω，要求输出电压 U_L=30 V。

（1）在桥臂上画出四只整流二极管，并标出电容器 C 的正极。

（2）计算通过每只二极管的平均电流 I_F。

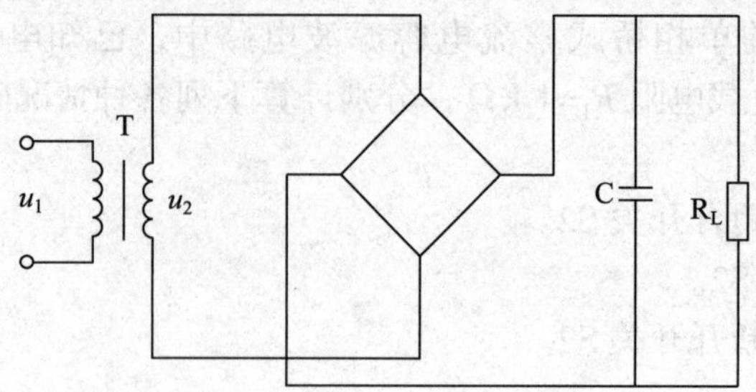

图 3-1-16　单相桥式整流电容滤波电路

7. 图 3-1-17 所示的串联型稳压电路中，已知 R_3=680 Ω，R_4=470 Ω，R_P=470 Ω，稳压二极管的稳定电压 U_Z=5.3 V，三极管 U_{BE}=0.7 V。计算输出电压 U_o 的可调范围，并分析：

（1）若电阻器 R1 开路，对电路的输出有何影响？

（2）若稳压二极管 V3 接反，对电路有何影响？

（3）若三极管 V1 的发射结开路或击穿，对电路有何影响？

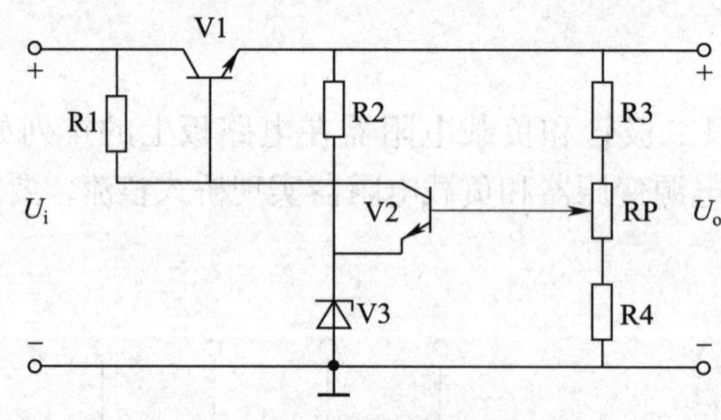

图 3-1-17　串联型稳压电路

8. 图 3-1-18 所示的串联型稳压电路中，已知 U_i=24 V，稳压二极管的稳定电压 U_Z=5.3 V，三极管 U_{BE}=0.7 V。

（1）计算电源变压器二次电压的有效值 U_2。

（2）若 R_3=R_4=R_P=300 Ω，计算输出电压 U_o 的可调范围。

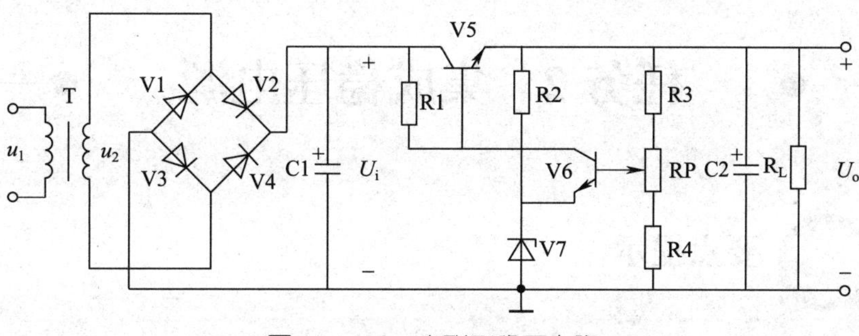

图 3–1–18　串联型稳压电路

9. 图 3–1–18 所示的串联型稳压电路中，分析出现以下故障现象的原因（如某元器件开路或者短路）。

（1）U_i 由正常值 24 V 降低到 18 V，脉动程度变大，输出电压虽然可调，但是稳定性差。

（2）U_i 由正常值 24 V 升高到 28 V，输出电压 $U_o \approx 0$，且不可调。

（3）输出电压 U_o=4.6 V，且不可调。

（4）输出电压 U_o=22 V，且不可调。

10. 若图 3–1–18 所示的串联型稳压电路中 V7 开路，会出现什么故障现象？为什么？

任务 2　集成稳压电源

要点提示

学习重点：

1. 熟悉三端固定输出集成稳压器，掌握三端固定输出集成稳压器的应用。
2. 熟悉三端可调输出集成稳压器，掌握三端可调输出集成稳压器的应用。
3. 掌握集成稳压电源电路的工作原理、安装、调试与检修。

学习难点：

集成稳压电源电路的工作原理、调试与检修。

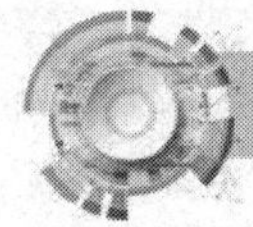

复习提问

1. 回顾图 3–2–1 所示的串联型稳压电路板，完成填空。

四只二极管构成____________电路，起____作用，即将输入的____电压转变成____电压。若输入电压有效值为10V，则输出电压平均值约为____V

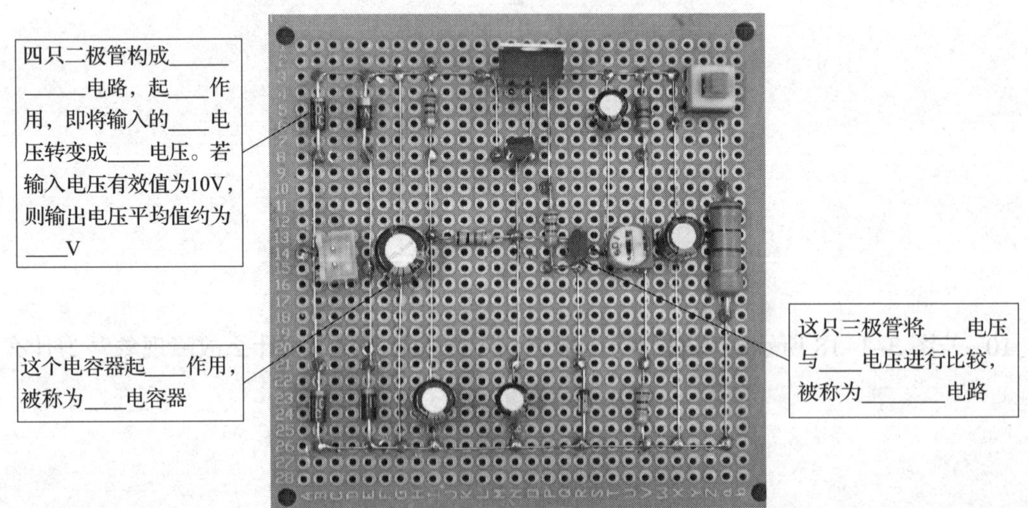

这个电容器起____作用，被称为____电容器

这只三极管将____电压与____电压进行比较，被称为________电路

图 3–2–1　串联型稳压电路板

2. 图 3–2–2 所示的串联型稳压电路中，R_P=510 Ω，R_1=R_2=1 kΩ，稳压二极管的稳定电压 U_Z=7.5 V，三极管 U_{BE}=0.7 V，则输出电压 U_o 的可调范围为________。

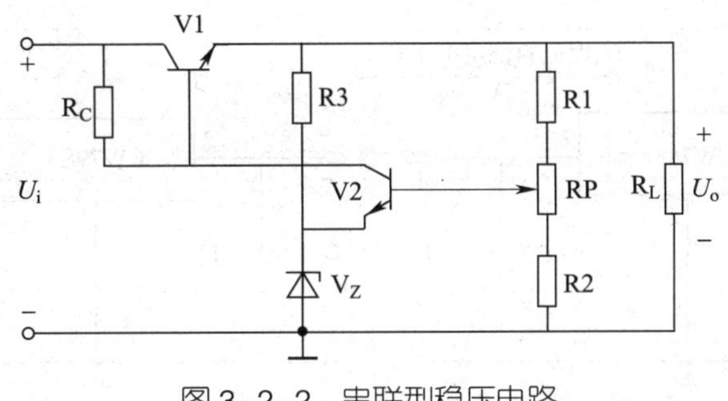

图 3-2-2 串联型稳压电路

一、三端固定输出集成稳压器

1. 型号和引脚识别

三端固定输出集成稳压器中，常用的 CW78×× 系列输出正电压，CW79×× 系列输出负电压，输出电压包括 ±5 V、±6 V、±9 V、±12 V、±15 V、±18 V、±24 V，输出电流包括 0.1 A、0.5 A、1.5 A、3 A。

三端固定输出集成稳压器的引脚分别为输入端、输出端和公共端，如图 3-2-3 所示。

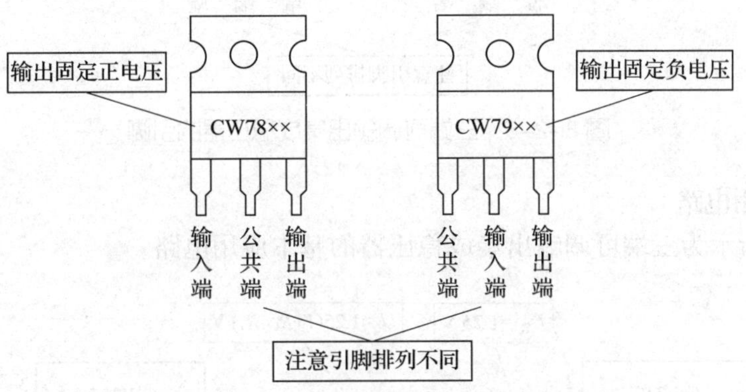

图 3-2-3 三端固定输出集成稳压器的引脚

2. 基本应用电路

图 3-2-4 所示为三端固定输出集成稳压器的基本应用电路。

二、三端可调输出集成稳压器

1. 型号和引脚识别

三端可调输出集成稳压器是在三端固定输出集成稳压器的基础上发展起来的，常用的 CW117、CW217、CW317 输出正电压，CW137、CW237、CW337 输出负电压。

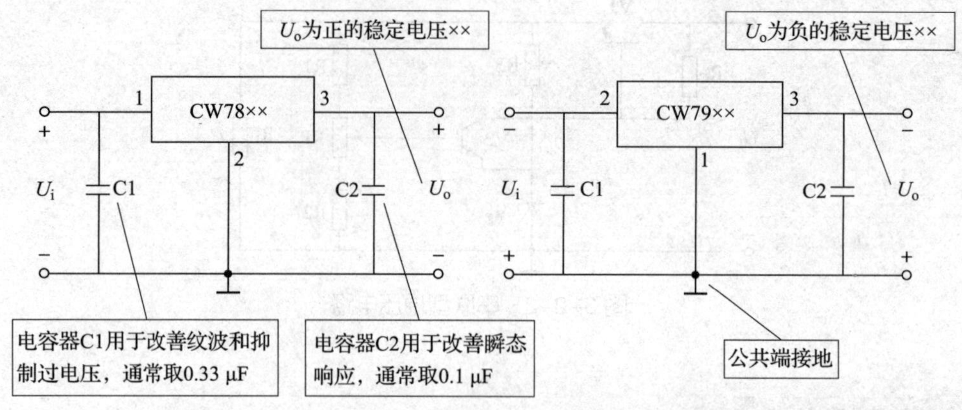

图 3-2-4　三端固定输出集成稳压器的基本应用电路

三端可调输出集成稳压器的引脚分别为调整端、输入端和输出端，如图 3-2-5 所示。

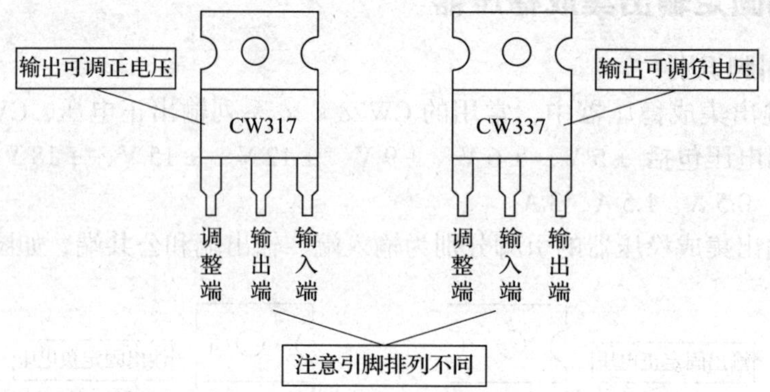

图 3-2-5　三端可调输出集成稳压器的引脚

2. 基本应用电路

图 3-2-6 所示为三端可调输出集成稳压器的基本应用电路。

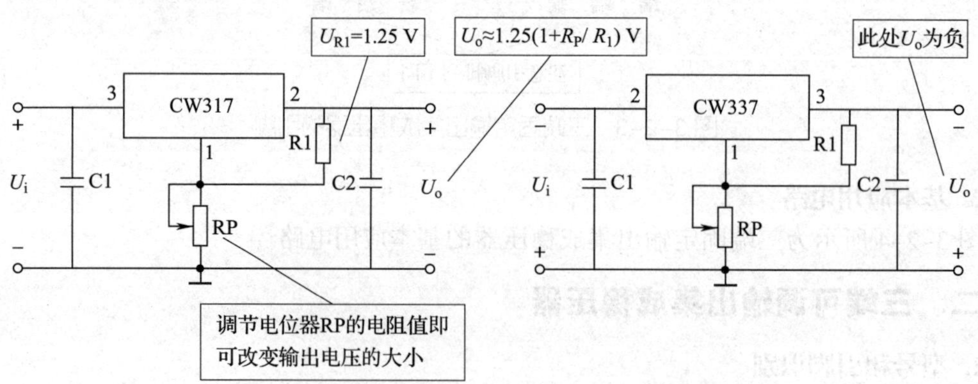

图 3-2-6　三端可调输出集成稳压器的基本应用电路

软件仿真和实训操作使用的集成稳压电源电路如对应教材中图 3–2–7 所示。

一、软件仿真

1. 启动 Proteus，进入原理图设计界面

启动 Proteus 8 Professional，进入主界面，新建工程，进入原理图设计界面。

2. 绘制原理图

从元器件库中选取集成稳压电源电路仿真所需的元器件，添加到对象选择器窗口，再放置到图形编辑窗口，然后布线，绘制好的集成稳压电源电路仿真原理图如图 3–2–7 所示，保存工程。

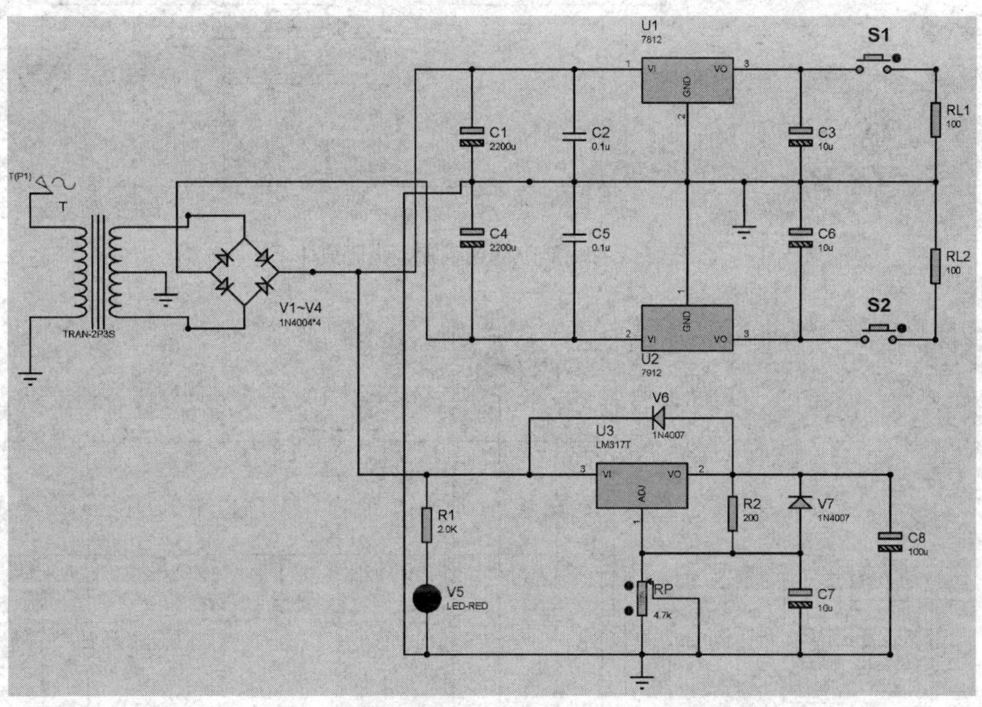

图 3–2–7　集成稳压电源电路仿真原理图

3. 仿真调试

（1）集成稳压电源电路输出固定电压的测量

1）空载时工作电压的测量。如图 3–2–8 所示，并联接入虚拟示波器和电压表，断开开关 S1、S2，按下仿真按钮，观察并记录示波器波形和电压表读数。

2）有载时工作电压的测量。如图 3–2–9 所示，闭合开关 S1、S2，观察并记录示波器波形和电压表读数。

（2）集成稳压电源电路输出可调电压的测量

调节电位器 RP，测量输出电压的可调范围。

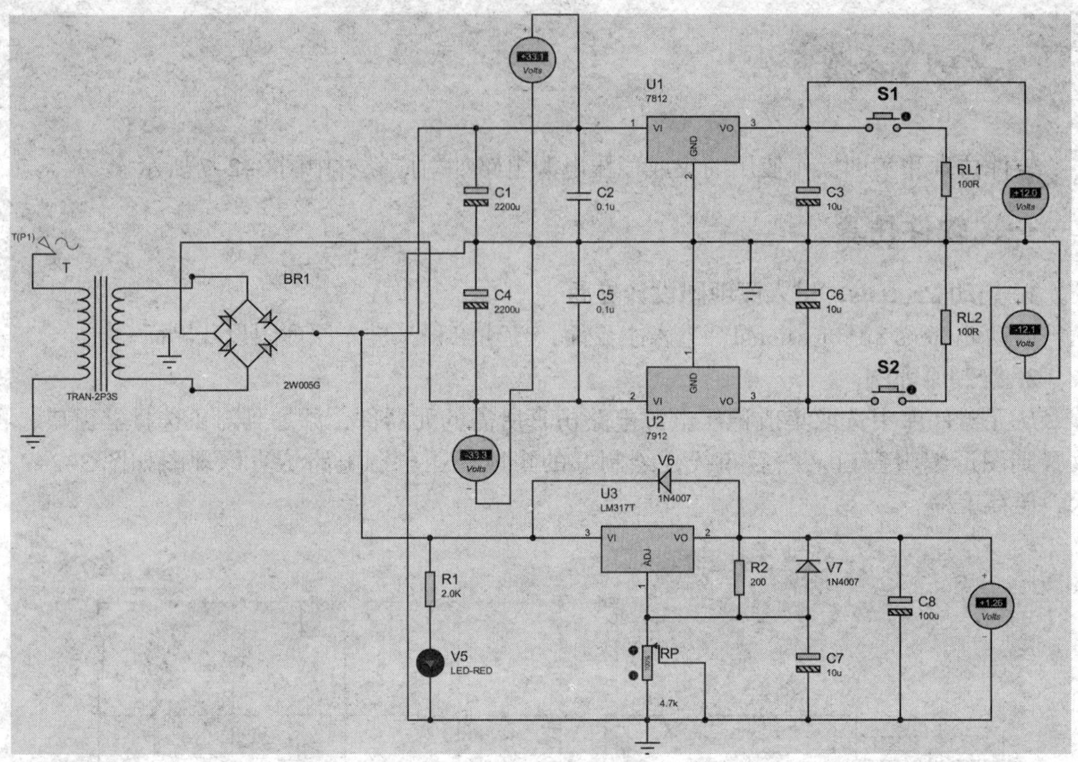

图 3-2-8　集成稳压电源电路仿真 1

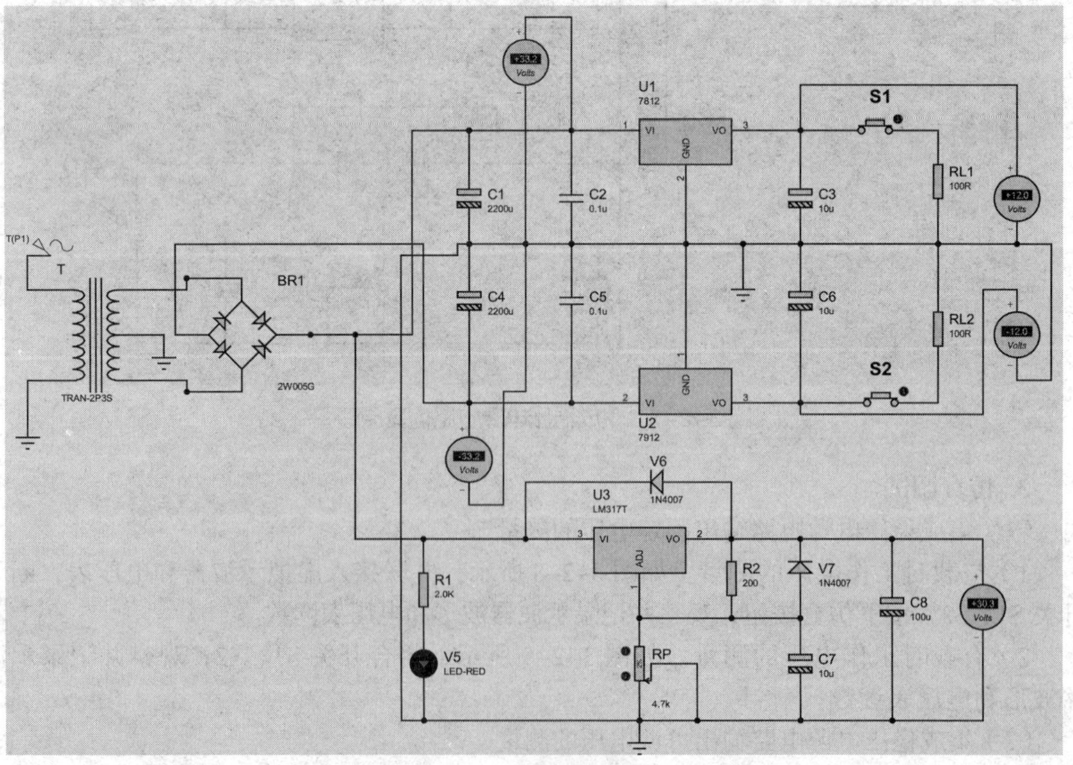

图 3-2-9　集成稳压电源电路仿真 2

二、实训操作

1. 空载时工作电压的测量

按图 3–2–10 所示步骤进行操作，用万用表分别测量电路中 3 个三端集成稳压器输入端和输出端的电压，填入表 3–2–1 中。

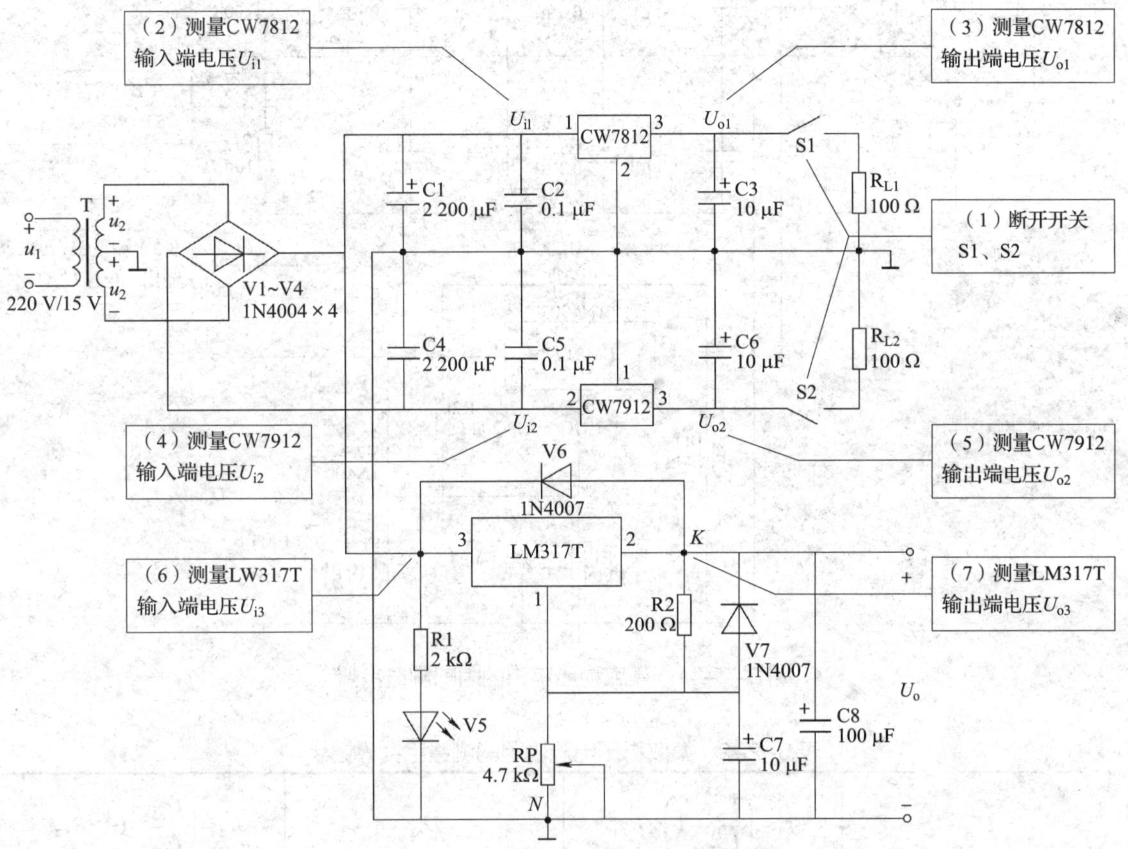

图 3–2–10　空载时工作电压的测量步骤

表 3–2–1　空载时工作电压的测量记录

U_{i1}	U_{o1}	U_{i2}	U_{o2}	U_{i3}	U_{o3}

2. 集成稳压电源内阻的测量

按图 3–2–11 所示步骤进行操作，用万用表分别测量正、负电源输出端的电压 U'_{o1} 和 U'_{o2}，计算正、负电源的内阻，正电源的内阻 $r_1=\left(\frac{U_{o1}}{U'_{o1}}-1\right)\times R_{L1}$，负电源的内阻 $r_2=\left(\frac{U_{o2}}{U'_{o2}}-1\right)\times R_{L2}$，填入表 3–2–2 中。

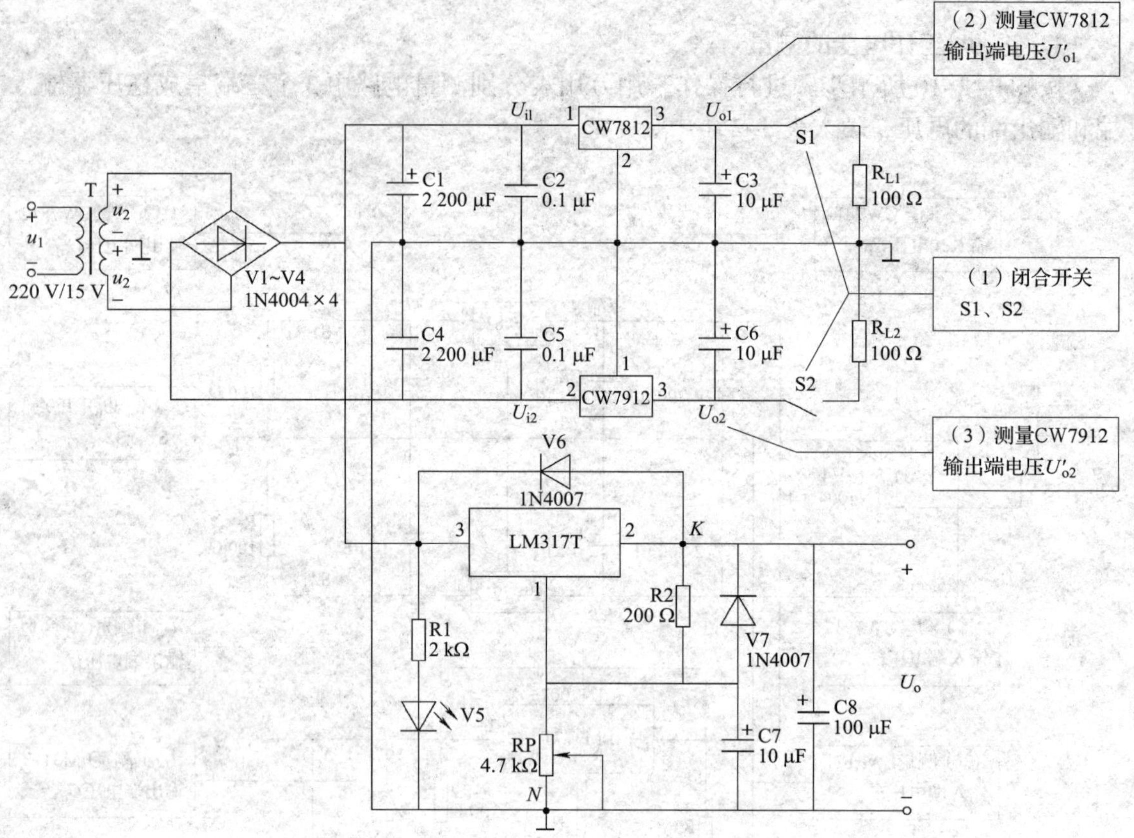

图 3-2-11　集成稳压电源内阻的测量步骤

表 3-2-2　集成稳压电源内阻的测量与计算记录

U'_{o1}	$r_1=\left(\dfrac{U_{o1}}{U'_{o1}}-1\right)\times R_{L1}$	U'_{o2}	$r_2=\left(\dfrac{U_{o2}}{U'_{o2}}-1\right)\times R_{L2}$

3. 输出电压波形的观察

按图 3-2-12 所示步骤进行操作，用示波器观察正、负电源输出电压的波形，填入表 3-2-3 中。

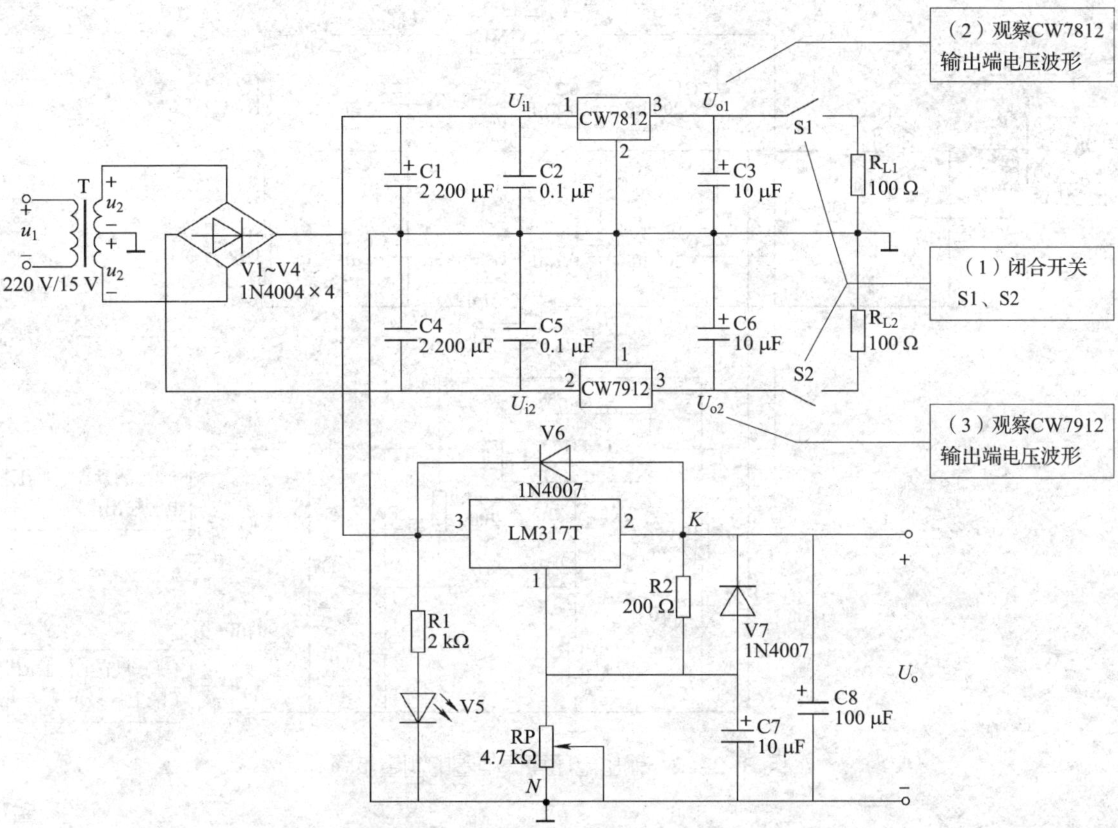

图 3-2-12　输出电压波形的观察步骤

表 3-2-3　输出电压波形的观察记录

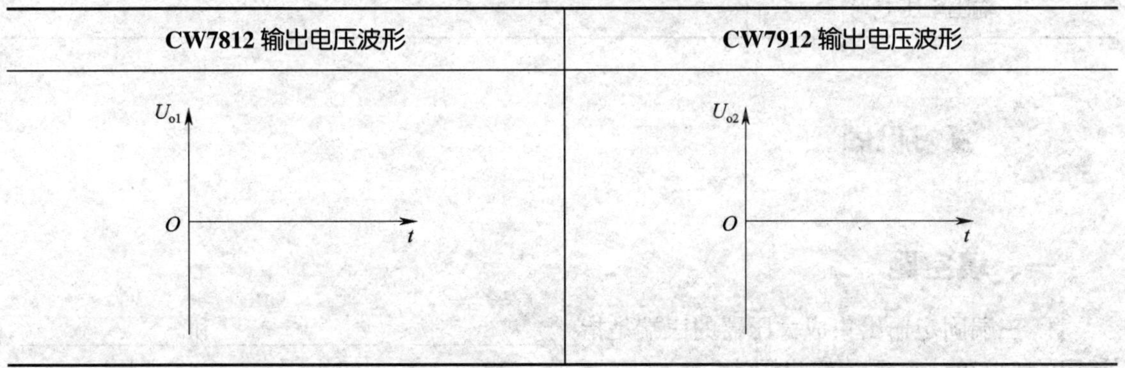

CW7812 输出电压波形	CW7912 输出电压波形

4. 输出电压可调范围的测量

按图 3-2-13 所示步骤进行操作，调节电位器 RP，用万用表测量集成稳压电源输出电压的可调范围，填入表 3-2-4 中。

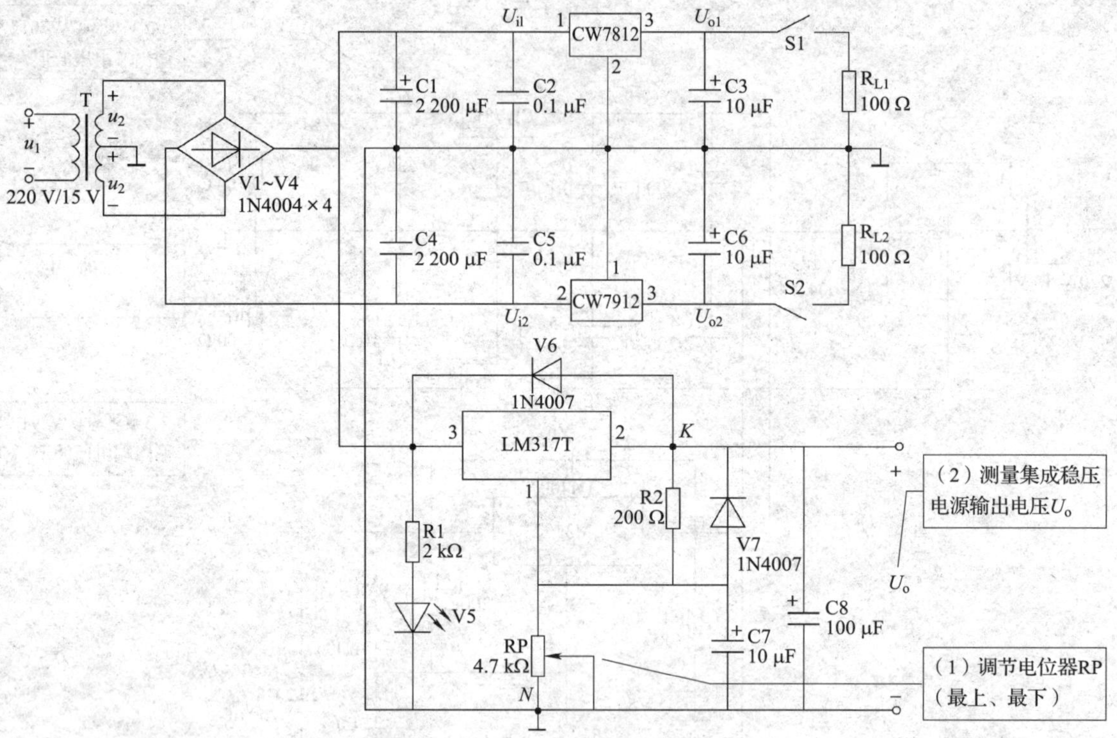

图 3-2-13　输出电压可调范围的测量步骤

表 3-2-4　输出电压可调范围的测量记录

调节电位器 **RP**	最上	最下
输出电压 U_o		

一、填空题

1. 三端固定输出集成稳压器的三端是指____________、____________和____________，常用的 CW78×× 系列输出固定______电压，CW79×× 系列输出固定______电压。

2. 三端固定输出集成稳压器 CW7812 型号中的 C 表示______________________，W 表示______________。

二、判断题

1. 由三端集成稳压器组成的稳压电路，输出电压不能高于稳压器的最高输出电压。（　　）

2. 由三端集成稳压器组成的稳压电路，输出电流只能小于或者等于稳压器的最大输出电流。（ ）

3. 利用三端集成稳压器能组成同时输出正、负电压的稳压电路。（ ）

三、简答题

1. 图 3-2-14 所示为三端固定输出集成稳压器基本应用电路，说明各元器件的作用，并指出电路正常工作时的输出电压。

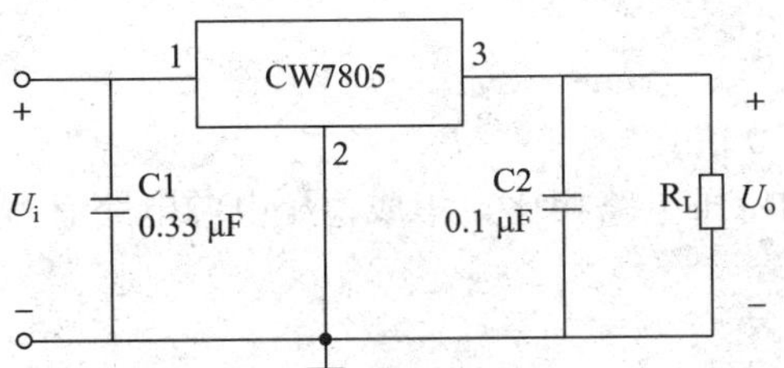

图 3-2-14 三端固定输出集成稳压器基本应用电路

2. 图 3-2-15 所示为三端可调输出集成稳压器基本应用电路，负载 R_L 需要 +9 V 的电压，指出电路图中的错误，画出正确的电路图，并说明原因。

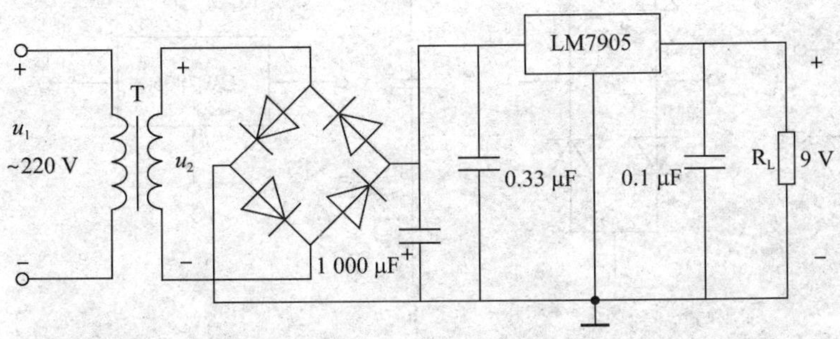

图 3-2-15 三端可调输出集成稳压器基本应用电路

3. 与分立元件构成的稳压电路相比，集成稳压电源电路有哪些优点？

4. 将图 3–2–16 所示的元器件连接组成输出电压为 5 V 的稳压电源电路（假设 U_i 足够大）。

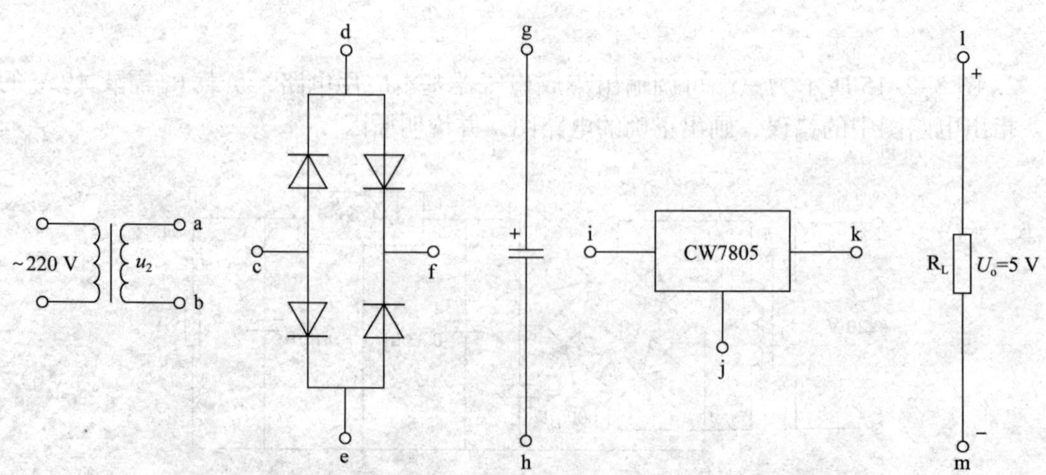

图 3–2–16　三端固定输出集成稳压器组成稳压电源电路的连接

5. 将图 3-2-17 所示的元器件连接组成输出电压可调的稳压电源电路。

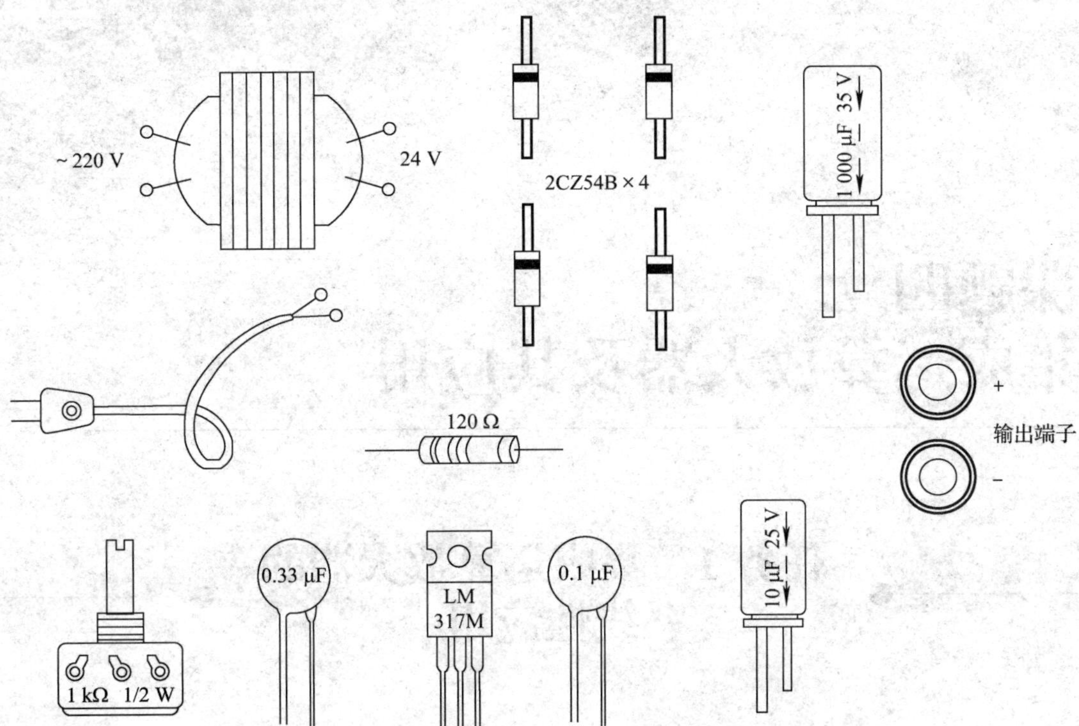

图 3-2-17　三端可调输出集成稳压器组成稳压电源电路的连接

课题四
集成运算放大器及其应用

任务1　集成运算放大器的线性应用

要点提示

学习重点：

1. 了解差动放大电路的组成与特点。
2. 熟悉集成运算放大器的图形符号和工作特性。
3. 掌握集成运算放大器线性应用电路的组成及分析方法。
4. 掌握采用集成运算放大器的放大电路（反相比例运算放大电路）的安装、调试与检修。

学习难点：

1. 集成运算放大器闭环状态下的分析方法。
2. 采用集成运算放大器的放大电路（反相比例运算放大电路）的调试与检修。

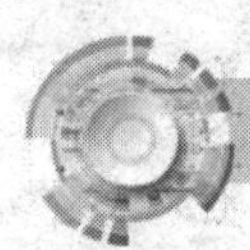

复习提问

回顾图 4-1-1 所示的集成稳压电源电路板，完成填空。

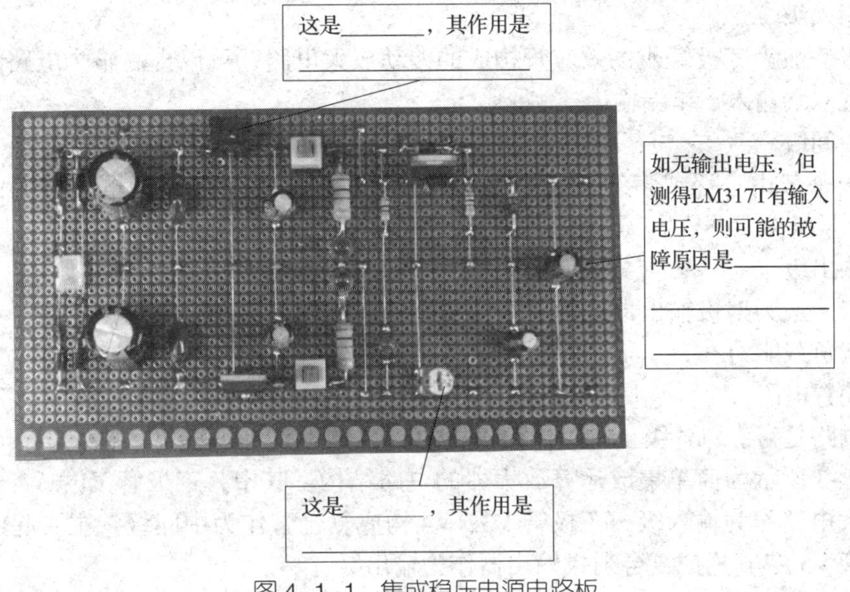

图 4-1-1 集成稳压电源电路板

一、差动放大电路

1. 差动放大电路的作用

在直接耦合的放大电路中，即使输入端短路，输出端也会有缓慢变化的输出电压，这种输入电压为零而输出电压不为零且缓慢变化的现象称为零点漂移。在放大电路中，任何参数的变化，如电源电压的波动、元器件的老化、半导体元器件参数随温度变化而产生的变化，都将引起输出电压的漂移。差动放大电路最主要的作用是利用电路的对称性抑制零点漂移。

2. 差动放大电路与集成运算放大器的关系

集成运算放大器是一种高放大倍数的多级直接耦合放大器，为了抑制零点漂移，其输入级通常采用差动放大电路。

集成运算放大器的类型很多，电路也不尽相同，但是在电路结构上有共同之处，即一般都由输入级、中间级、输出级和偏置电路等组成，如图 4-1-2 所示。

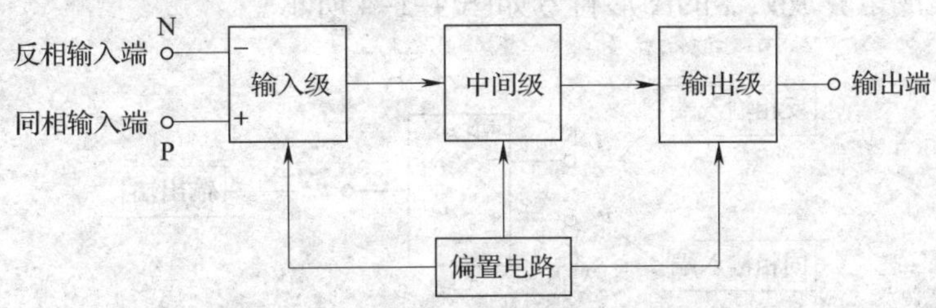

图 4-1-2 集成运算放大器的组成框图

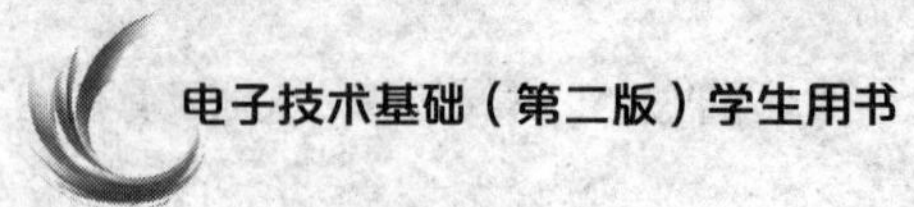

（1）输入级

输入级一般为三极管或场效应管构成的差动放大电路，可以提高整个电路的共模抑制比，并实现双端输入、单端输出。

（2）中间级

中间级一般由一级或多级放大电路构成，可以提高整个电路的电压放大倍数，达到 $10^6 \sim 10^8$ 数量级。

（3）输出级

输出级一般为射极输出器或由射极输出器构成的互补对称功率放大电路，可以提高输出功率和带负载能力。

（4）偏置电路

偏置电路是为确保各级正常工作而设置的。

图 4-1-3 所示为简单集成运算放大器的电路结构。其中，三极管 V1、V2 构成恒流源式差动放大电路作为输入级；三极管 V3、V4 构成复合管作为中间级，主要起电压放大作用；三极管 V5、V6 构成复合射极输出器作为输出级。

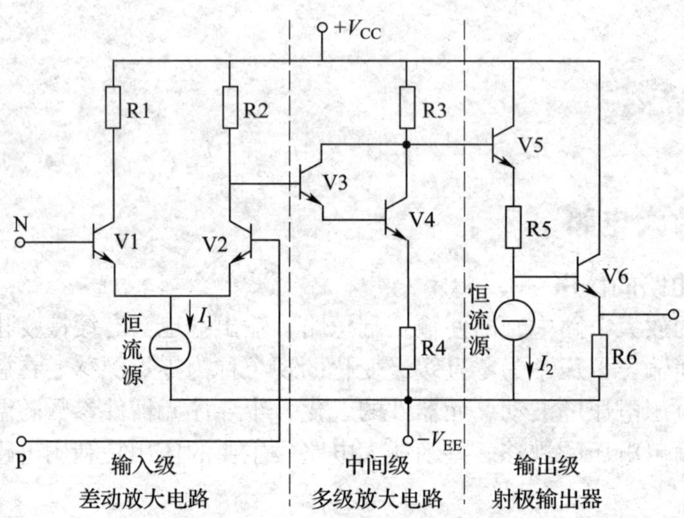

图 4-1-3　简单集成运算放大器的电路结构

二、集成运算放大器

1. 理想集成运算放大器的图形符号

（1）理想集成运算放大器的图形符号如图 4-1-4 所示。

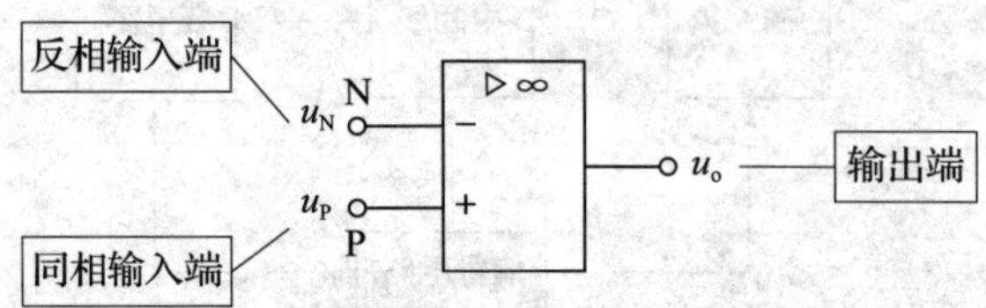

图 4-1-4　理想集成运算放大器的图形符号

（2）理想集成运算放大器图形符号的画法

1）先画框体

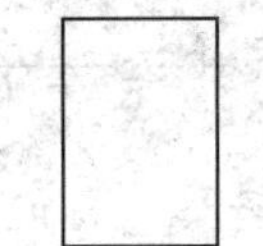

2）再画引脚

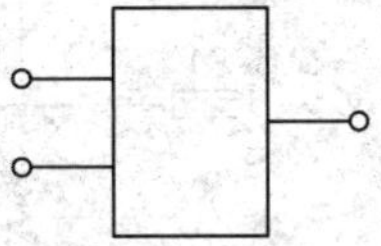

3）最后标注符号

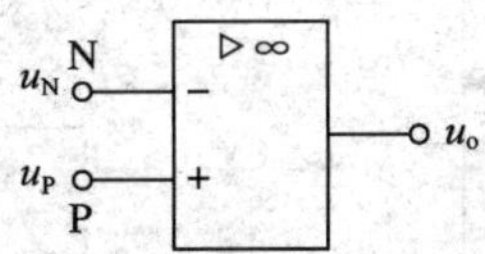

2. 理想集成运算放大器的工作特性

（1）理想集成运算放大器工作在线性区的特点

线性应用时，集成运算放大器工作在深度负反馈状态或以负反馈为主、兼有正反馈的状态，其输出电压与净输入电压呈线性关系，如图 4-1-5 所示。

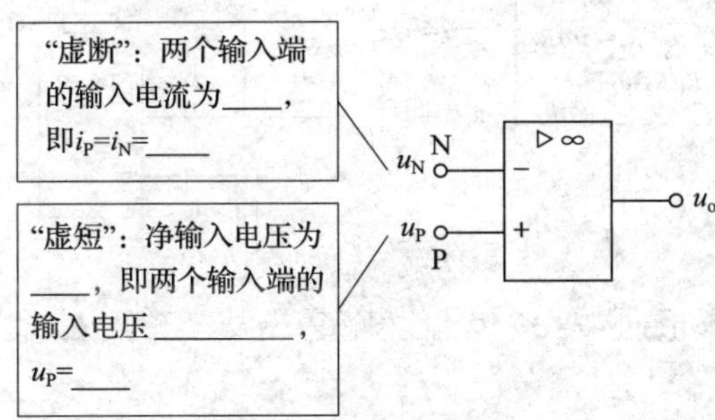

图 4-1-5　理想集成运算放大器工作在线性区的特点

（2）理想集成运算放大器工作在非线性区的特点

非线性应用时，集成运算放大器主要处于开环（无反馈）或正反馈工作状态，其输出电压与输入电压只有两种可能：

当 $u_P>u_N$ 时，$u_o=+U_{om}$。

当 $u_P<u_N$ 时，$u_o=-U_{om}$。

3. 集成运算放大器的线性应用电路

反相比例运算放大电路的分析如图 4-1-6 所示。

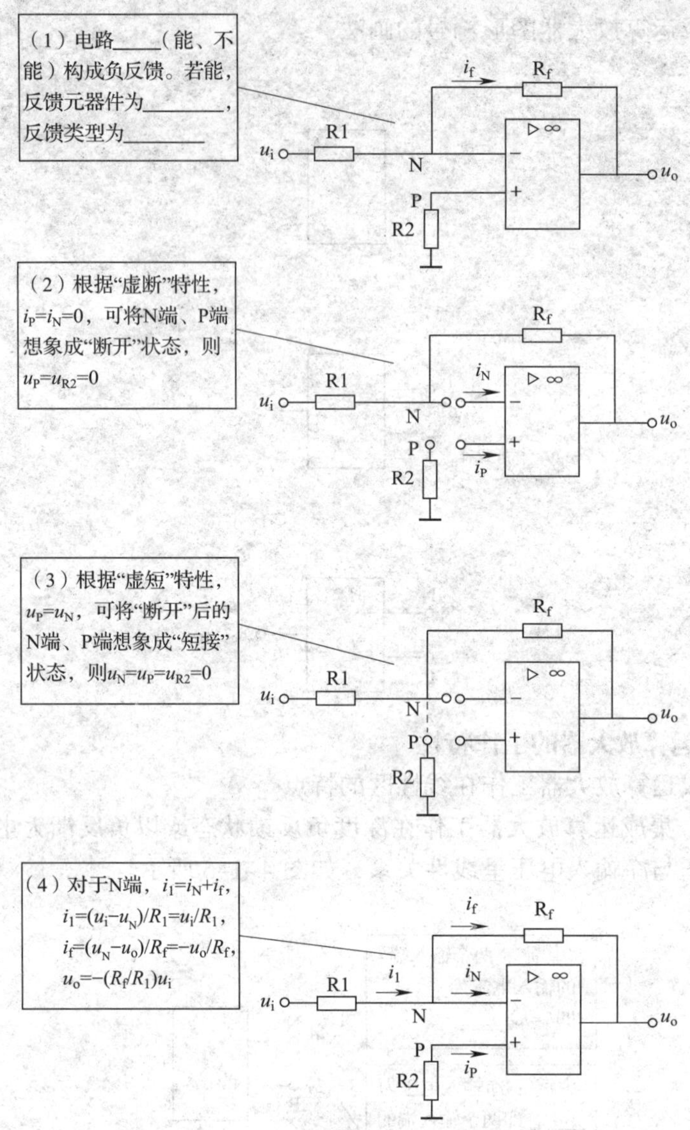

图 4-1-6　反相比例运算放大电路的分析

动手实践

软件仿真和实训操作使用的反相比例运算放大电路如对应教材中图 4-1-14 所示。

一、软件仿真

1. 启动 Proteus，进入原理图设计界面

启动 Proteus 8 Professional，进入主界面，新建工程，进入原理图设计界面。

2. 绘制原理图

从元器件库中选取反相比例运算放大电路仿真所需的元器件，添加到对象选择器窗

口，再放置到图形编辑窗口，然后布线，绘制好的反相比例运算放大电路仿真原理图如图 4–1–7 所示，保存工程。

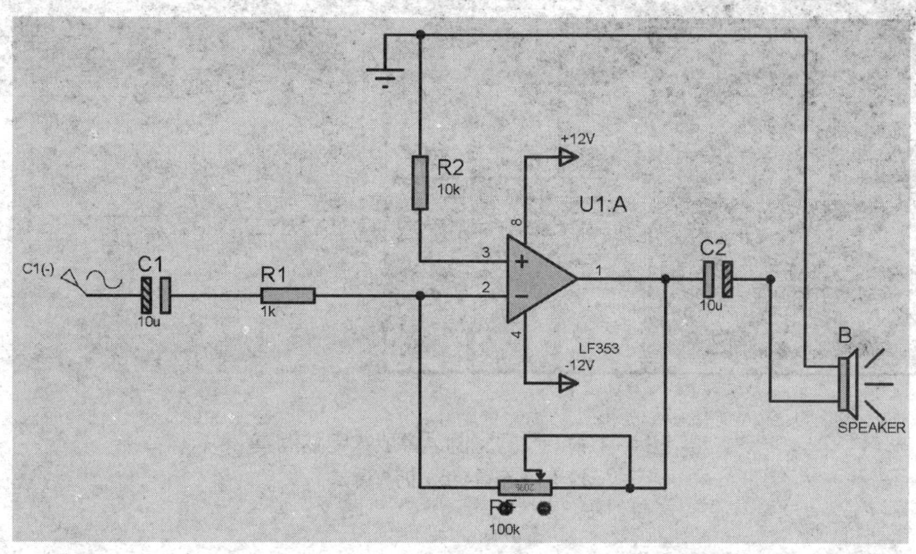

图 4–1–7　反相比例运算放大电路仿真原理图

3. 仿真调试

如图 4–1–8 所示，接入虚拟示波器，按下仿真按钮，用示波器观察并记录输入电压、输出电压的波形，调节电位器，观察并记录输出电压波形变化，聆听扬声器声音变化。

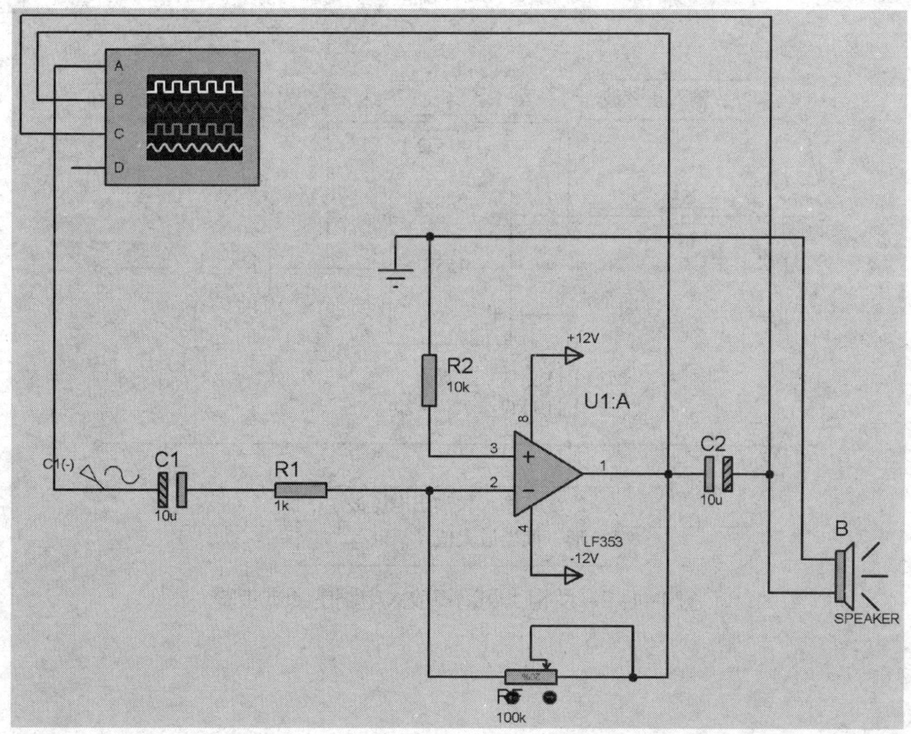

a）

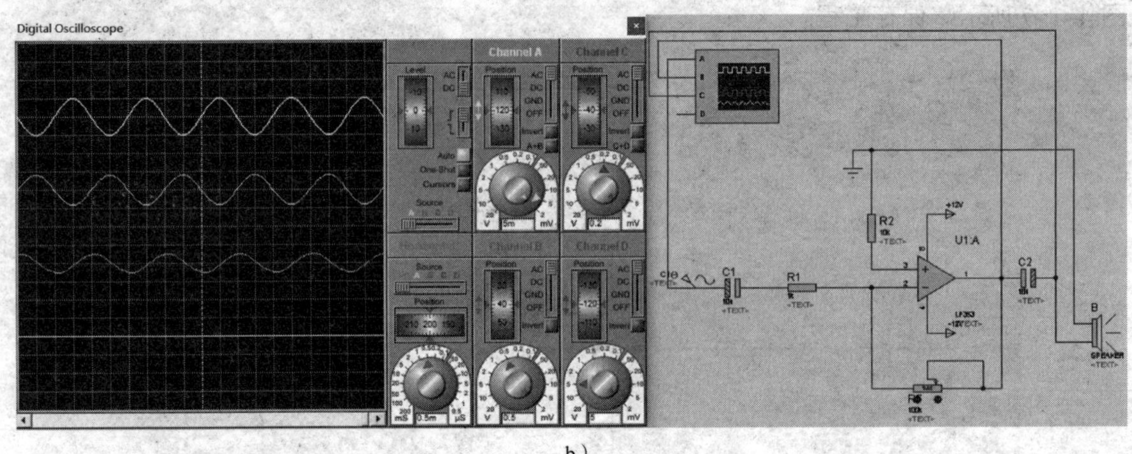

b）

图 4-1-8　反向比例运算放大电路仿真

a）仿真布置　b）仿真调试

二、实训操作

按图 4-1-9 所示步骤进行操作，用低频信号发生器输入正弦波，用示波器观察反相比例运算放大电路输入电压、输出电压的波形，读出它们的最大值 U_{im} 和 U_{om}，验证电压放大倍数 $A_{uf}=\dfrac{U_{om}}{U_{im}}=\dfrac{R_f}{R_1}$，记录在表 4-1-1 中。

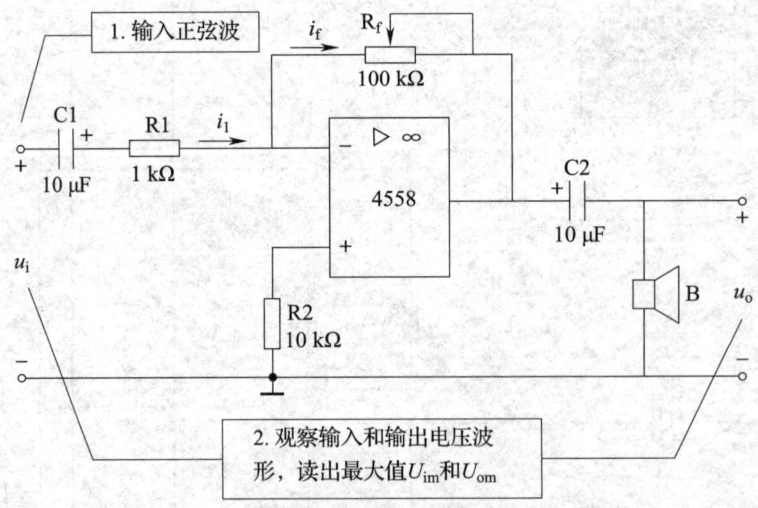

图 4-1-9　反相比例运算放大电路的调试步骤

表 4-1-1　反相比例运算放大电路的调试记录

<table>
<tr><td colspan="4">观察输入和输出电压波形</td></tr>
<tr><td colspan="2">输入电压波形</td><td colspan="2">输出电压波形</td></tr>
<tr><td colspan="2">u_i O t</td><td colspan="2">u_o O t</td></tr>
<tr><td>最大值 U_{im}</td><td></td><td>最大值 U_{om}</td><td></td></tr>
<tr><td colspan="4">验证电压放大倍数</td></tr>
<tr><td>$\frac{U_{om}}{U_{im}}$</td><td>$\frac{R_f}{R_1}$</td><td>两者是否相等?</td><td>为什么?</td></tr>
<tr><td></td><td></td><td></td><td></td></tr>
</table>

用示波器观察波形时，VOLTS/DIV 旋钮置于________位置，SEC/DIV 旋钮置于________位置。

复习巩固

一、填空题

1. 用于放大直流信号的放大器称为________放大器，又称为________放大器。

2. 零点漂移是指当直流放大器输入信号为__时，输出端的输出信号偏离了原来的________________而做缓慢、不规则的上下飘动，产生零点漂移的主要原因是________________变化引起元器件参数变化。

3. 抑制零点漂移的有效电路是________________，依靠其____________性有效抑制温飘，通常用________________作为衡量电路性能优劣的指标。

4. 差动放大电路中，大小相等、极性相同的两个输入信号称为____________信号，大小相等、极性相反的两个输入信号称为____________信号。

5. 理想集成运算放大器两个输入端的输入电压__________，输入电流为____。

6. 在实际分析过程中，通常把集成运算放大器看成是一个理想元器件，即________________________无穷大、________________无穷大、________________无穷大、________________为零。

7. 积分运算电路输入方波时，输出为____________________；微分运算电路输入方波时，输出为__________波形。

二、判断题

1. 差动放大电路的电压放大倍数越大，抑制零点漂移的能力越强。（　　）
2. 差动放大电路的共模信号和差模信号都是有用信号。（　　）
3. 对于差动放大电路，希望其差模电压放大倍数大，而共模电压放大倍数小。（　　）
4. 集成运算放大器实质上是一个高放大倍数的直流放大器。（　　）
5. 理想集成运算放大器的同相输入端和反相输入端之间不存在“虚短”“虚断”现象。（　　）
6. 集成运算放大器的电压传输特性曲线是指输出电压与输入电压之间的关系曲线。（　　）
7. 反相器既能使输入信号倒相，又具有电压放大作用。（　　）

三、简答题

1. 指出图 4–1–10 所示的集成运算放大器线性应用电路的类型。若 R_1=5.1 kΩ，u_i=0.2 V，u_o=–3 V，计算 R_f。

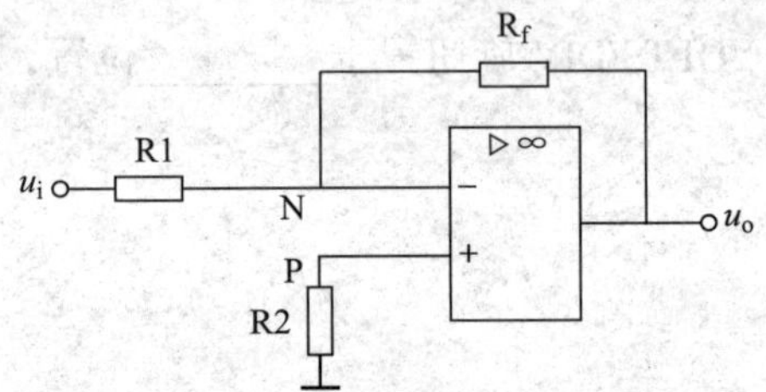

图 4–1–10　集成运算放大器线性应用电路

2. 指出图 4-1-11 所示的集成运算放大器线性应用电路的类型。若 R_f=100 kΩ，u_i=0.1 V，u_o=2.1 V，计算 R_1。

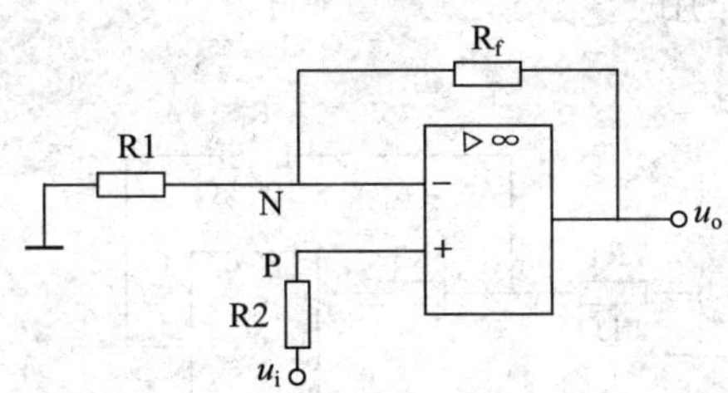

图 4-1-11 集成运算放大器线性应用电路

3. 分别画出输出电压 u_o 与输入电压 u_i 满足下列关系式的集成运算放大器线性应用电路。

（1）$u_o/u_i=-1$。

（2）$u_o/u_i=1$。

（3）$u_o/u_i=20$。

（4）$u_o/(u_{i1}+u_{i2}+u_{i3})=-10$。

4. 如图 4–1–12 所示，在同相比例运算放大电路的反相输入端串联了电阻器 R3。

（1）计算电压放大倍数 A_{uf}。

（2）分析电阻器 R3 的作用。

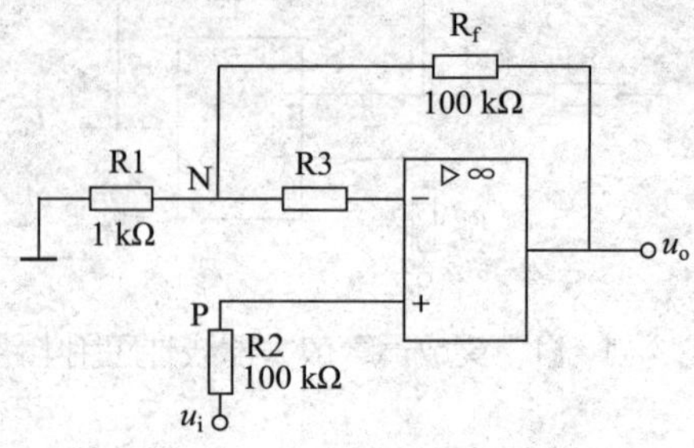

图 4–1–12　同相比例运算放大电路

5. 指出图 4–1–13 所示的集成运算放大器线性应用电路的类型。若 u_{i1}=4 V，u_{i2}=−3 V，R_1=R_2=R_f=10 kΩ，计算输出电压 u_o。

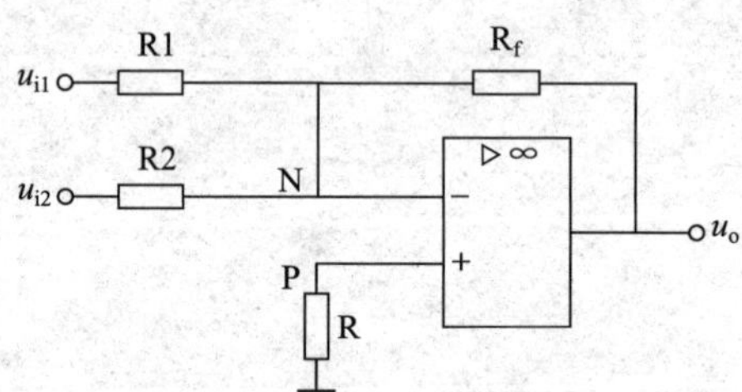

图 4–1–13　集成运算放大器线性应用电路

6. 图 4–1–14 所示的集成运算放大器线性应用电路中，已知 u_{i1}=4 V，u_{i2}=–3 V，u_{i3}=–2 V，计算输出电压 u_o。

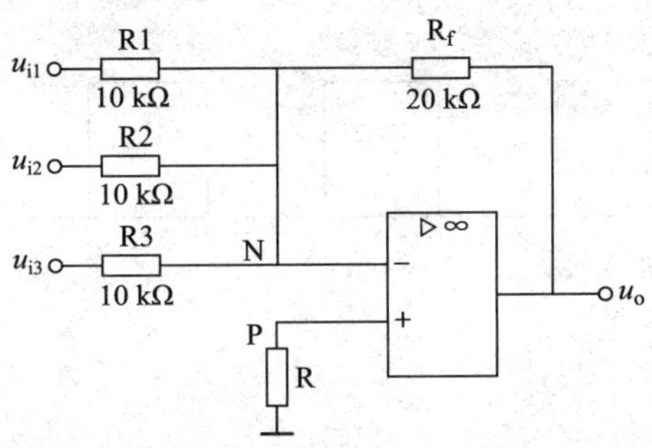

图 4–1–14 集成运算放大器线性应用电路

7. 根据图 4–1–15 所示积分运算电路的输入电压波形画出输出电压波形示意图。

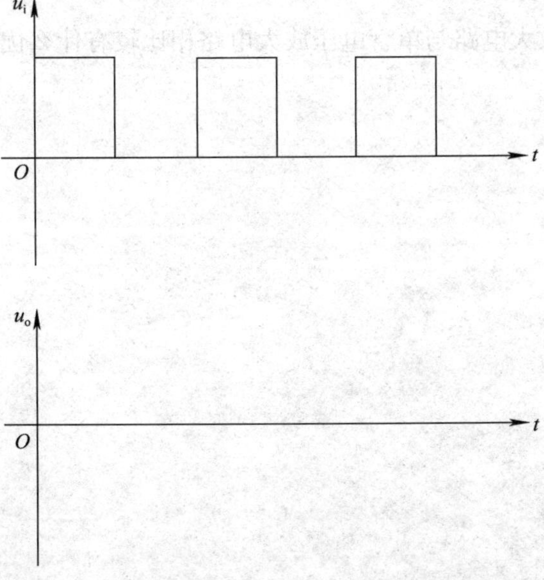

图 4–1–15 积分运算电路的输入、输出电压波形

8. 根据图 4–1–16 所示微分运算电路的输入电压波形画出输出电压波形示意图。

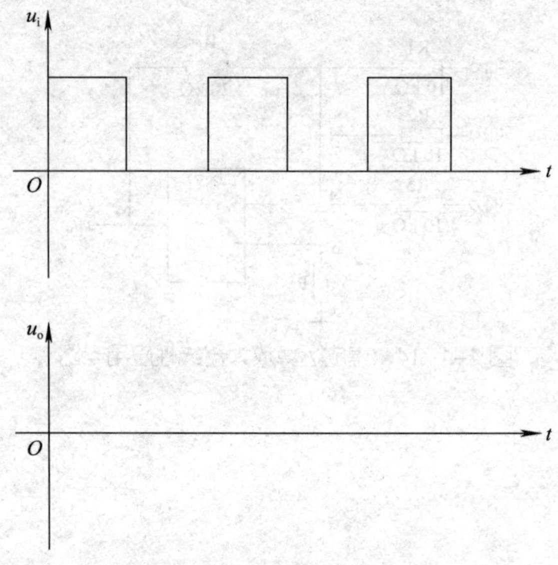

图 4–1–16　微分运算电路的输入、输出电压波形

9. 反相比例运算放大电路与单管电压放大电路相比较有什么优点？

10. 对应教材图 4-1-14 所示的反相比例运算放大电路中，若电阻器 R1 的电阻值由 1 kΩ 变为 10 kΩ，那么音乐的音量有什么变化？为什么？

任务 2 集成运算放大器的非线性应用

要点提示

学习重点：

1. 熟悉单门限电压比较器、双门限电压比较器的工作特性。
2. 掌握集成运算放大器非线性应用电路的组成及分析方法。
3. 掌握方波发生电路的工作原理、安装、调试与检修。

学习难点：

1. 单门限电压比较器、双门限电压比较器的工作特性。
2. 方波发生电路的工作原理、调试与检修。

复习提问

1. 指出图 4-2-1a 中的错误，并在图 4-2-1b 中将理想集成运算放大器的图形符号补充完整。

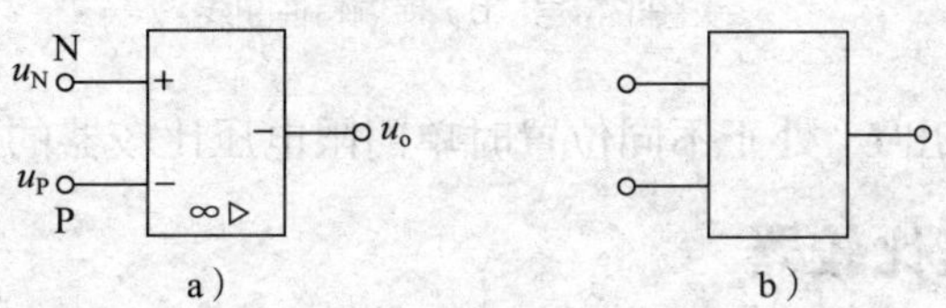

图 4-2-1 理想集成运算放大器的图形符号

2. 回顾图 4–2–2 所示的反相比例运算放大电路，完成填空。

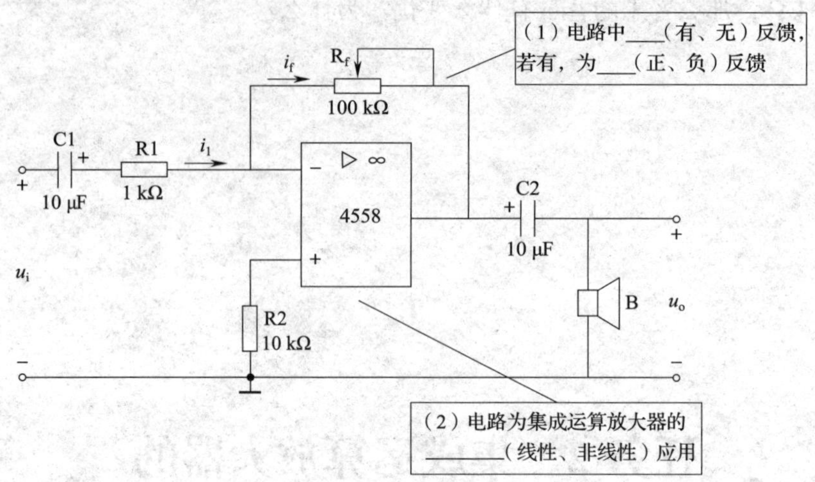

图 4–2–2　反相比例运算放大电路

一、单门限电压比较器

1. 单门限电压比较器的图形符号和传输特性曲线如图 4–2–3 所示。

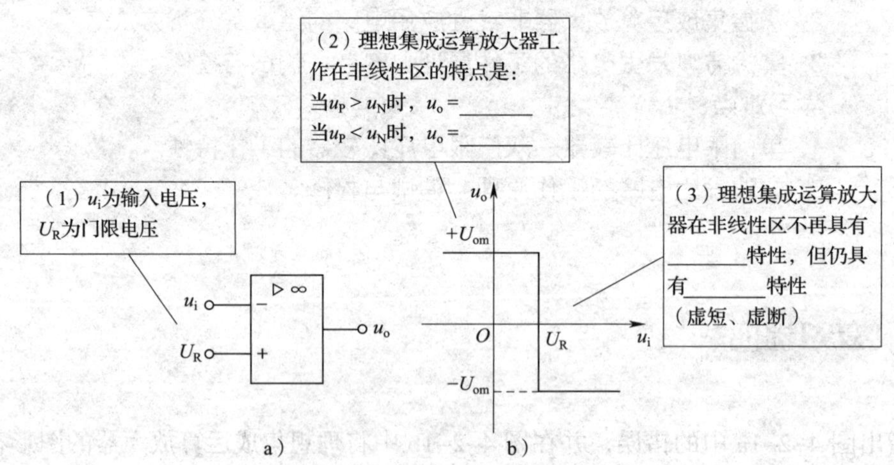

图 4–2–3　单门限电压比较器的图形符号和传输特性曲线

a）图形符号　b）传输特性曲线

2. 在图 4–2–4 中画出 U_R 处于不同位置时单门限电压比较器的传输特性曲线。

二、双门限电压比较器

双门限电压比较器的图形符号和传输特性曲线如图 4–2–5 所示。

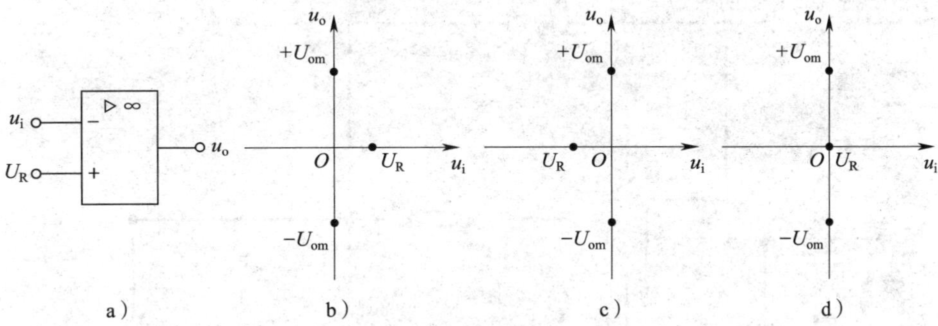

图 4-2-4　单门限电压比较器的传输特性曲线
a）图形符号　b）U_R>0　c）U_R<0　d）U_R=0

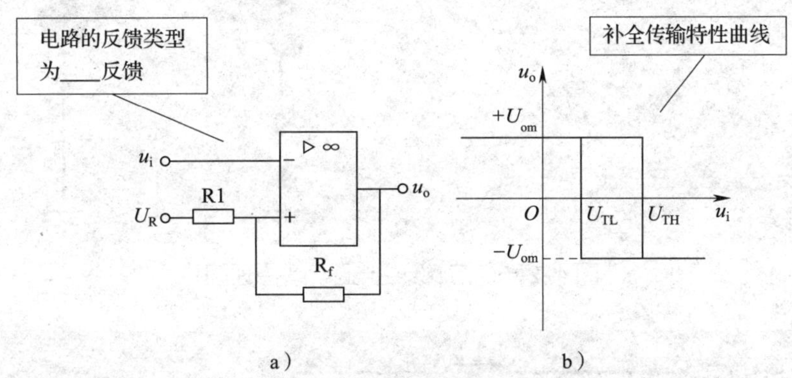

图 4-2-5　双门限电压比较器的图形符号和传输特性曲线
a）图形符号　b）传输特性曲线

软件仿真和实训操作使用的方波发生电路如对应教材中图 4-2-12 所示。

一、软件仿真

1. 启动 Proteus，进入原理图设计界面

启动 Proteus 8 Professional，进入主界面，新建工程，进入原理图设计界面。

2. 绘制原理图

从元器件库中选取方波发生电路仿真所需的元器件，添加到对象选择器窗口，再放置到图形编辑窗口，然后布线，绘制好的方波发生电路仿真原理图如图 4-2-6 所示，保存工程。

3. 仿真调试

如图 4-2-7 所示，接入虚拟示波器，按下仿真按钮，用示波器观察电容器两端电压和输出电压波形，调节电位器，观察并记录电容器两端电压和输出电压波形变化，观察发光二极管的变化。

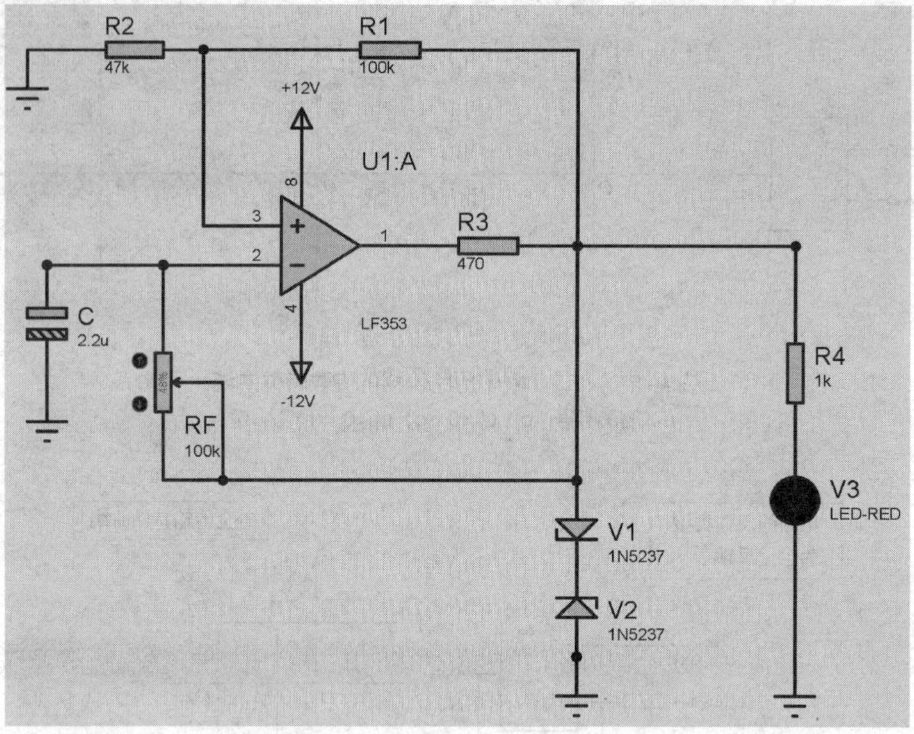

图 4-2-6　方波发生电路仿真原理图

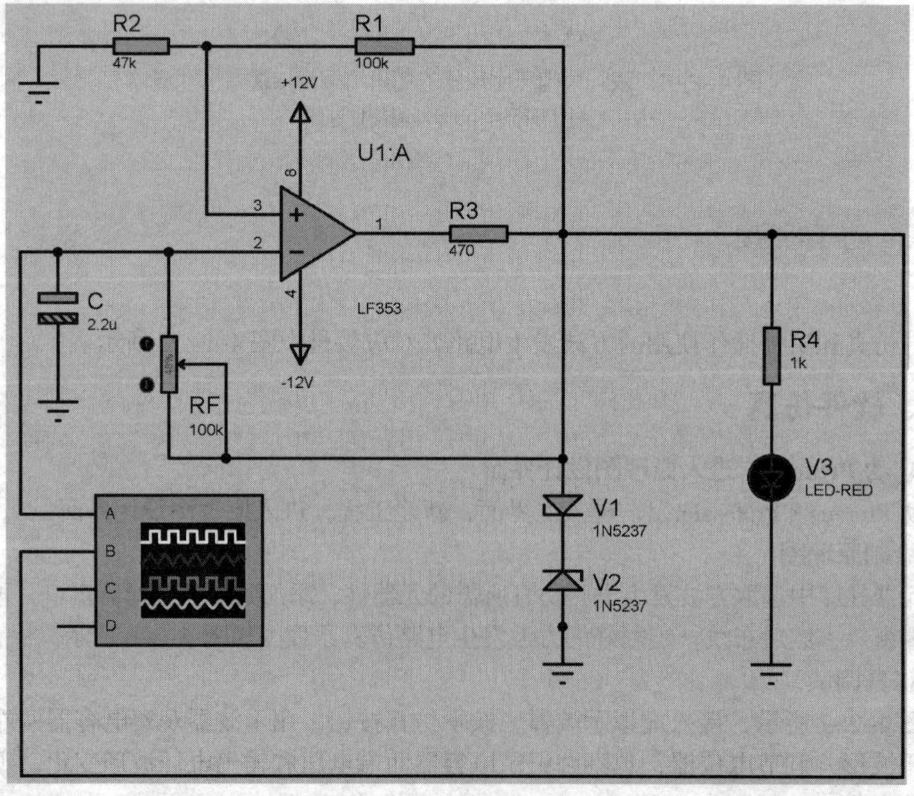

a）

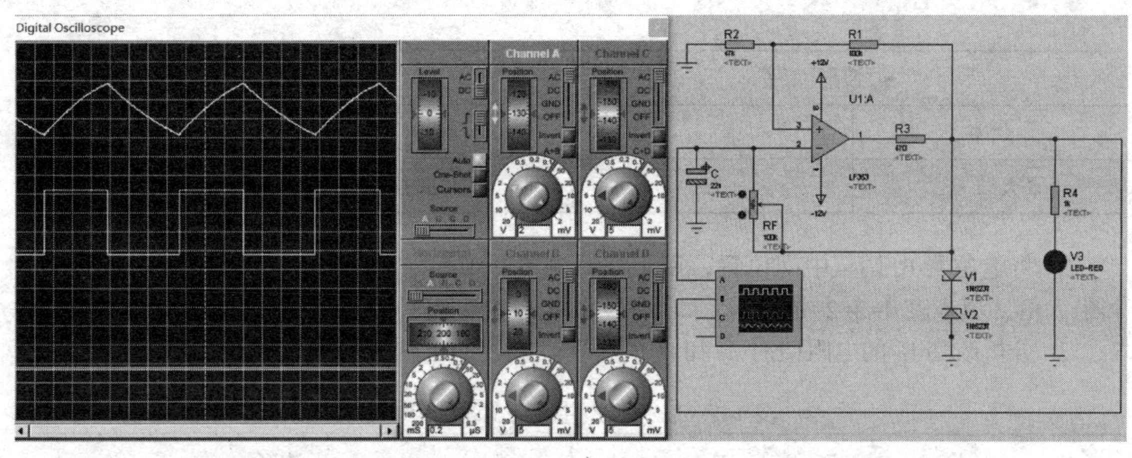

b）

图 4-2-7　方波发生电路仿真

a）仿真布置　b）仿真调试

二、实训操作

1. 按图 4-2-8 所示步骤进行操作，将电位器 R_f 调至最大位置，用示波器测量并观察 u_c 和 u_o 的波形，记录它们的频率和最大值，填入表 4-2-1 中。

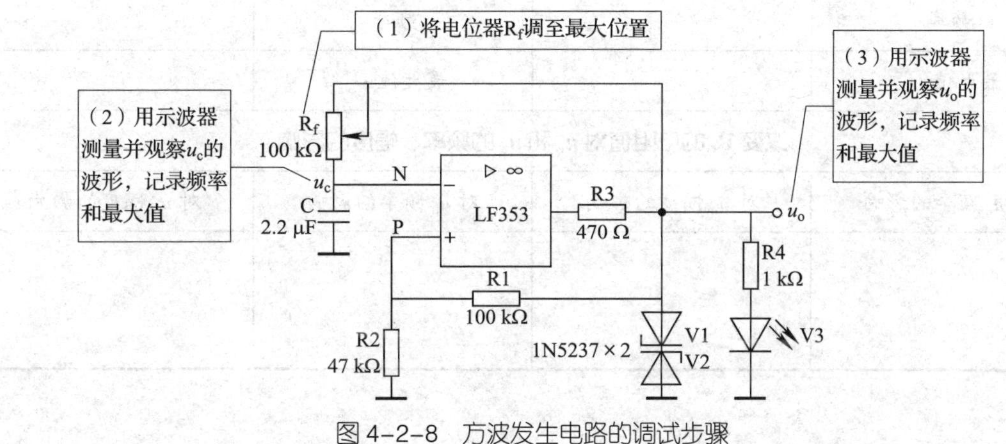

图 4-2-8　方波发生电路的调试步骤

表 4-2-1　方波发生电路的调试记录 1

u_c 波形	u_o 波形
u_c ↑ ，O → t	u_o ↑ ，O → t

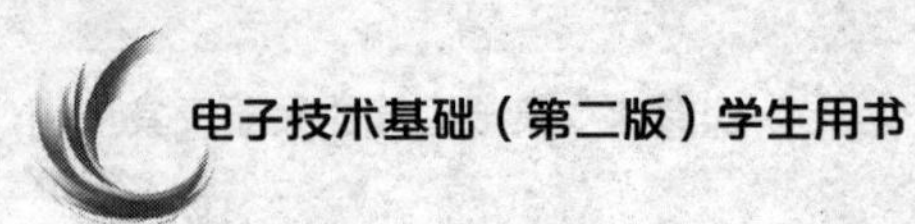

续表

u_c 波形		u_o 波形	
频率		频率	
最大值 U_{cm}		最大值 U_{om}	

2. 将电位器 R_f 调至中间位置，用示波器测量并观察 u_c 和 u_o 的波形，记录它们的频率和最大值，填入表 4-2-2 中。

3. 分析改变 R_f 的电阻值对 u_c 和 u_o 的频率、幅度的影响，填入表 4-2-2 中。

表 4-2-2　方波发生电路的调试记录 2

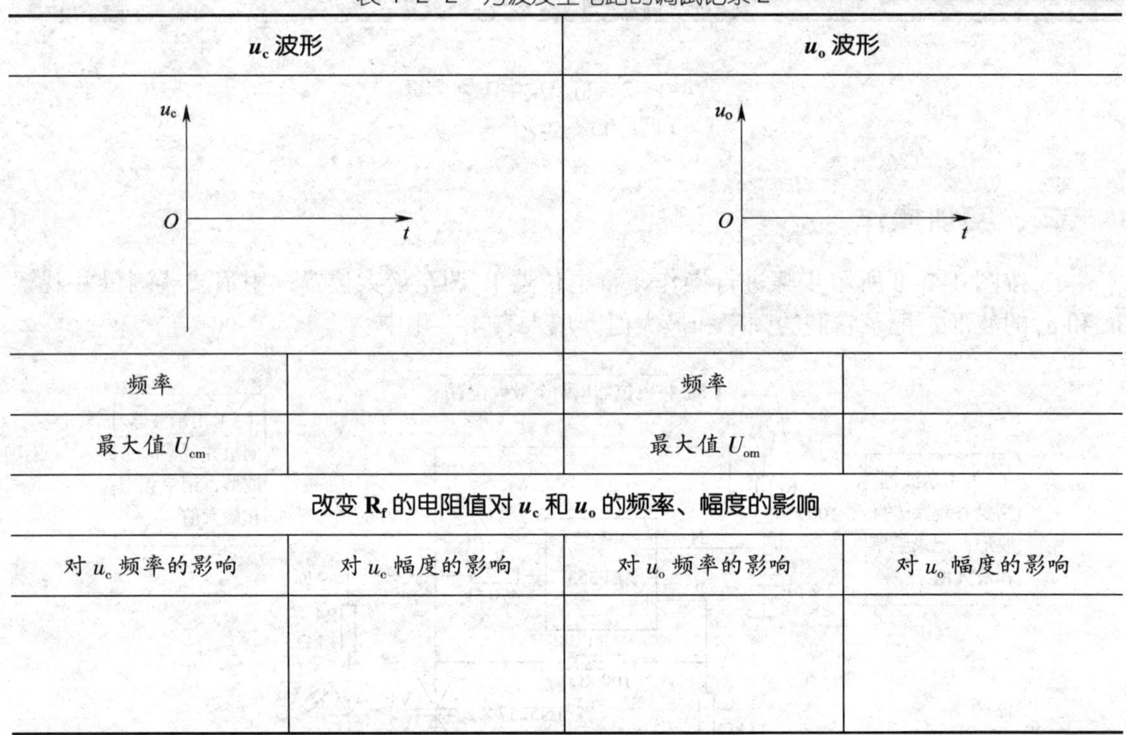

u_c 波形		u_o 波形	
频率		频率	
最大值 U_{cm}		最大值 U_{om}	
改变 R_f 的电阻值对 u_c 和 u_o 的频率、幅度的影响			
对 u_c 频率的影响	对 u_c 幅度的影响	对 u_o 频率的影响	对 u_o 幅度的影响

复习巩固

一、填空题

1. 电压比较器的“________”特性不成立，而“________”特性依然成立。

2. 电压比较器包括________________比较器、________________比较器和________比较器。

3. 双门限电压比较器是在单门限电压比较器中引入了________，在两种输出电压下有各自的________________，从而提高了电路抗干扰能力。

4. 方波发生电路由____________比较器加上__________负反馈电路组成，从输出端可以获得__________波形，从电容器两端可以获得________波形，方波的周期为____________。

二、判断题

1. 理想集成运算放大器在非线性应用时，输出电压只有两种可能的数值，即 $+U_{om}$ 或 $-U_{om}$。（　　）

2. 电压比较器是集成运算放大器的非线性应用电路。（　　）

3. 电压比较器能实现波形变换。（　　）

4. 双门限电压比较器的回差电压与参考电压有关。（　　）

三、选择题

1. 电压比较器中，集成运算放大器工作在（　　）状态。

A. 放大　　B. 开环放大　　C. 闭环放大

2. 双门限电压比较器又称为（　　）。

A. 施密特触发器　　B. 振荡器　　C. 窗口比较器

3. 方波发生电路中，双向稳压管的作用是（　　）。

A. 正反馈　　B. 负反馈　　C. 限制输出电压幅度

四、简答题

1. 图 4–2–9 所示为单门限电压比较器电路及其波形，根据输入电压波形画出输出电压波形。

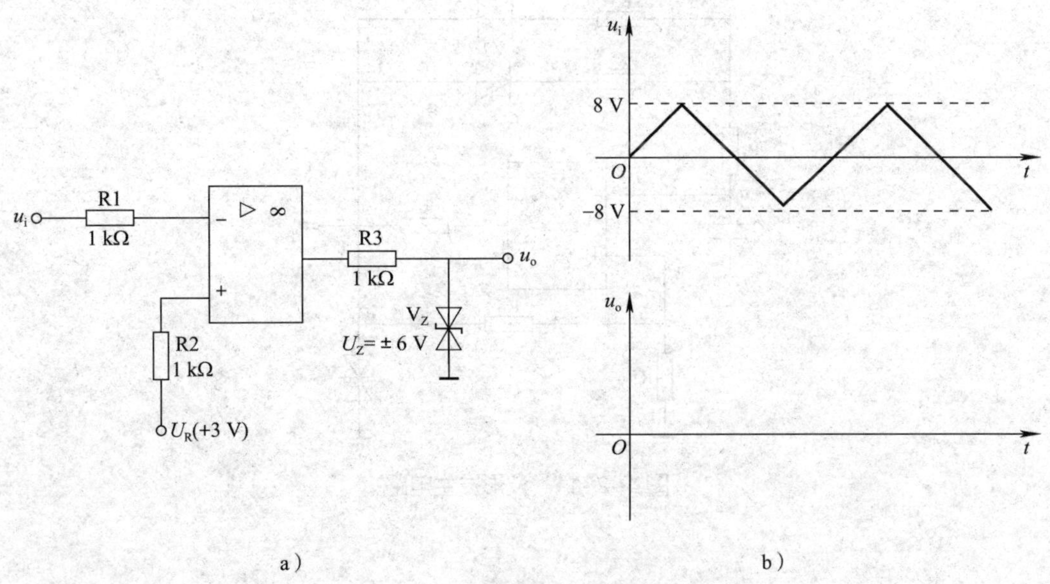

图 4–2–9　单门限电压比较器电路及其波形

a）电路组成　b）波形

2. 图 4–2–10 所示为双门限电压比较器电路及其波形，根据输入电压波形画出输出电压波形。

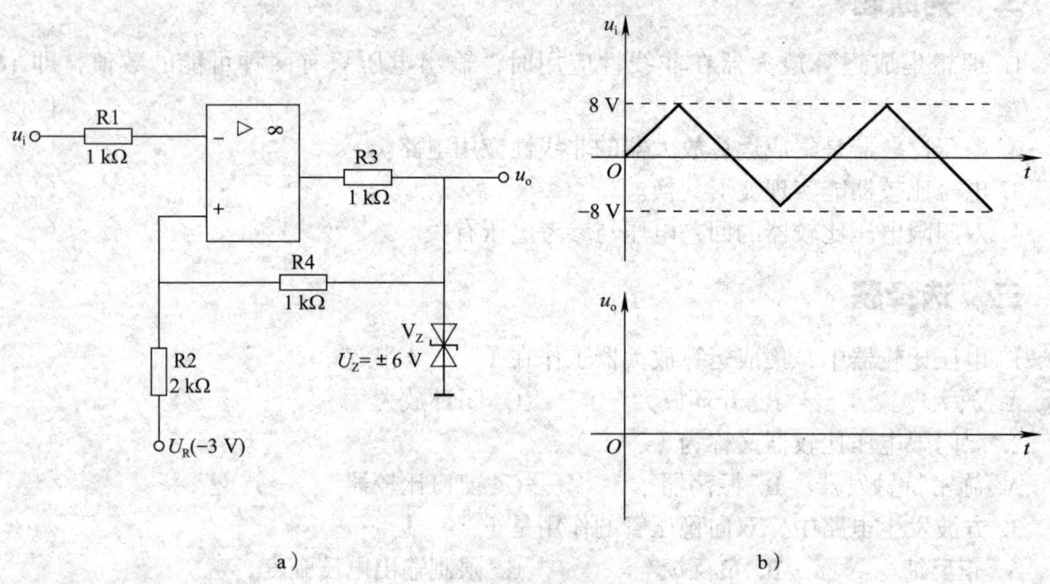

图 4–2–10　双门限电压比较器电路及其波形

a）电路组成　b）波形

3. 某波形发生电路如图 4–2–11 所示，回答下列问题：

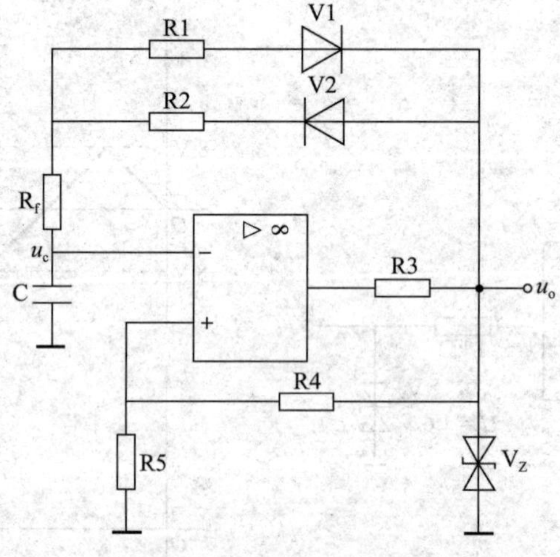

图 4–2–11　波形发生电路

（1）电容器 C 两端电压 u_c 为何种波形？

（2）当 $R_1=R_2$ 时，输出电压 u_o 为何种波形？

（3）当 $R_1 \neq R_2$ 时，输出电压 u_o 为何种波形？

（4）若增大 R_f，输出电压的振荡周期如何变化？

（5）若减小 R_5，输出电压的振荡周期如何变化？

4. 对应教材图 4–2–12 所示的方波发生电路中，为什么调节电位器 R_f 的电阻值能改变输出电压的振荡频率？

5. 对应教材图 4–2–12 所示的方波发生电路中，如果电容器 C 内部短路，那么会出现什么故障现象？为什么？

课题五 晶闸管及其应用

任务1　晶闸管调光灯电路

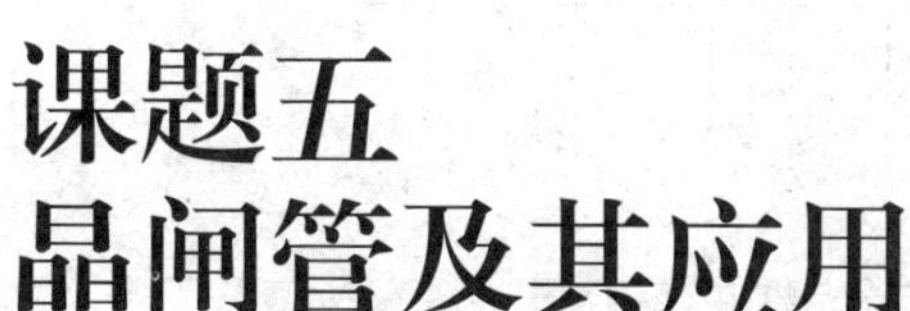

要点提示

学习重点：

1. 了解晶闸管的结构、图形符号和型号意义，熟悉其工作特性和主要参数。
2. 理解晶闸管可控整流电路的原理。
3. 掌握晶闸管调光灯电路的工作原理、安装、调试与检修。

学习难点：

1. 晶闸管调光灯电路的组成和工作原理。
2. 晶闸管调光灯电路的调试与检修。

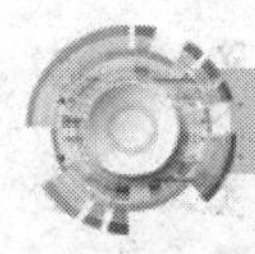

复习提问

1. 某单门限电压比较器的传输特性曲线和波形如图 5-1-1 所示，根据输入电压 u_i 的波形画出输出电压 u_o 的波形。

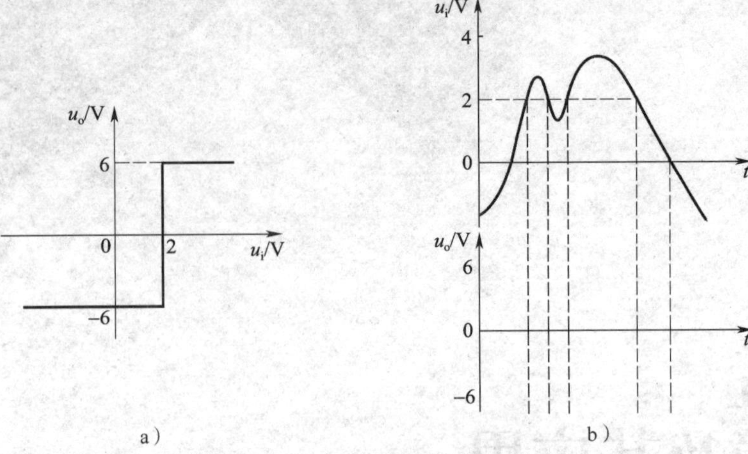

图 5-1-1　某单门限电压比较器的传输特性曲线和波形

a）传输特性曲线　b）波形

2. 单门限电压比较器（见图 5-1-2）主要处于______工作状态。其传输特性为：当 $u_i>U_R$ 时，u_o=________；当 $u_i<U_R$ 时，u_o=________。单门限电压比较器的“________”特性仍然成立，“________”特性不再成立。

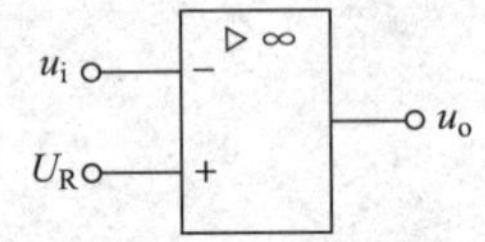

图 5-1-2　单门限电压比较器

一、晶闸管

1. 普通晶闸管的图形符号与结构关系

普通晶闸管的图形符号与结构关系如图 5-1-3 所示。

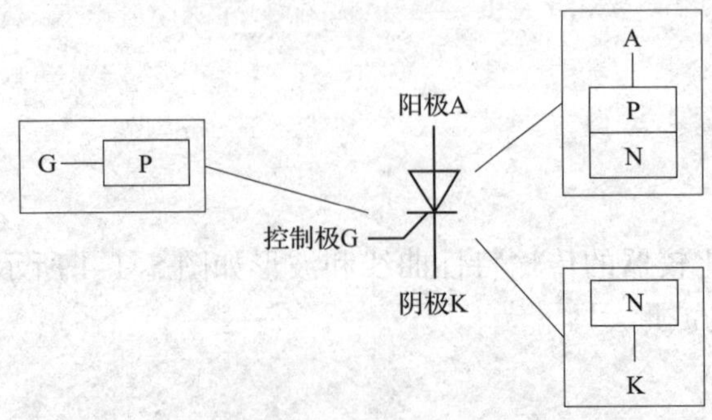

图 5-1-3　普通晶闸管的图形符号与结构关系

2. 普通晶闸管图形符号的画法

（1）画一只二极管的图形符号

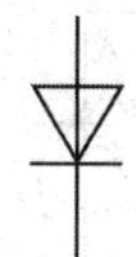

（2）在二极管的短线上画出第三个引脚

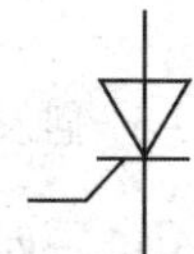

（3）标注各引脚的极性

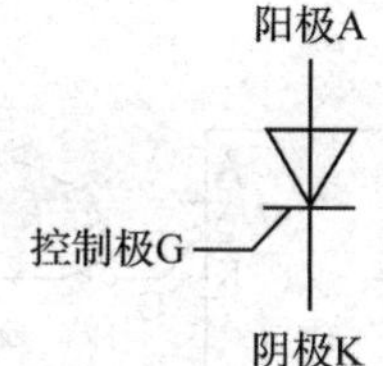

3. 普通晶闸管的工作特性

（1）晶闸管导通必须同时满足下列两个条件：

1）阳极与阴极之间加正向电压。

2）控制极与阴极之间加正向电压，即触发电压。

根据晶闸管导通的条件，完成图 5–1–4、图 5–1–5 中的填空。

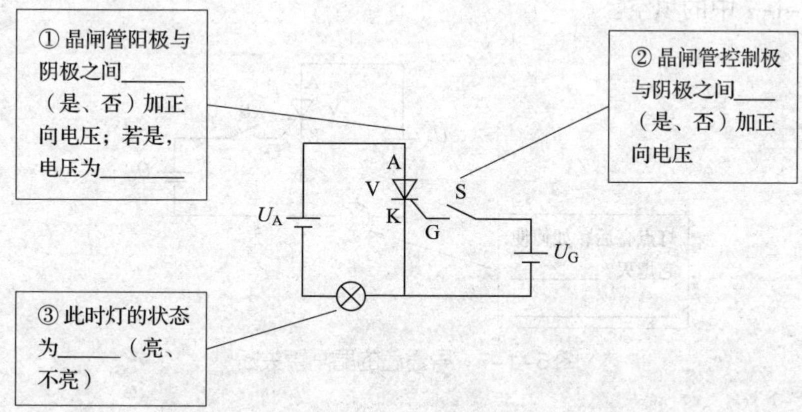

图 5–1–4　正向阻断

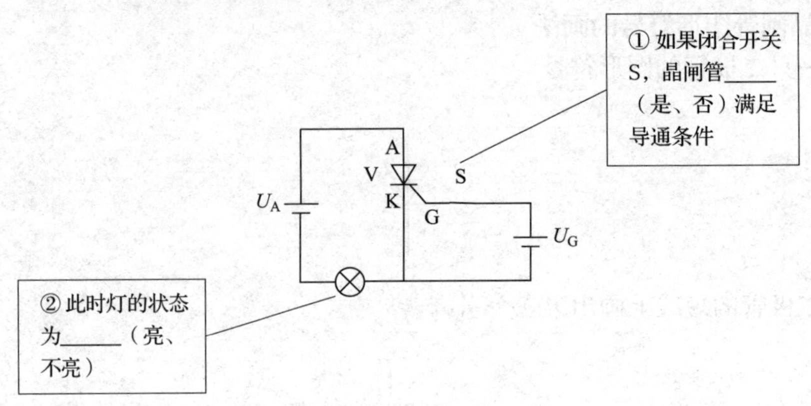

图 5-1-5　触发导通

（2）晶闸管一旦导通，降低或去除控制极与阴极之间的电压，晶闸管仍然导通。完成图 5-1-6 中的填空。

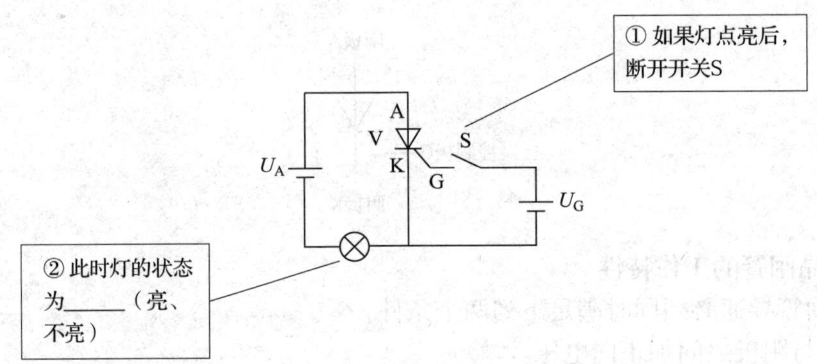

图 5-1-6　断开触发电路

（3）导通后的晶闸管需要关断时，必须减小晶闸管的正向电流，使其小于维持电流。完成图 5-1-7 中的填空。

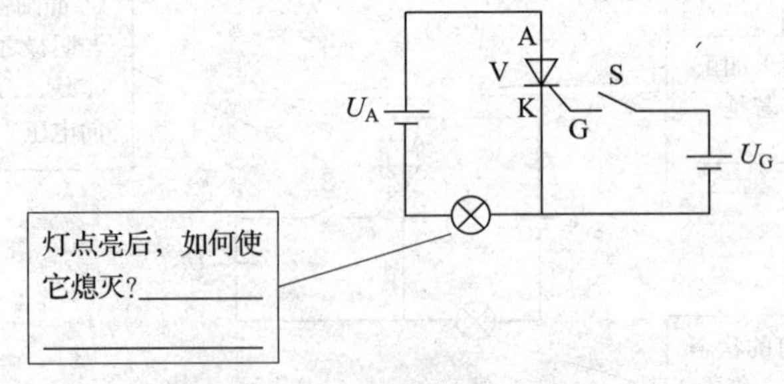

图 5-1-7　导通后的晶闸管关断

（4）如果晶闸管阳极与阴极之间加反向电压（阳极接电源负极、阴极接电源正极），则无论控制极与阴极之间是否加电压，晶闸管都不会导通，始终处于反向阻断状态。

（5）如果控制极与阴极之间加反向电压，则无论阳极与阴极之间加正向电压还是反向电压，晶闸管都不会导通。

二、晶闸管可控整流电路

使用一只晶闸管的单相可控桥式整流电路及其波形如图 5–1–8 所示，其工作过程如下：

桥式整流输出电压 u_2' 对于晶闸管 V5 是正向电压，因此只要控制极加触发电压 u_g，V5 即可导通。若忽略晶闸管的正向压降，则负载电压 u_L 与 u_2' 对应部分基本相等；当 u_2' 经过零值时，晶闸管 V5 自行关断；在 u_2' 的第二个半周内，重现第一个半周的情况。

由波形图可知，单相可控桥式整流电路可以通过调整触发电压出现的时间来改变晶闸管的控制角 α 和导通角 θ，从而达到控制输出电压平均值的目的。

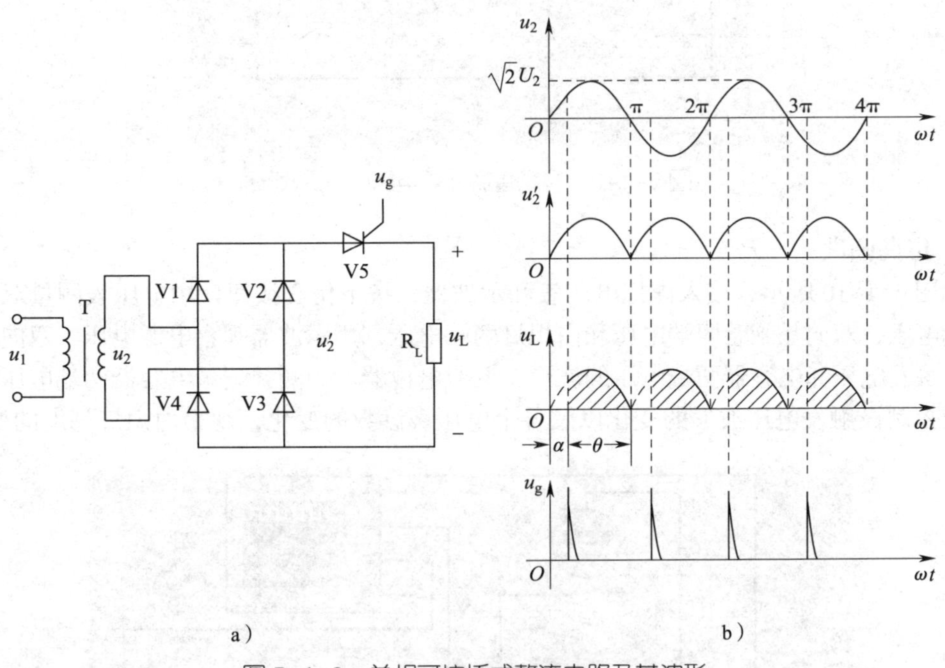

图 5–1–8 单相可控桥式整流电路及其波形

a）电路组成 b）波形

软件仿真和实训操作使用的晶闸管调光灯电路如对应教材中图 5–1–10a 所示。

一、软件仿真

1. 启动 Proteus，进入原理图设计界面

启动 Proteus 8 Professional，进入主界面，新建工程，进入原理图设计界面。

2. 绘制原理图

从元器件库中选取晶闸管调光灯电路仿真所需的元器件，添加到对象选择器窗口，再放置到图形编辑窗口，然后布线，绘制好的晶闸管调光灯电路仿真原理图如图 5–1–9 所示，保存工程。

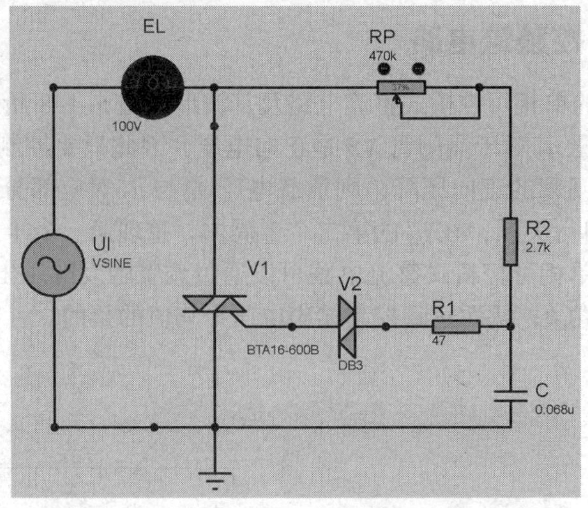

图 5–1–9　晶闸管调光灯电路仿真原理图

3. 仿真调试

如图 5–1–10 所示，接入虚拟电压表和示波器，按下仿真按钮，用电压表测量双向二极管两端电压、双向晶闸管两端电压和白炽灯两端电压，用示波器观察电源电压、双向晶闸管控制极触发电压和电容器两端电压的波形，调节电位器，观测并记录电容器两端电压和双向晶闸管控制极触发电压波形的变化以及各个电压表读数的变化，观察白炽灯亮度的变化。

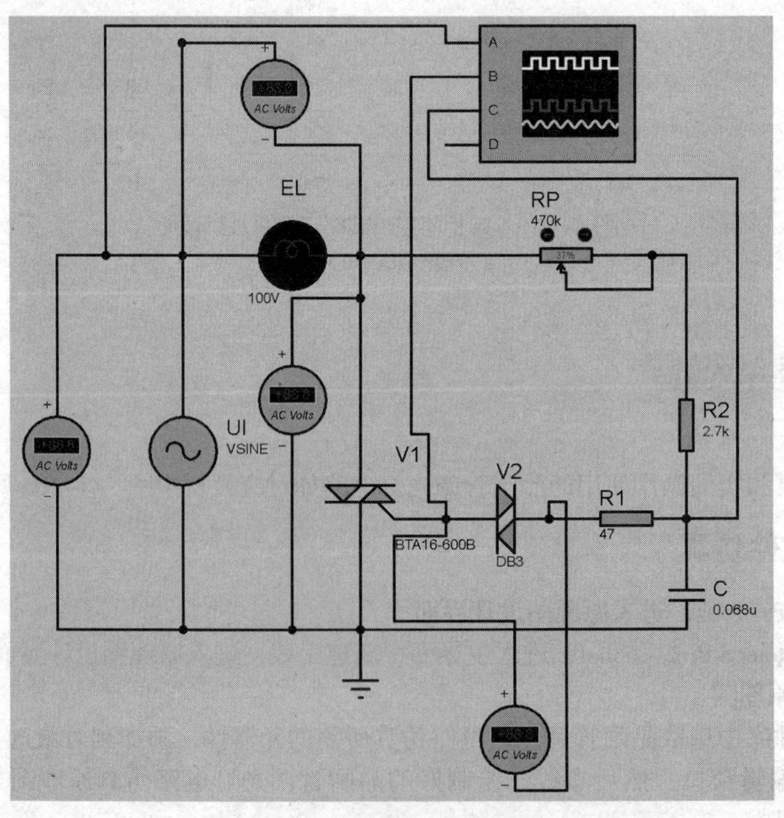

a）

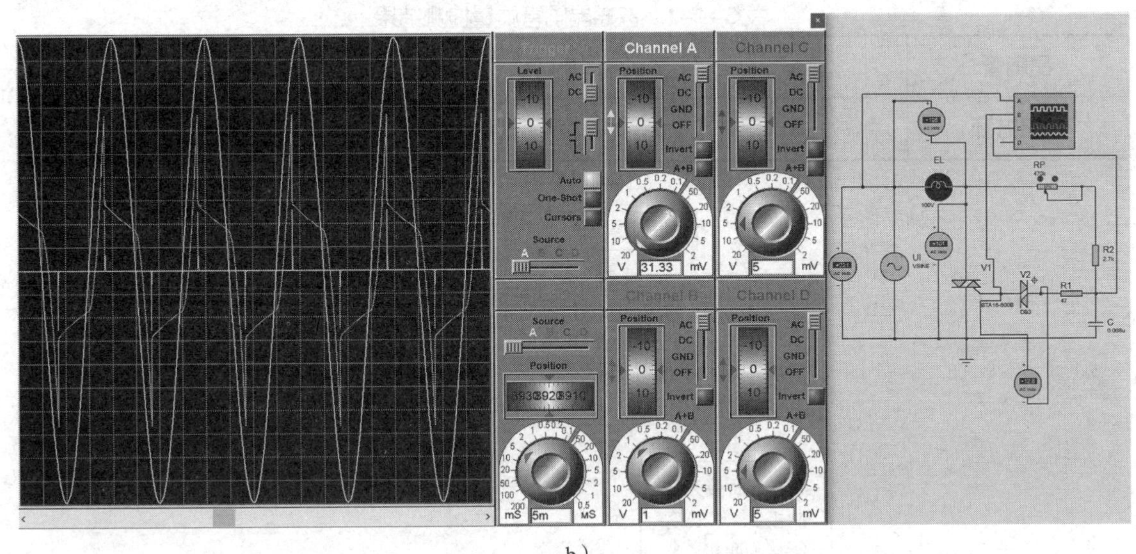

b）

图 5–1–10　晶闸管调光灯电路仿真

a）仿真布置　b）仿真调试

二、实训操作

1. 晶闸管质量好坏的检测

晶闸管在使用前，需进行简易检测，以判断其质量好坏。检测方法如下：

（1）检测阳极与阴极之间是否短路

如图 5–1–11 所示，用万用表 R×1k 挡测量晶闸管阳极与阴极之间的正、反向电阻值，电阻值都应为无穷大，否则说明晶闸管内部出现短路或性能不好。

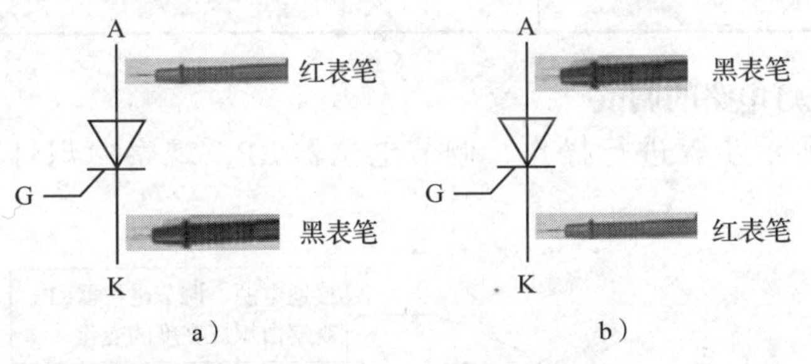

a）　b）

图 5–1–11　正、反向电阻值测量

a）正向电阻值测量　b）反向电阻值测量

（2）检测控制极是否短路或断开

由于控制极与阴极之间是一个 PN 结，因此检测方法与普通二极管的检测方法相同。

（3）用万用表检测 A、B、C、D 四只普通晶闸管的质量好坏，将检测结果填入表 5–1–1 中。

2. 晶闸管引脚极性的判别

晶闸管引脚极性的判别步骤如图 5–1–12 所示。

表 5–1–1　普通晶闸管质量检测结果

晶闸管	A	B	C	D
质量好坏				

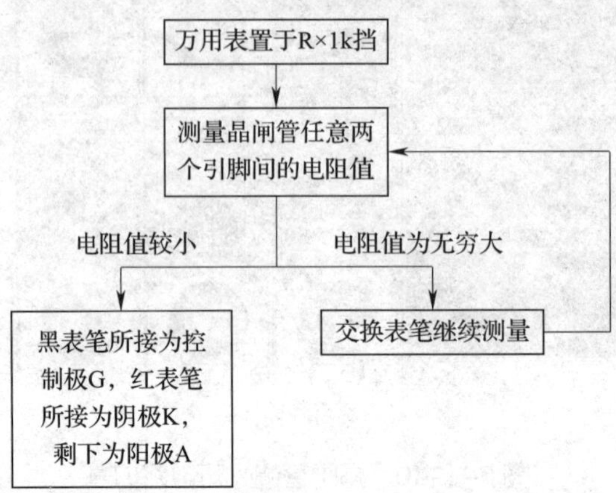

图 5–1–12　晶闸管引脚极性的判别步骤

用万用表判别 A、B、C、D 四只普通晶闸管的引脚极性，将判别结果填入表 5–1–2 中。

表 5–1–2　普通晶闸管引脚极性判别结果

晶闸管	A	B	C	D
引脚 1				
引脚 2				
引脚 3				

3. 晶闸管调光灯电路的调试

按图 5–1–13 所示步骤进行操作，调节电位器 RP，观察白炽灯亮度的变化，填入表 5–1–3 中。

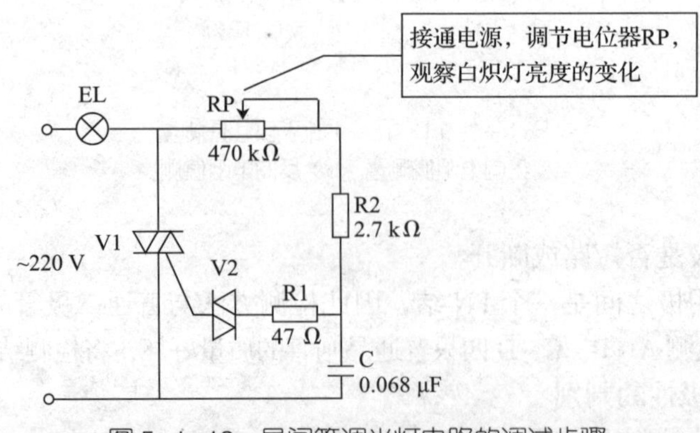

图 5–1–13　晶闸管调光灯电路的调试步骤

表 5-1-3 晶闸管调光灯电路的调试记录

调节电位器 RP	减小 R_P	增大 R_P	发生变化的原因
白炽灯亮度变化			

复习巩固

一、填空题

1. 晶闸管的三个电极分别是______、______和______。

2. 晶闸管导通必须同时满足两个条件：在______与______之间加正向电压，在______与______之间加正向电压。晶闸管导通后，______就失去控制作用。

3. 晶闸管关断必须__________或者__________。

4. 在单相可控整流电路中，晶闸管的控制角 α 和导通角 θ 的关系是______，当控制角 α 为 30°时，导通角 θ 为______，导通角越大，输出电压______。

5. 在单相可控半波整流电路中，晶闸管触发脉冲的移相范围是______，当 $\alpha=0$ 时，$\theta=$______，输出电压平均值为______。

6. 在单相半控桥式整流电路中，晶闸管承受的最高正向电压为______，最高反向电压为______，整流二极管承受的最高反向工作电压为______。

二、判断题

1. 晶闸管和三极管都能用小电流控制大电流，因此，它们都具有电流放大作用。（ ）

2. 晶闸管不仅具有反向阻断能力，还具有正向阻断能力。（ ）

3. 晶闸管触发导通后，控制极仍然具有控制作用。（ ）

4. 在单相可控整流电路中，控制角越小，则导通角越小。（ ）

5. 在单相半控桥式整流电路中，晶闸管承受的最高反向电压为$\sqrt{2}U_2$。（ ）

三、选择题

1. 某国产晶闸管的型号为 KP10-20，其额定通态平均电流为（ ）A。

A. 100　　B. 141

C. 10　　D. 314

2. 晶闸管导通后，流过晶闸管的电流取决于（ ）。

A. 电路的负载　　B. 晶闸管的电流容量

C. 晶闸管阳极和阴极之间的电压

3. 在晶闸管可控整流电路中，要使负载上的输出电压平均值提高，可以采取的办法是（　　）。

A. 增大控制角　　B. 增大导通角

C. 增大触发电压

四、简答题

1. 如何用万用表简单判断一只晶闸管的质量好坏？如何用万用表判别普通晶闸管的引脚极性？

2. 型号为 KP100–3、维持电流为 4 mA 的晶闸管在图 5–1–14 所示电路中的使用是否合理？为什么？

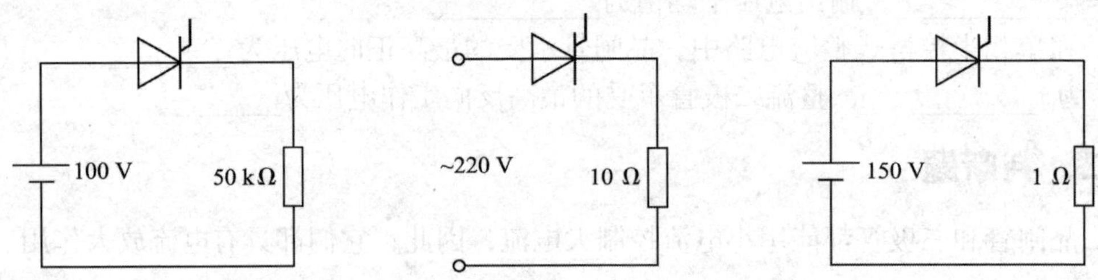

图 5–1–14　电阻性负载可控半波整流电路

3. 图 5–1–15 所示电路中，开关 S 在 t_1 时刻闭合，t_2 时刻断开，t_3 时刻再闭合，根据输入电压 U_i 的波形画出负载上输出电压 U_L 的波形。

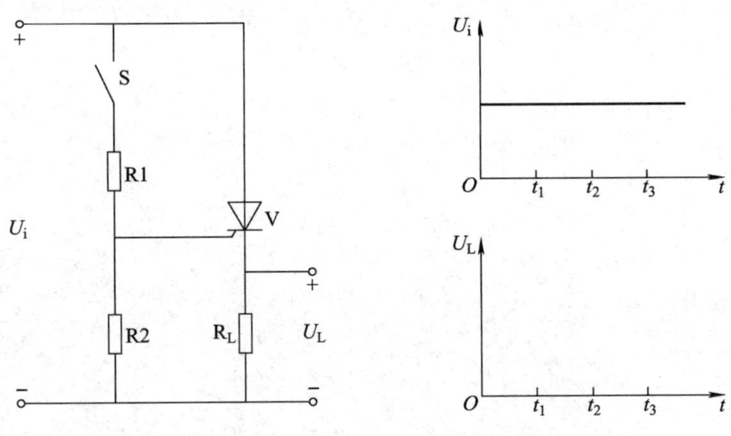

图 5–1–15　带触发器的可控半波整流电路

4. 分析图 5–1–16 所示简单调光电路的工作原理，说明电位器 RP、二极管 V2、开关 S 在电路中的作用。

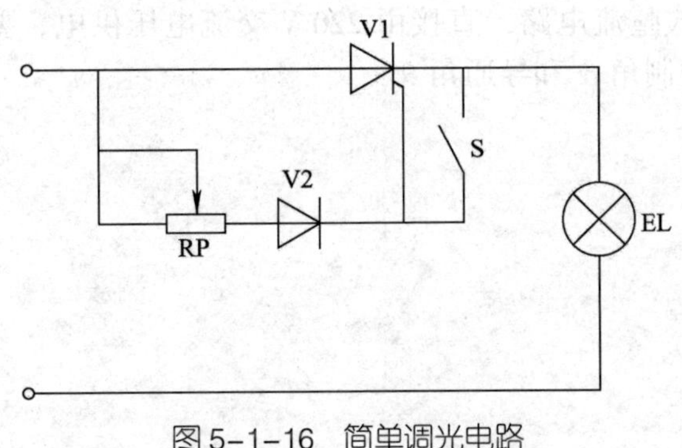

图 5–1–16　简单调光电路

5. 某单相可控半波整流电路，要求输出电压 u_L 在 20 ~ 45 V 范围内变化，求输入电压 u_2 和控制角 α 的变化范围。

6. 某单相半控桥式整流电路，直接由 220 V 交流电压供电，要求输出电压平均值为 148.5 V，求晶闸管的控制角 α 和导通角 θ。

任务 2　单结晶体管触发电路

要点提示

学习重点：

1. 了解单结晶体管的结构、图形符号和工作特性。
2. 熟悉单结晶体管的识别、检测方法。
3. 掌握微风扇调速电路的工作原理、安装、调试与检修。

学习难点：

1. 单结晶体管触发电路的组成和工作原理。
2. 微风扇调速电路的调试与检修。

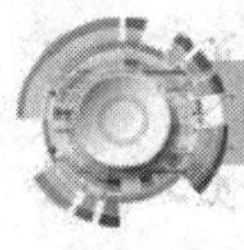

复习提问

1. 将图 5–2–1 中的元器件连接起来构成电路，使灯点亮。

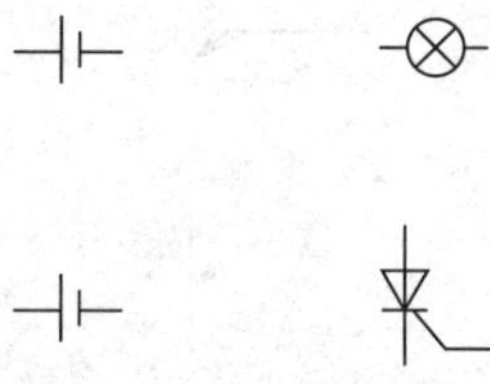

图 5–2–1　调光灯电路

2. 在图 5–2–2 中，将普通晶闸管的内部结构补全，并在右侧横线上画出它的图形符号。

图 5–2–2　普通晶闸管的结构和图形符号

学法点拨

一、单结晶体管

1. 单结晶体管的图形符号

单结晶体管的图形符号如图 5-2-3 所示。

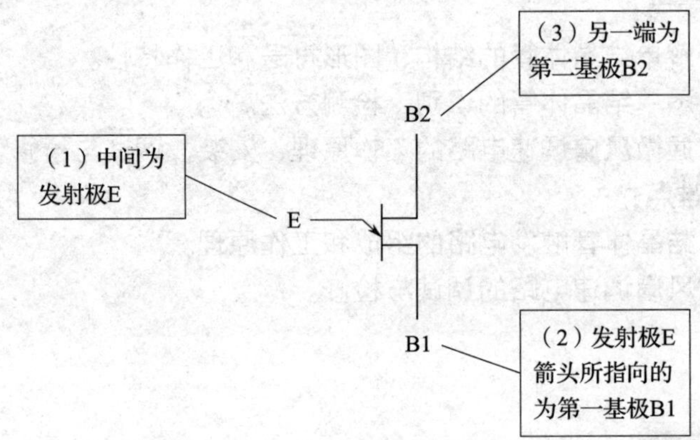

图 5-2-3　单结晶体管的图形符号

2. 单结晶体管图形符号的画法

（1）画发射极

（2）画短竖线

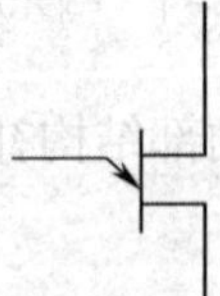

（3）画两个基极

（4）标注各引脚的极性

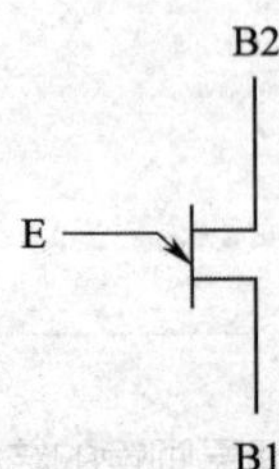

3. 单结晶体管的结构等效与工作特性

单结晶体管的结构等效与工作特性如图 5-2-4 所示。

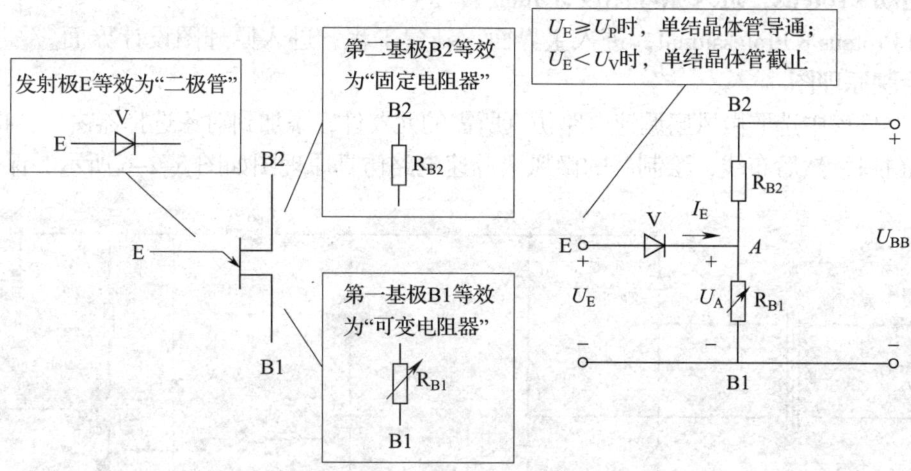

图 5-2-4 单结晶体管的结构等效与工作特性

二、单结晶体管触发电路

单结晶体管触发电路的组成和工作原理如图 5-2-5 所示。

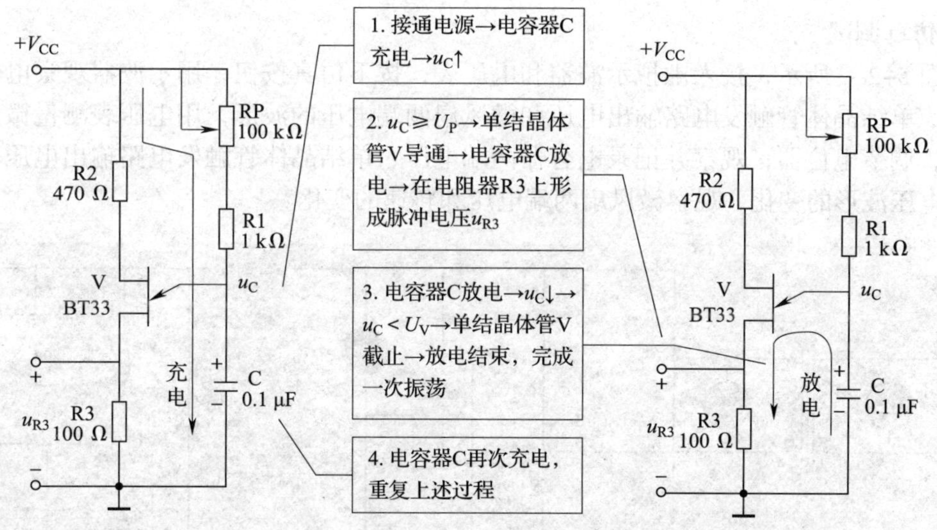

图 5-2-5 单结晶体管触发电路的组成和工作原理

动手实践

软件仿真和实训操作使用的微风扇调速电路如对应教材中图 5-2-8 所示。

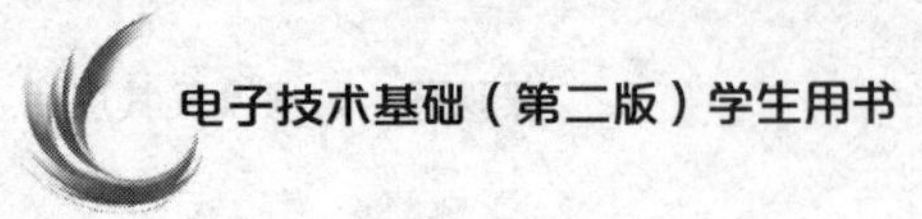

一、软件仿真

1. 启动 Proteus，进入原理图设计界面

启动 Proteus 8 Professional，进入主界面，新建工程，进入原理图设计界面。

2. 绘制原理图

从元器件库中选取微风扇调速电路仿真所需的元器件，添加到对象选择器窗口，再放置到图形编辑窗口，然后布线，绘制好的微风扇调速电路仿真原理图如图 5-2-6 所示，保存工程。

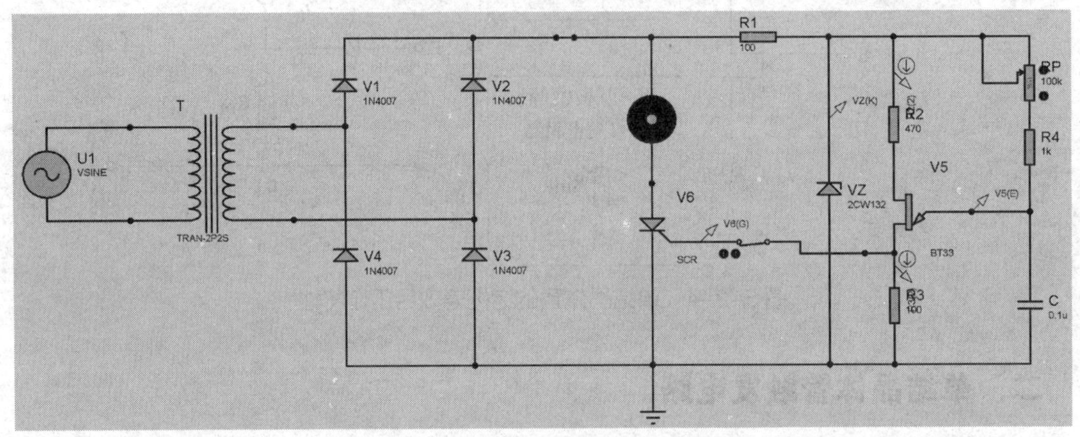

图 5-2-6　微风扇调速电路仿真原理图

3. 仿真调试

如图 5-2-7 所示，接入虚拟示波器和电压表，按下仿真按钮，用示波器观察电容器两端电压、单结晶体管触发电路输出电压和微风扇两端电压的波形，用电压表测量微风扇两端电压，调节电位器，观察并记录电容器两端电压、单结晶体管触发电路输出电压和微风扇两端电压波形的变化，观察微风扇两端电压和转速的变化。

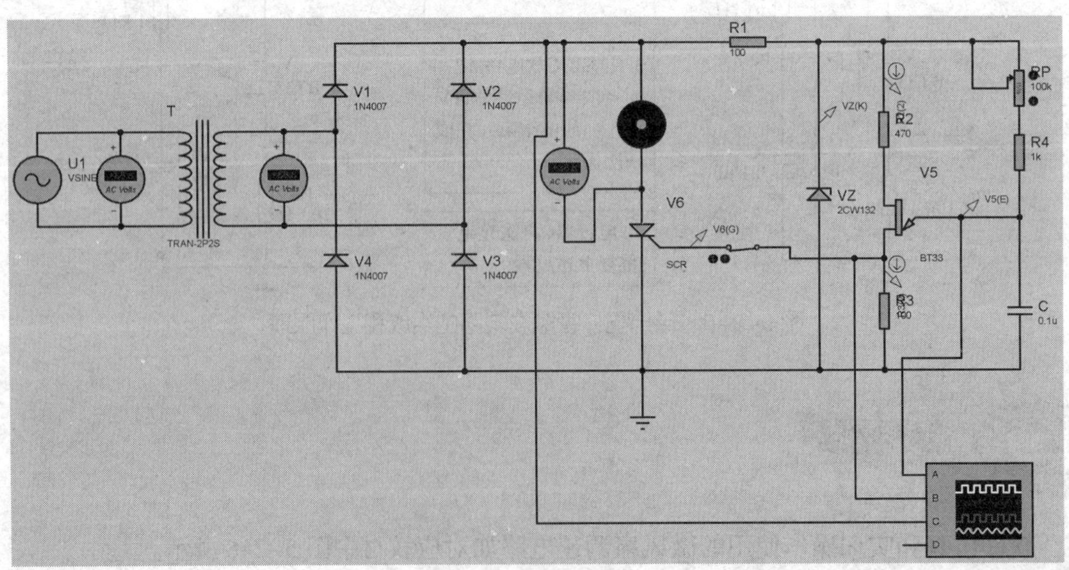

a）

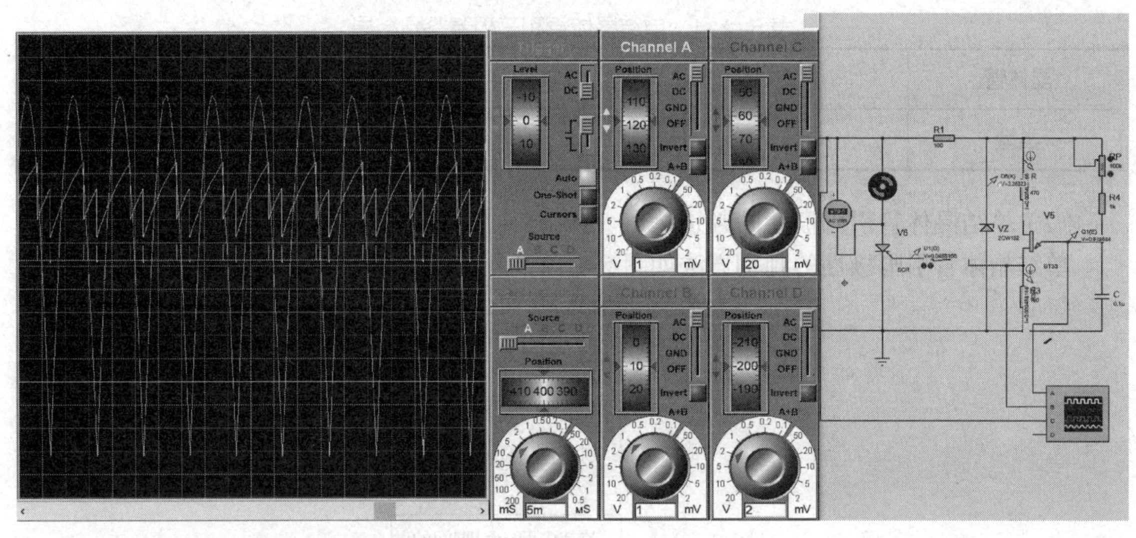

b）

图 5–2–7　微风扇调速电路仿真

a）仿真布置　b）仿真调试

二、实训操作

1. 单结晶体管的检测

（1）单结晶体管和三极管的鉴别

从外形上看，单结晶体管与三极管很相似，如果其标志脱落，仅从外形很难鉴别，只能从其特殊结构上进行区分，具体方法如图 5–2–8 所示。

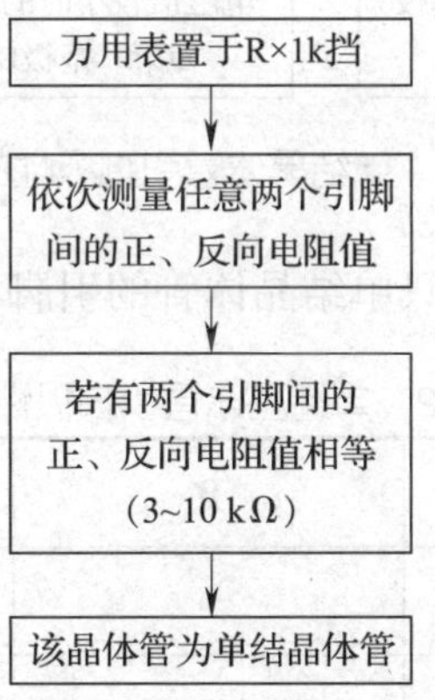

图 5–2–8　单结晶体管和三极管的鉴别方法

此外，还可以按照三极管的检测方法，判断晶体管有无放大能力，若没有放大能力，即可确定该晶体管为单结晶体管。

用万用表鉴别 A、B、C、D 四只晶体管（单结晶体管或三极管），将鉴别结果填入表 5–2–1 中。

表 5-2-1 单结晶体管和三极管鉴别结果

晶体管	A	B	C	D
类型				

（2）单结晶体管引脚极性的判别

单结晶体管引脚极性的判别方法如图 5-2-9 所示。

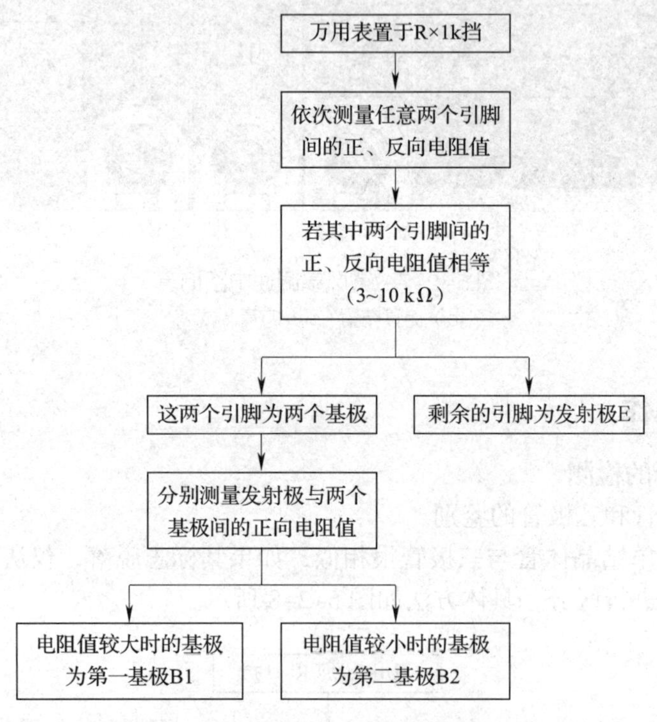

图 5-2-9 单结晶体管引脚极性的判别方法

用万用表判别 A、B、C、D 四只单结晶体管的引脚极性，将判别结果填入表 5-2-2 中。

表 5-2-2 单结晶体管引脚极性判别结果

单结晶体管	A	B	C	D
引脚 1				
引脚 2				
引脚 3				

2. 微风扇调速电路的调试

按图 5-2-10 所示步骤进行操作，闭合开关 S，调节电位器 RP，用示波器观察单结晶体管触发电路输出电压 u_{R3} 和微风扇两端电压（负载电压）u_L 的波形，记录波形的形状，测量波形的频率和最大值，同时观察微风扇转速的变化，填入表 5-2-3 中。

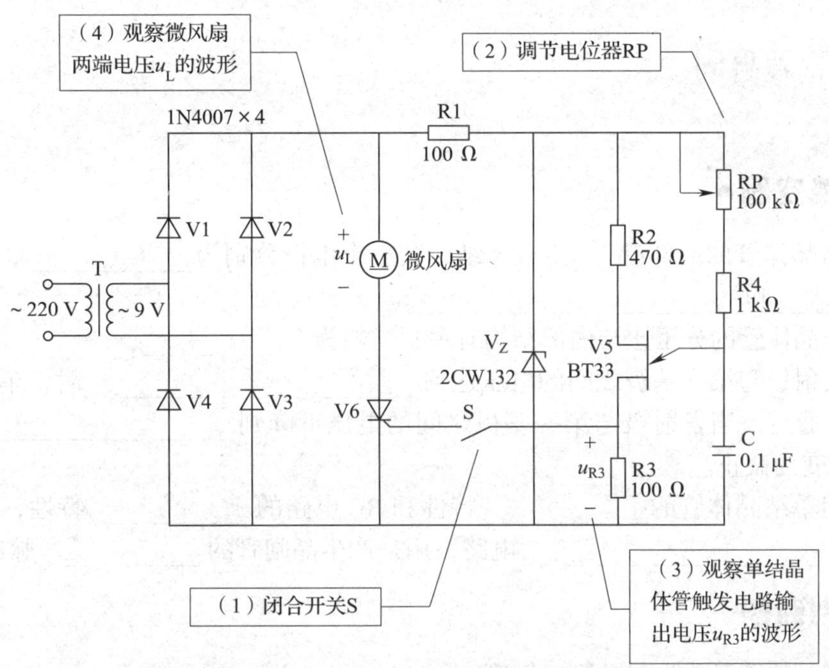

图 5-2-10　微风扇调速电路的调试步骤

表 5-2-3　微风扇调速电路的调试记录

<table>
<tr><th colspan="2">u_{R3} 波形</th><th colspan="2">u_L 波形</th></tr>
<tr><td colspan="2"> 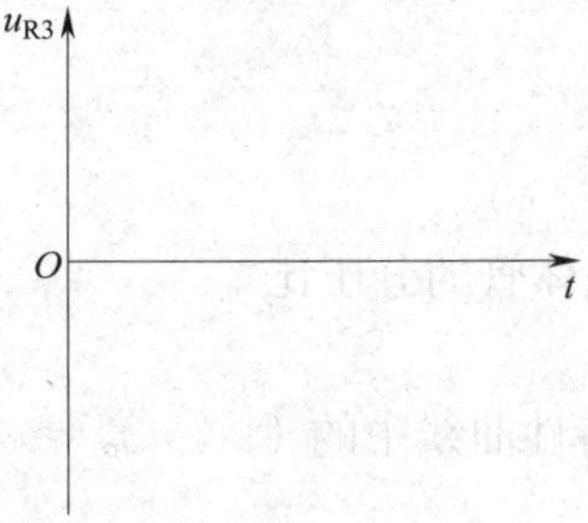u_{R3} O t</td><td colspan="2"> 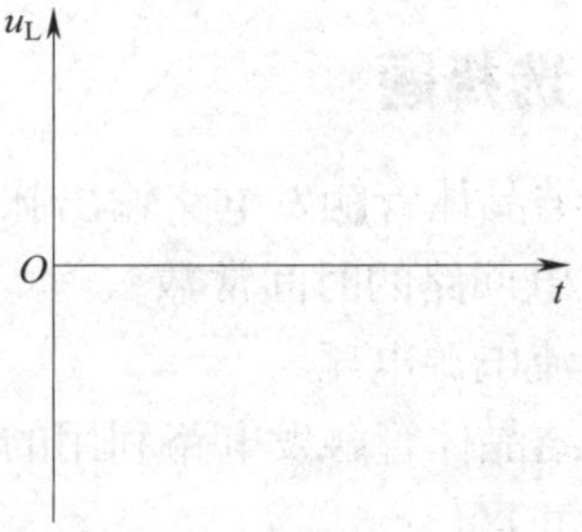u_L O t</td></tr>
<tr><td>频率</td><td></td><td>频率</td><td></td></tr>
<tr><td>最大值</td><td></td><td>最大值</td><td></td></tr>
<tr><td colspan="4">微风扇转速的变化</td></tr>
<tr><td colspan="2">增大 RP 的电阻值</td><td colspan="2">减小 RP 的电阻值</td></tr>
<tr><td colspan="2"></td><td colspan="2"></td></tr>
</table>

用示波器观察波形时，VOLTS/DIV 旋钮置于________位置，SEC/DIV 旋钮置于________位置。

复习巩固

一、填空题

1. 单结晶体管的内部有____个 PN 结，其三个电极分别为__________、__________、__________和__________。

2. 单结晶体管的分压比与内部结构有关，一般为__________。

3. 当发射极与第一基极之间的电压达到__________时，单结晶体管开始导通；导通后，当发射极与第一基极之间的电压下降到__________时，单结晶体管变为截止。

4. 利用单结晶体管的__________特性和 RC 电路的__________特性，可以组成频率可调的__________电路，用来产生晶闸管的__________脉冲。

二、判断题

1. 单结晶体管又称为双基极二极管。（ ）

2. 单结晶体管具有单向导电性。（ ）

3. 单结晶体管触发电路输出脉冲电压的最大值取决于直流电源电压和单结晶体管的分压比。（ ）

4. 改变单结晶体管触发电路中充电回路时间常数，可以改变输出脉冲的频率。（ ）

三、选择题

1. 单结晶体管触发电路输出脉冲的频率取决于（ ）。

A. 充电回路的时间常数　　B. 单结晶体管的分压比

C. 直流电源电压

2. 单结晶体管触发电路利用的是单结晶体管伏安特性曲线中的（ ）。

A. 截止区　　B. 饱和区

C. 负阻区

四、简答题

1. 图 5–2–11 所示的单结晶体管等效电路中，设 U_{BB}=20 V，PN 结开启电压 U_{on}=0.7 V，单结晶体管的分压比 η=0.6。当发射极与第一基极之间的电压升高到多少时，单结晶体管开始导通？若 U_{BB}=12 V，情况又将怎样？

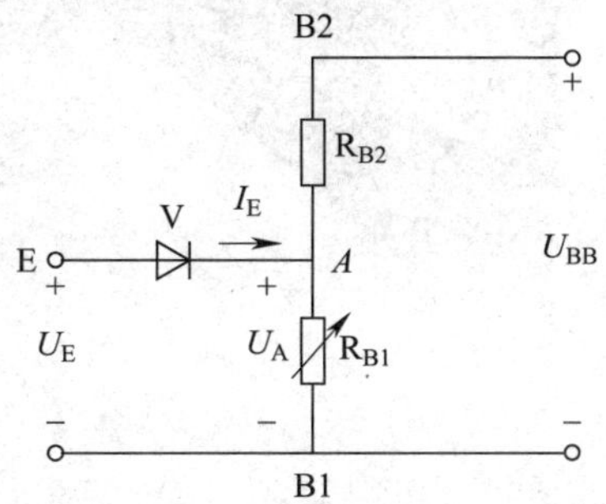

图 5-2-11 单结晶体管等效电路

2. 对应教材图 5-2-8 所示的微风扇调速电路中，若电容器 C 内部击穿短路，会出现什么故障现象？为什么？

3. 对应教材图 5-2-8 所示的微风扇调速电路中，风扇能转动但不能调速，确定故障范围，写出检修步骤。

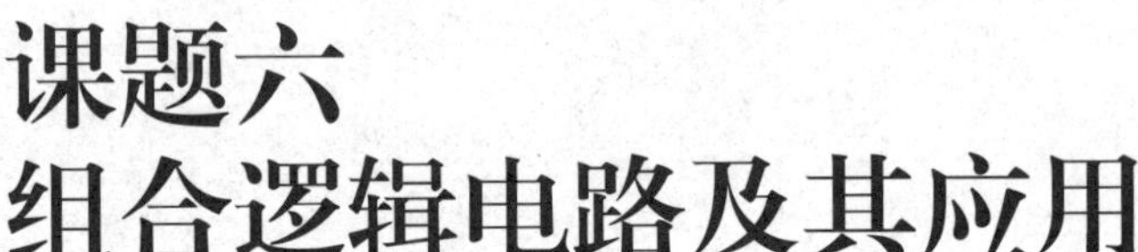

课题六 组合逻辑电路及其应用

任务 1　门电路及其应用

要点提示

学习重点：

1. 理解基本逻辑关系，掌握基本门电路的逻辑符号和逻辑功能。
2. 掌握常用复合门电路的逻辑符号和逻辑功能。
3. 熟悉集成门电路的电路组成、逻辑符号、逻辑功能、引脚功能及应用。
4. 掌握表决器电路的工作原理、安装、调试与检修。

学习难点：

1. 常用逻辑门电路的逻辑符号和逻辑功能。
2. 表决器电路的调试与检修。

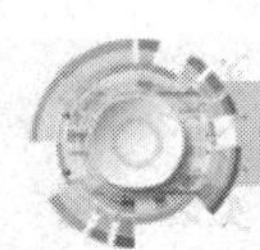

复习提问

1. 将图 6-1-1 中单结晶体管的图形符号补全，并说明其工作特性。

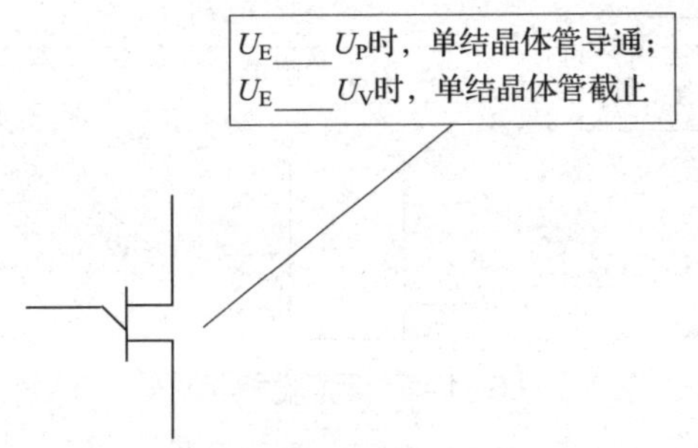

图 6-1-1　单结晶体管的图形符号和工作特性

2. 回顾图 6-1-2 所示的微风扇调速电路，完成填空。

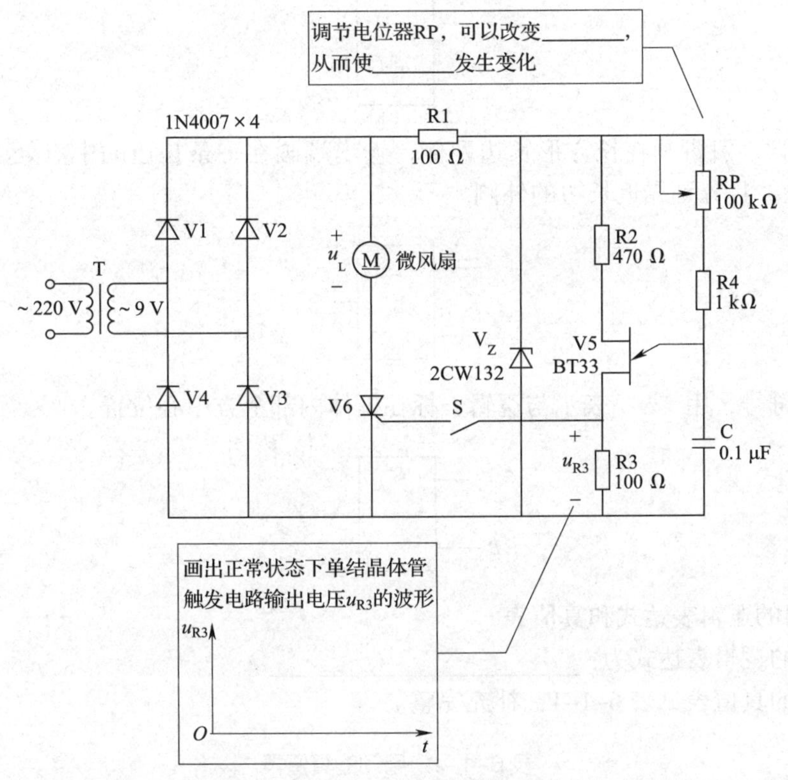

图 6-1-2　微风扇调速电路

一、基本逻辑关系及其门电路

1. 与逻辑和与门

（1）与门逻辑符号

与门逻辑符号如图 6-1-3 所示。

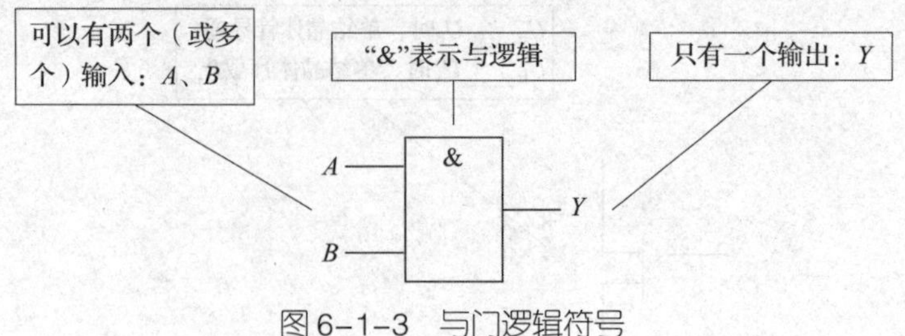

图 6–1–3　与门逻辑符号

（2）与门逻辑符号的画法

1）画框体，框体的形状是长方形。

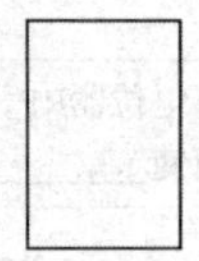

2）画引脚，引脚画在长方形长边两侧，输出端画在一条长边的中点处，输入端画在另一条长边上，且分别靠近长边的外侧。

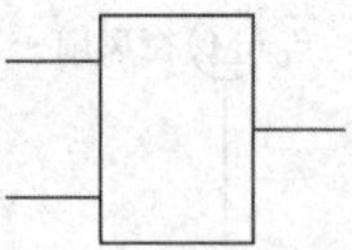

3）标注符号，用"&"表示与逻辑，标在框体内部上方中心位置。

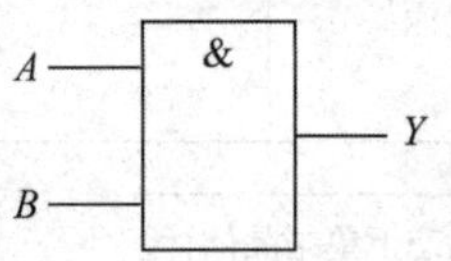

（3）与门的逻辑表达式和真值表

1）与门的逻辑表达式为：______________。

2）与门的真值表见表 6–1–1，补充完整。

表 6–1–1　与门的真值表

A	***B***	***Y***

2. 或逻辑和或门

（1）或门逻辑符号

或门逻辑符号如图 6–1–4 所示。

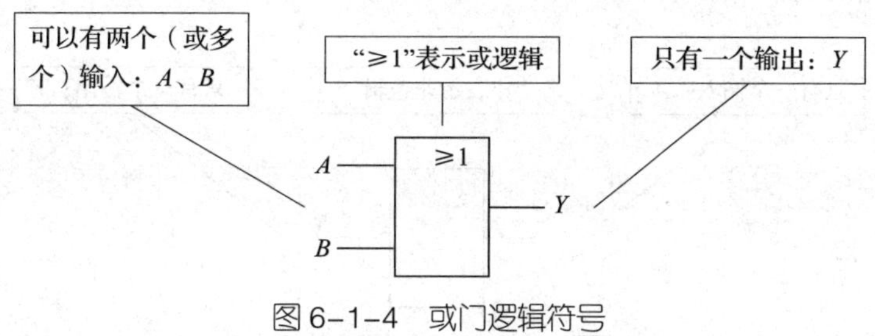

图 6-1-4　或门逻辑符号

（2）或门逻辑符号的画法

1）画框体。

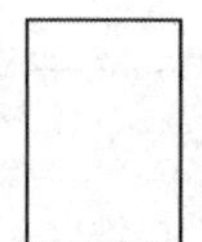

2）画引脚。

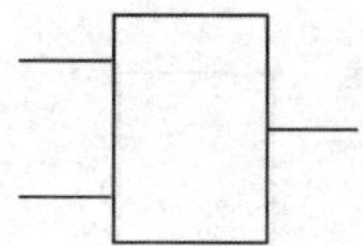

3）标注符号，用“≥ 1”表示或逻辑，标在框体内部上方中心位置。

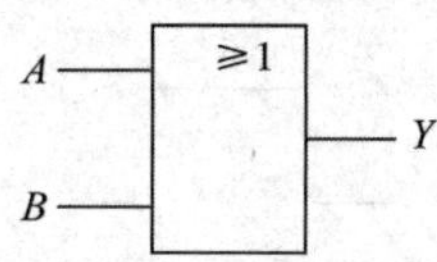

（3）或门的逻辑表达式和真值表

1）或门的逻辑表达式为：______________。

2）或门的真值表见表 6-1-2，补充完整。

表 6-1-2　或门的真值表

A	*B*	*Y*

3. 非逻辑和非门

（1）非门逻辑符号

非门逻辑符号如图 6-1-5 所示。

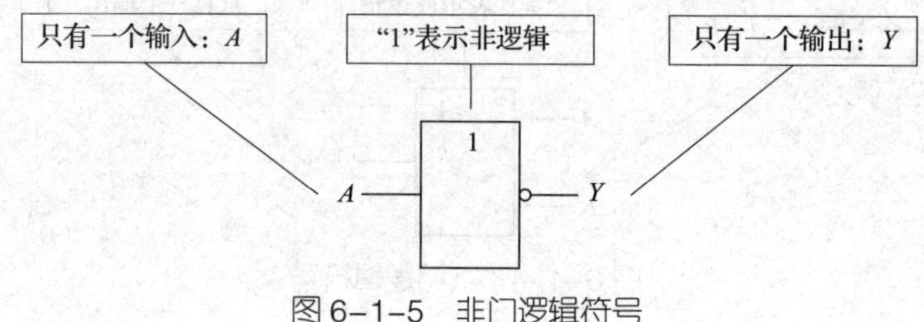

图 6–1–5　非门逻辑符号

（2）非门逻辑符号的画法

1）画框体。

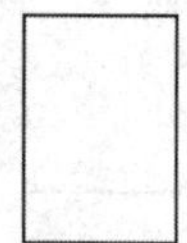

2）画圆，在框体一条长边中点处画一小圆，表示非逻辑。

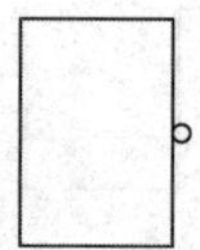

3）画引脚，在小圆上画出输出端，在框体另一条长边中点处画出输入端。

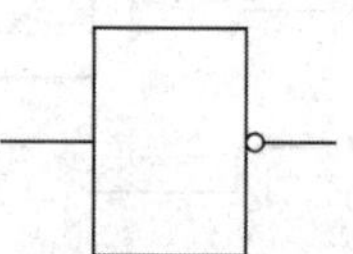

4）标注符号，用"1"表示非逻辑，标在框体内部上方中心位置。

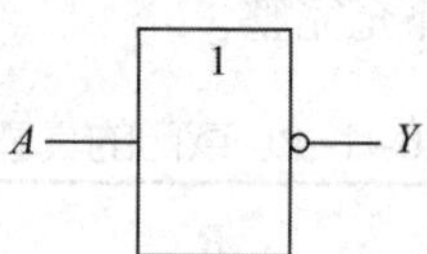

（3）非门的逻辑表达式和真值表

1）非门的逻辑表达式为：________________________。

2）非门的真值表见表 6–1–3，补充完整。

表 6–1–3　非门的真值表

A	Y

二、复合门电路

1. 与非门

与非门的逻辑符号如图 6–1–6 所示，写出其逻辑表达式。

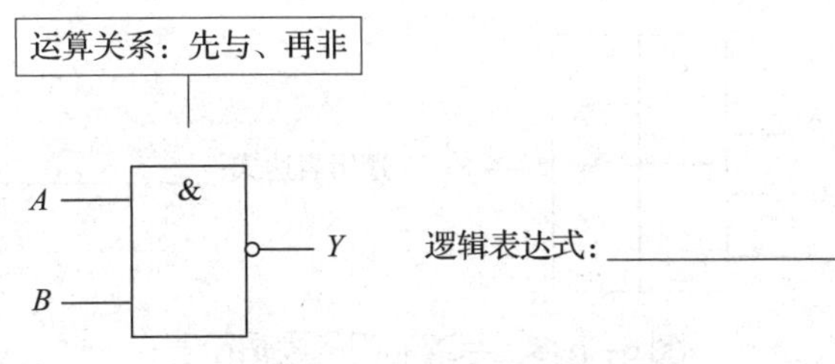

图 6–1–6 与非门的逻辑符号

与非门的真值表见表 6–1–4，补充完整。

表 6–1–4 与非门的真值表

A	B	AB	Y
0	0		
0	1		
1	0		
1	1		

2. 或非门

或非门的逻辑符号如图 6–1–7 所示，写出其逻辑表达式。

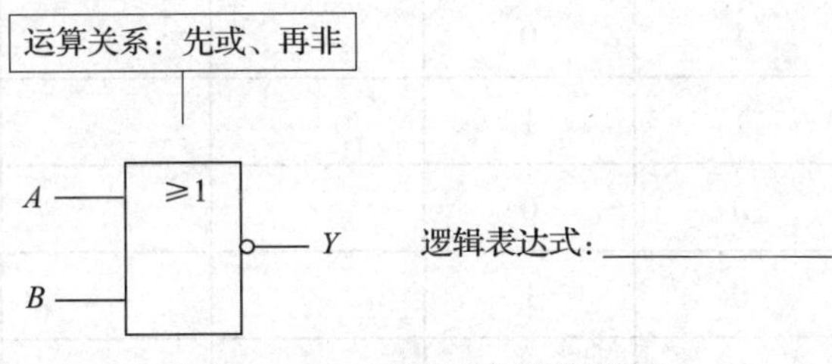

图 6–1–7 或非门的逻辑符号

或非门的真值表见表 6–1–5，补充完整。

表 6–1–5 或非门的真值表

A	B	$A+B$	Y
0	0		
0	1		
1	0		
1	1		

3. 与或非门

与或非门的逻辑符号如图 6-1-8 所示，写出其逻辑表达式。

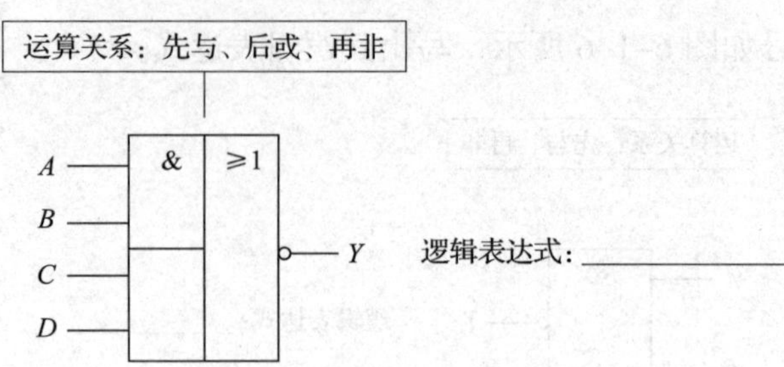

逻辑表达式：________

图 6-1-8　与或非门的逻辑符号

与或非门的真值表见表 6-1-6，补充完整。

表 6-1-6　与或非门的真值表

A	*B*	*C*	*D*	*AB*	*CD*	*AB+CD*	*Y*
0	0	0	0				
0	0	0	1				
0	0	1	0				
0	0	1	1				
0	1	0	0				
0	1	0	1				
0	1	1	0				
0	1	1	1				
1	0	0	0				
1	0	0	1				
1	0	1	0				
1	0	1	1				
1	1	0	0				
1	1	0	1				
1	1	1	0				
1	1	1	1				

三、集成门电路

1. TTL 集成与非门

TTL 集成与非门的逻辑符号如图 6-1-9 所示，写出其逻辑表达式。

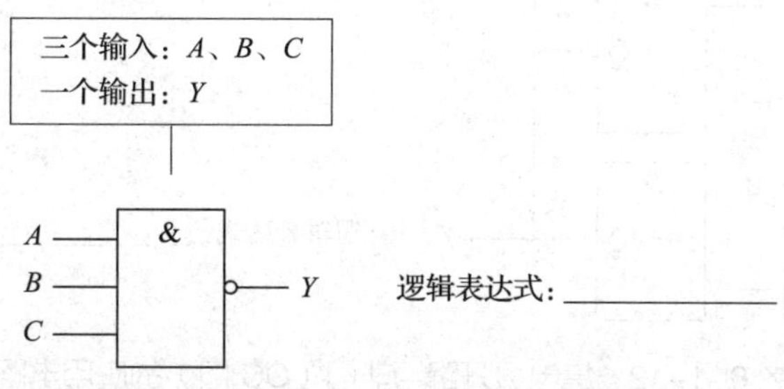

图 6-1-9　TTL 集成与非门的逻辑符号

某 TTL 集成与非门的引脚排列如图 6-1-10 所示，完成填空。

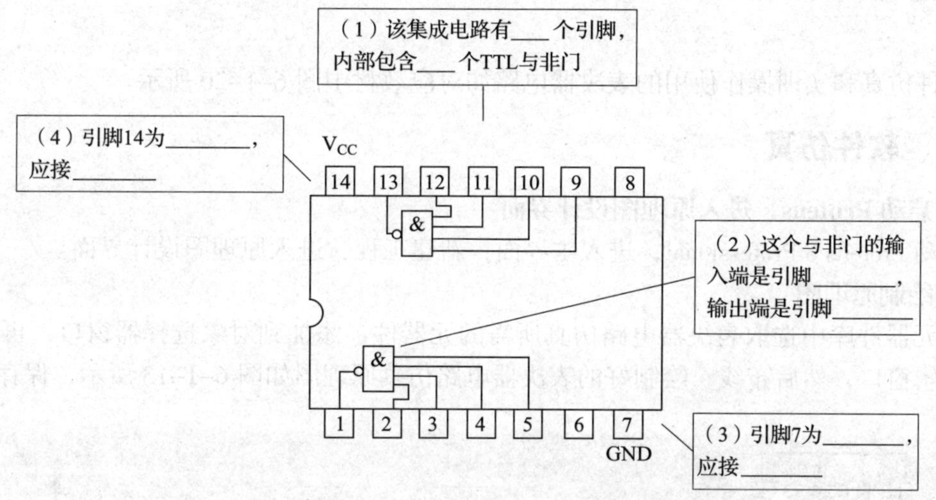

图 6-1-10　某 TTL 集成与非门的引脚排列

2. 集电极开路与非门（OC 门）

集电极开路与非门（OC 门）的逻辑符号如图 6-1-11 所示，写出其逻辑表达式。

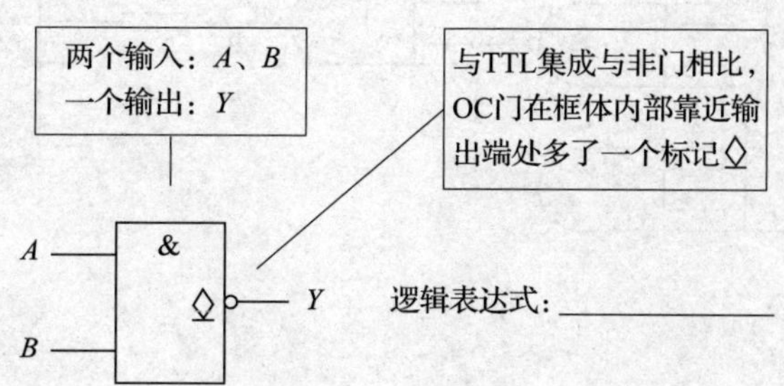

图 6-1-11　集电极开路与非门（OC 门）的逻辑符号

集电极开路与非门（OC 门）的应用电路如图 6-1-12 所示，写出其逻辑表达式。

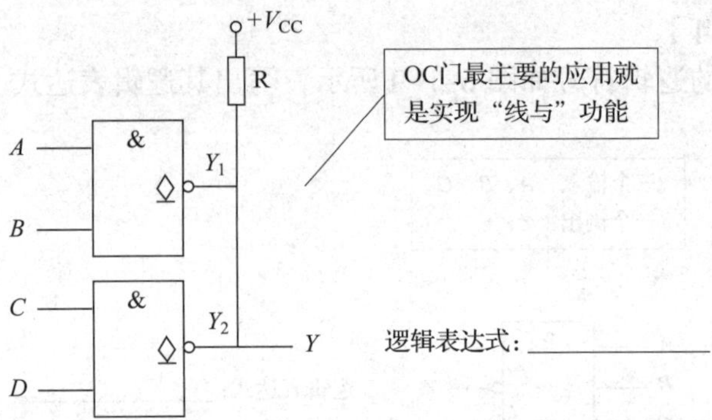

图 6-1-12　集电极开路与非门（OC 门）的应用电路

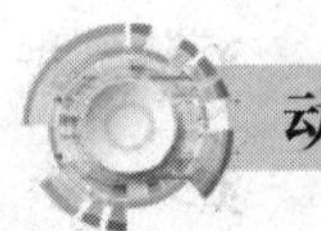

动手实践

软件仿真和实训操作使用的表决器电路如对应教材中图 6-1-20 所示。

一、软件仿真

1. 启动 Proteus，进入原理图设计界面

启动 Proteus 8 Professional，进入主界面，新建工程，进入原理图设计界面。

2. 绘制原理图

从元器件库中选取表决器电路仿真所需的元器件，添加到对象选择器窗口，再放置到图形编辑窗口，然后布线，绘制好的表决器电路仿真原理图如图 6-1-13 所示，保存工程。

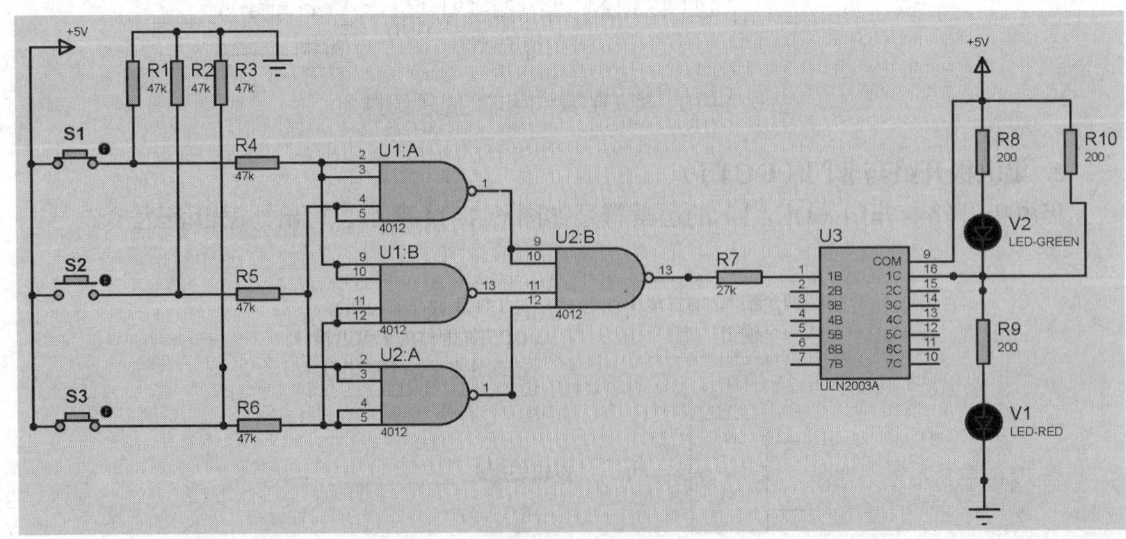

图 6-1-13　表决器电路仿真原理图

3. 仿真调试

如图 6-1-14 所示，接入虚拟电压表，按下仿真按钮，观察并记录三个按钮的设置状态、电压表读数和发光二极管的状态，分析电路的工作原理。

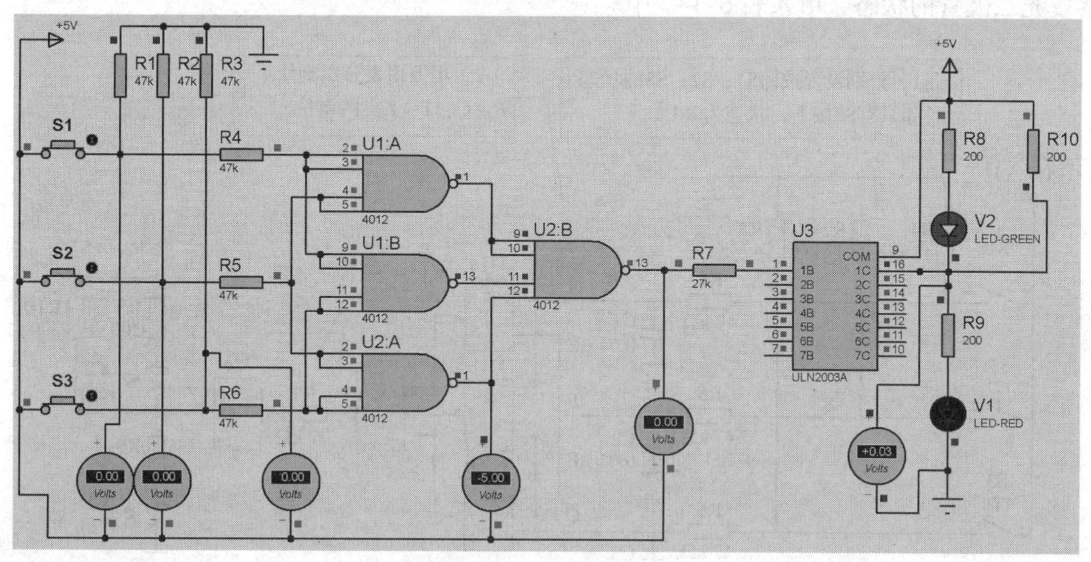

图 6-1-14 表决器电路仿真

二、实训操作

1. 表决器电路的安装

表决器电路板焊接面如图 6-1-15 所示。

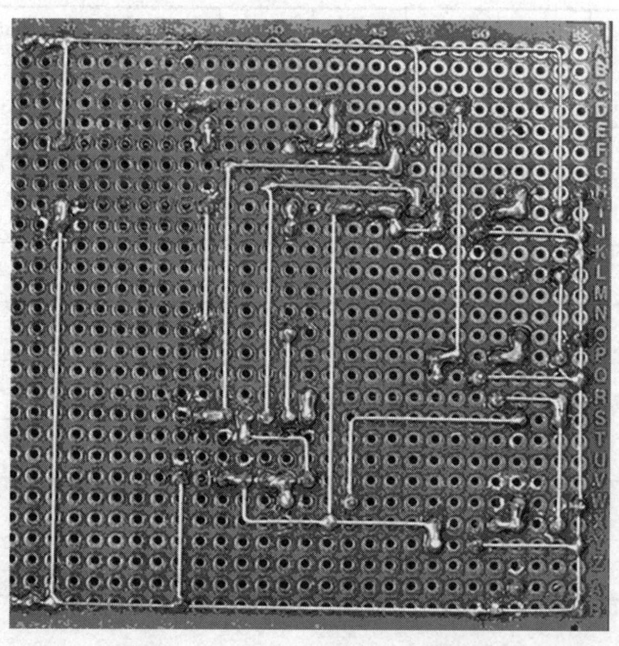

图 6-1-15 表决器电路板焊接面

2. 表决器电路的调试

按图 6–1–16 所示步骤进行操作，假设按钮 S1、S2、S3 按下为“1”，未按下为“0”，分别设置 S1、S2、S3 的状态，用万用表分别测量电路图中 A、B、C、Y、Y_1 点的电位，观察发光二极管的状态，填入表 6–1–7 中。

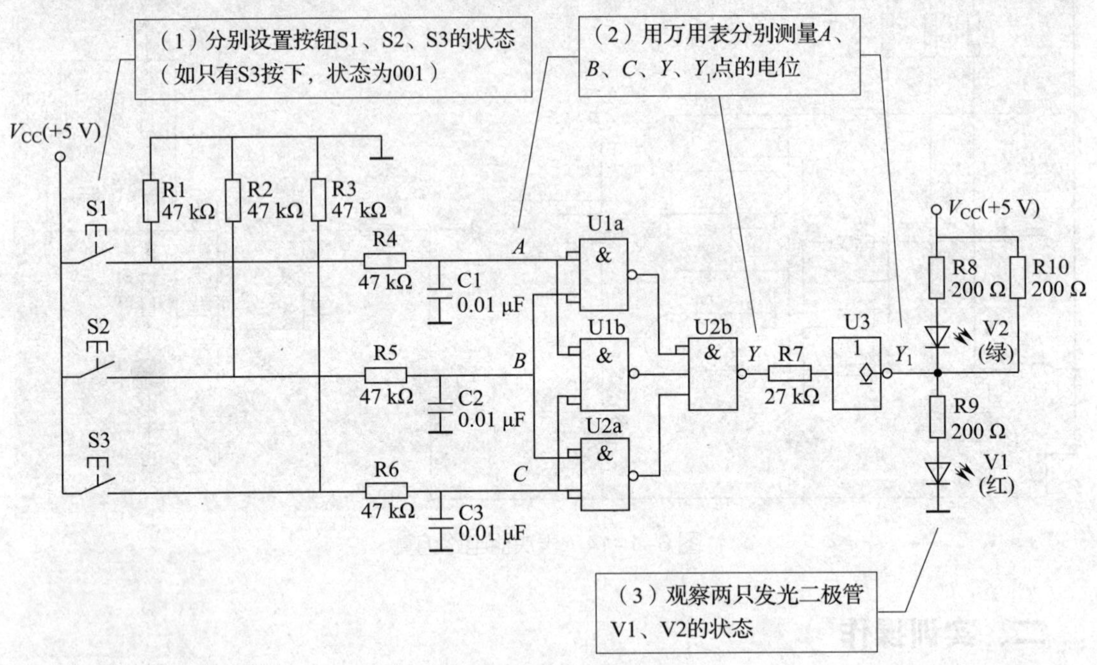

图 6–1–16　表决器电路的调试步骤

表 6–1–7　表决器电路的调试记录

S_1	S_2	S_3	V_A	V_B	V_C	V_Y	V_{Y1}	发光二极管的状态	
								V1	V2
0	0	0							
0	0	1							
0	1	0							
0	1	1							
1	0	0							
1	0	1							
1	1	0							
1	1	1							

复习巩固

一、填空题

1. 利用二极管的＿＿＿＿＿＿，可将其作为开关元器件，即二极管导通，相当于开关＿＿＿＿；二极管截止，相当于开关＿＿＿＿。

2. 在数字电路中，三极管被用作＿＿＿＿＿元器件，工作在输出特性曲线的＿＿＿＿＿区或＿＿＿＿＿区。

3. 数字电路中的三种基本逻辑关系是＿＿＿、＿＿＿和＿＿＿，实现这三种逻辑关系的电路分别是＿＿＿＿＿＿＿＿、＿＿＿＿＿＿＿＿和＿＿＿＿＿＿＿＿。

4. 逻辑门的平均传输延迟时间越小，说明电路的＿＿＿＿＿＿＿＿＿＿。

5. ＿＿＿＿门可以实现线与功能。

二、选择题

1. 下列符合或逻辑关系的表达式是（　　）。

A. 1+1=2　　　　B. 1+1=10

C. 1+1=1

2. 能实现“有 0 出 0，全 1 出 1”逻辑功能的是（　　）。

A. 与门　　　　B. 或门

C. 非门

3. 符合表 6–1–8 所示真值表的门电路是（　　）。

表 6–1–8　真值表

A	B	Y
0	0	0
0	1	1
1	0	1
1	1	1

A. 非门　　　　B. 或门

C. 与门

4. 能实现“有 0 出 1，全 1 出 0”逻辑功能的是（　　）。

A. 与门　　　　B. 或门

C. 与非门　　　　D. 或非门

5. 符合表 6–1–9 所示真值表的门电路是（　　）。

表 6–1–9　真值表

A	*B*	*Y*
0	0	1
0	1	0
1	0	0
1	1	0

A. 与非门　　B. 或非门

C. 或门　　D. 与门

6. CMOS 集成与非门不用的输入端可以（　　）。

A. 空接　　B. 并联使用输入端

C. 接地

7. 四输入 TTL 集成与非门在实际应用时，如果只使用两个输入端，则其余的两个输入端都应（　　）。

A. 接高电平　　B. 接低电平

C. 悬空

三、简答题

1. 已知某逻辑电路的输入、输出波形如图 6–1–17 所示，写出它的真值表和逻辑表达式。

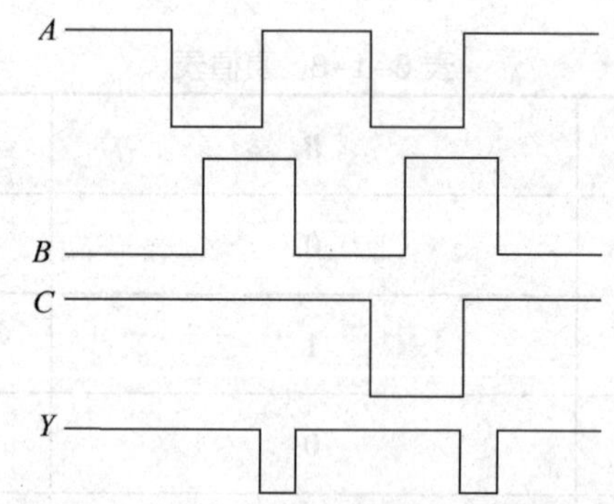

图 6–1–17　某逻辑电路的输入、输出波形

2. 图 6–1–18 所示为各种门电路的逻辑符号和输入波形，画出各门电路的输出波形。

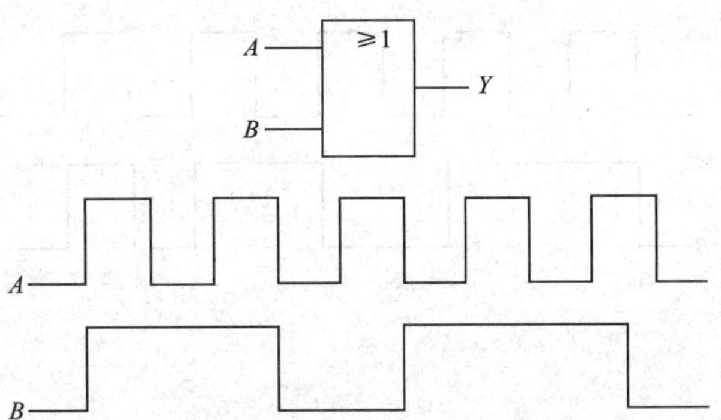

a）

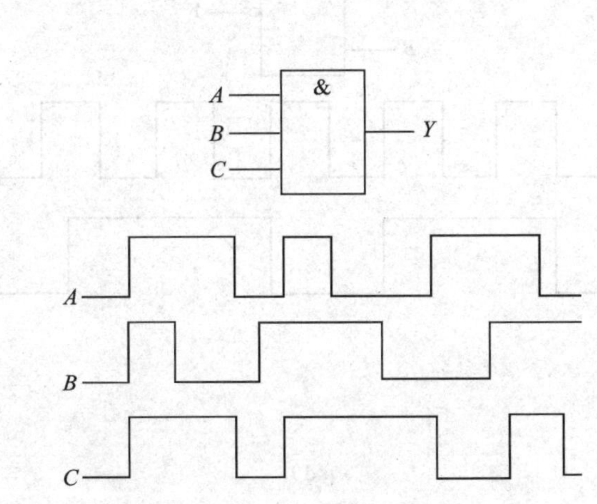

b）

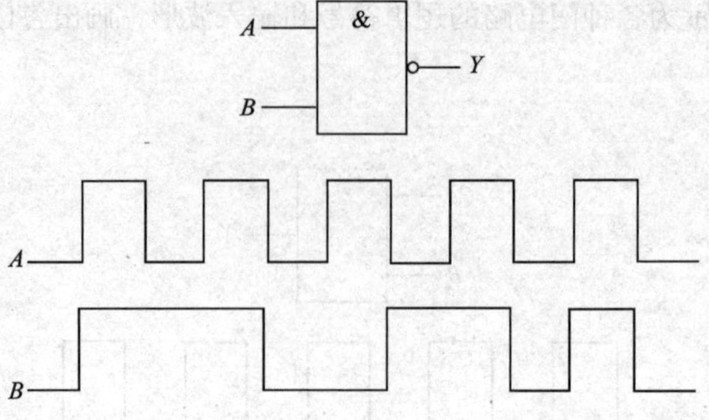

c）

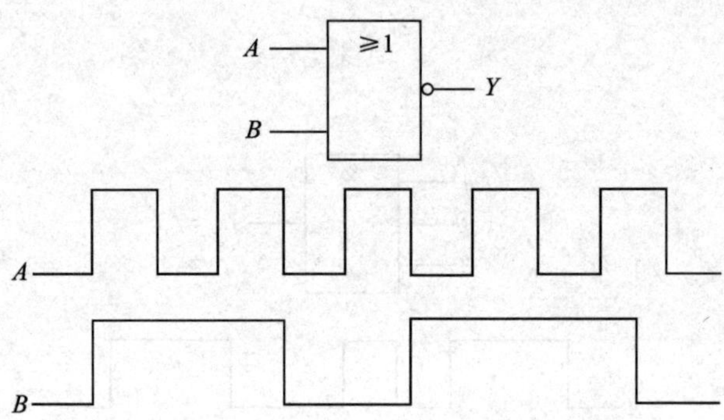

d）

图 6-1-18　各种门电路的逻辑符号和输入波形

任务2 常用集成组合逻辑电路及其应用

要点提示

学习重点：

1. 熟悉逻辑代数的基本运算规则和定律，掌握逻辑函数的化简方法。
2. 了解组合逻辑电路的一般分析方法。
3. 熟悉常用集成组合逻辑电路编码器、译码器的外形和功能，掌握其应用。
4. 掌握十进制数编码、译码、显示电路的工作原理、安装、调试与检修。

学习难点：

1. 常用集成组合逻辑电路编码器、译码器的功能和应用。
2. 十进制数编码、译码、显示电路的调试与检修。

复习提问

根据图6–2–1所示门电路的输入波形，将表6–2–1补充完整。

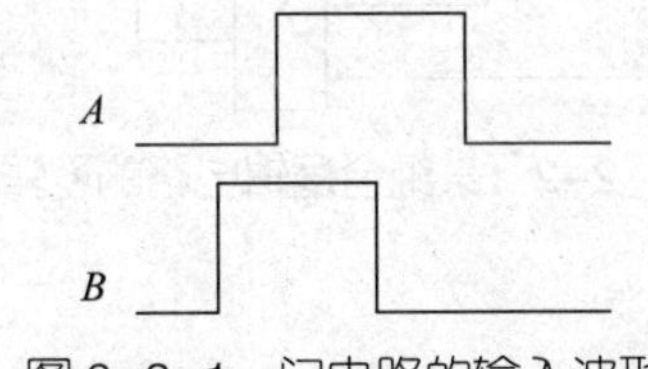

图6–2–1 门电路的输入波形

表6–2–1 门电路

门电路名称			
特点	有1出1，全0出0	有0出1，全1出0	有1出0，全0出1
逻辑符号			

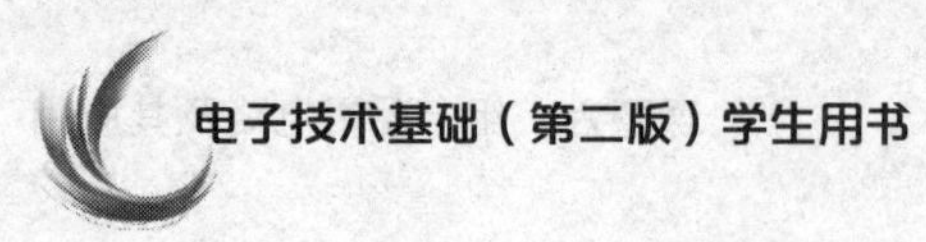

续表

逻辑表达式			
真值表			
输出波形			

学法点拨

一、组合逻辑电路的分析

某组合逻辑电路的逻辑图如图 6-2-2 所示，分析其逻辑功能。

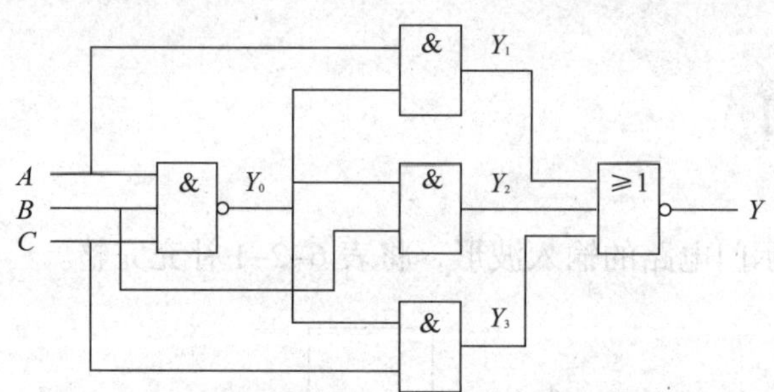

图 6-2-2　某组合逻辑电路的逻辑图

1. 写出逻辑函数表达式

根据组合逻辑电路的逻辑图，逐级写出逻辑函数表达式。

$$Y_0=\overline{ABC}$$

$$Y_1=AY_0=A\overline{ABC}$$

$$Y_2=BY_0=B\overline{ABC}$$

$$Y_3=CY_0=C\overline{ABC}$$

$$Y=\overline{Y_1+Y_2+Y_3}=\overline{A\overline{ABC}+B\overline{ABC}+C\overline{ABC}}$$

2. 化简逻辑函数表达式

对逻辑函数表达式进行化简或变换，得到最简的逻辑函数表达式。

$$
\begin{aligned}
Y &= \overline{\overline{Y_1+Y_2+Y_3}} = \overline{A\overline{ABC}+B\overline{ABC}+C\overline{ABC}} \\
&= \overline{\overline{ABC}(A+B+C)} \\
&= \overline{\overline{ABC}}+\overline{A+B+C} \\
&= ABC+\bar{A}\bar{B}\bar{C}
\end{aligned}
$$

3. 列出真值表

根据最简的逻辑函数表达式，列出真值表，见表 6-2-2。

表 6-2-2　真值表

A	*B*	*C*	*Y*
0	0	0	1
0	0	1	0
0	1	0	0
0	1	1	0
1	0	0	0
1	0	1	0
1	1	0	0
1	1	1	1

4. 分析逻辑功能

根据真值表，分析逻辑功能。

由真值表可知，只有当输入 *A*、*B*、*C* 全为“0”或全为“1”时，输出 *Y* 才为“1”；否则为“0”。

因此，上述电路称为判一致电路，可用于判断三个输入的状态是否一致。

二、常用集成组合逻辑电路

1. 数制

十进制、二进制、十六进制对应关系表见表 6-2-3。

表 6-2-3　十进制、二进制、十六进制对应关系表

十进制	二进制	十六进制
0	0000	0
1	0001	1
2	0010	2
3	0011	3

续表

十进制	二进制	十六进制
4	0100	4
5	0101	5
6	0110	6
7	0111	7
8	1000	8
9	1001	9
10	1010	A
11	1011	B
12	1100	C
13	1101	D
14	1110	E
15	1111	F

2. 编码器

（1）二－十进制编码器

8421BCD 码编码器是常用的二－十进制编码器，其功能是将十进制数（0～9）转换成相应的二进制代码，逻辑图如图 6-2-3 所示。

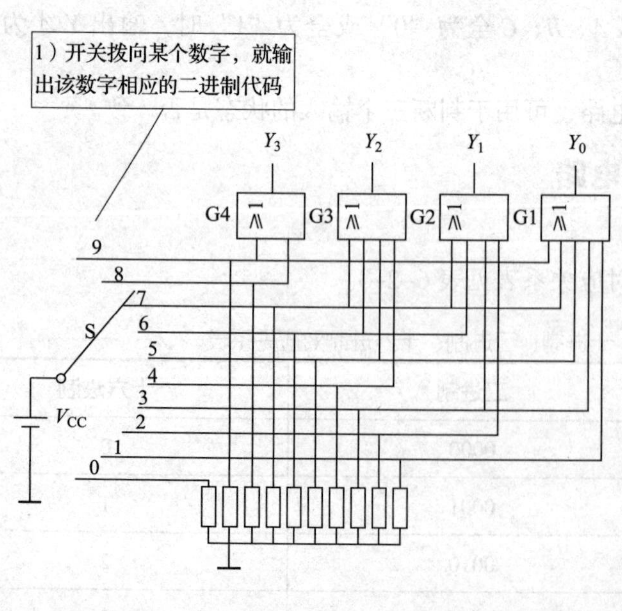

图 6-2-3　8421BCD 码编码器的逻辑图

（2）优先编码器

74LS147 是常用的优先编码器，其引脚排列如图 6-2-4 所示。

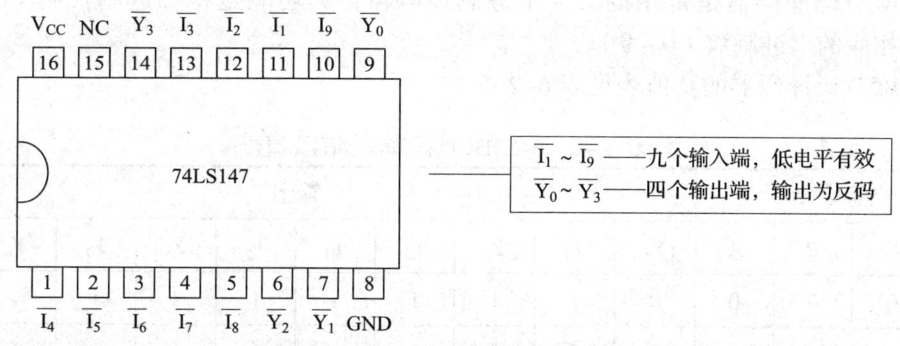

图 6-2-4　74LS147 的引脚排列

74LS147 的真值表见表 6-2-4。

表 6-2-4　74LS147 的真值表

十进制数	输入									输出			
	$\overline{I_9}$	$\overline{I_8}$	$\overline{I_7}$	$\overline{I_6}$	$\overline{I_5}$	$\overline{I_4}$	$\overline{I_3}$	$\overline{I_2}$	$\overline{I_1}$	$\overline{Y_3}$	$\overline{Y_2}$	$\overline{Y_1}$	$\overline{Y_0}$
0	1	1	1	1	1	1	1	1	1	1	1	1	1
9	0	×	×	×	×	×	×	×	×	0	1	1	0
8	1	0	×	×	×	×	×	×	×	0	1	1	1
7	1	1	0	×	×	×	×	×	×	1	0	0	0
6	1	1	1	0	×	×	×	×	×	1	0	0	1
5	1	1	1	1	0	×	×	×	×	1	0	1	0
4	1	1	1	1	1	0	×	×	×	1	0	1	1
3	1	1	1	1	1	1	0	×	×	1	1	0	0
2	1	1	1	1	1	1	1	0	×	1	1	0	1
1	1	1	1	1	1	1	1	1	0	1	1	1	0

注：× 表示是任意值，后同。

第一行：所有输入端无信号，输出为十进制数“0”对应的二进制代码 0000 的反码 1111。

第二行：$\overline{I_9}$=0，表示输入十进制数“9”，输出为“9”的二进制代码 1001 的反码 0110，其他输入端的状态对结果无影响。

第三行：$\overline{I_9}$=1、$\overline{I_8}$=0，表示输入十进制数“8”，输出为“8”的二进制代码 1000 的反码 0111，其他输入端的状态对结果无影响。

其他各行依此类推。

3. 译码器

8421BCD 码译码器是常用的二 - 十进制译码器，其功能是将二进制代码（8421BCD 码）译成相应的十进制数（0 ~ 9）。

8421BCD 码译码器的真值表见表 6-2-5。

表 6-2-5　8421BCD 码译码器的真值表

输入				输出									
D	C	B	A	Y_0	Y_1	Y_2	Y_3	Y_4	Y_5	Y_6	Y_7	Y_8	Y_9
0	0	0	0	0	1	1	1	1	1	1	1	1	1
0	0	0	1	1	0	1	1	1	1	1	1	1	1
0	0	1	0	1	1	0	1	1	1	1	1	1	1
0	0	1	1	1	1	1	0	1	1	1	1	1	1
0	1	0	0	1	1	1	1	0	1	1	1	1	1
0	1	0	1	1	1	1	1	1	0	1	1	1	1
0	1	1	0	1	1	1	1	1	1	0	1	1	1
0	1	1	1	1	1	1	1	1	1	1	0	1	1
1	0	0	0	1	1	1	1	1	1	1	1	0	1
1	0	0	1	1	1	1	1	1	1	1	1	1	0

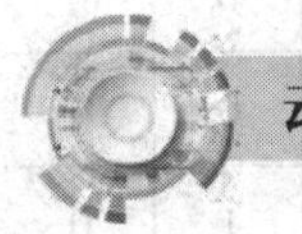

动手实践

软件仿真和实训操作使用的十进制数编码、译码、显示电路如对应教材中图 6-2-14 所示。

一、软件仿真

1. 启动 Proteus，进入原理图设计界面

启动 Proteus 8 Professional，进入主界面，新建工程，进入原理图设计界面。

2. 绘制原理图

从元器件库中选取十进制编码、译码、显示电路仿真所需的元器件，添加到对象选择器窗口，再放置到图形编辑窗口，然后布线，绘制好的十进制编码、译码、显示电路仿真原理图如图 6-2-5 所示，保存工程。

3. 仿真调试

如图 6-2-6 所示，接入虚拟电压表，按下仿真按钮，观察并记录按钮的设置状态、电压表读数和数码显示器的状态，分析电路的工作原理。

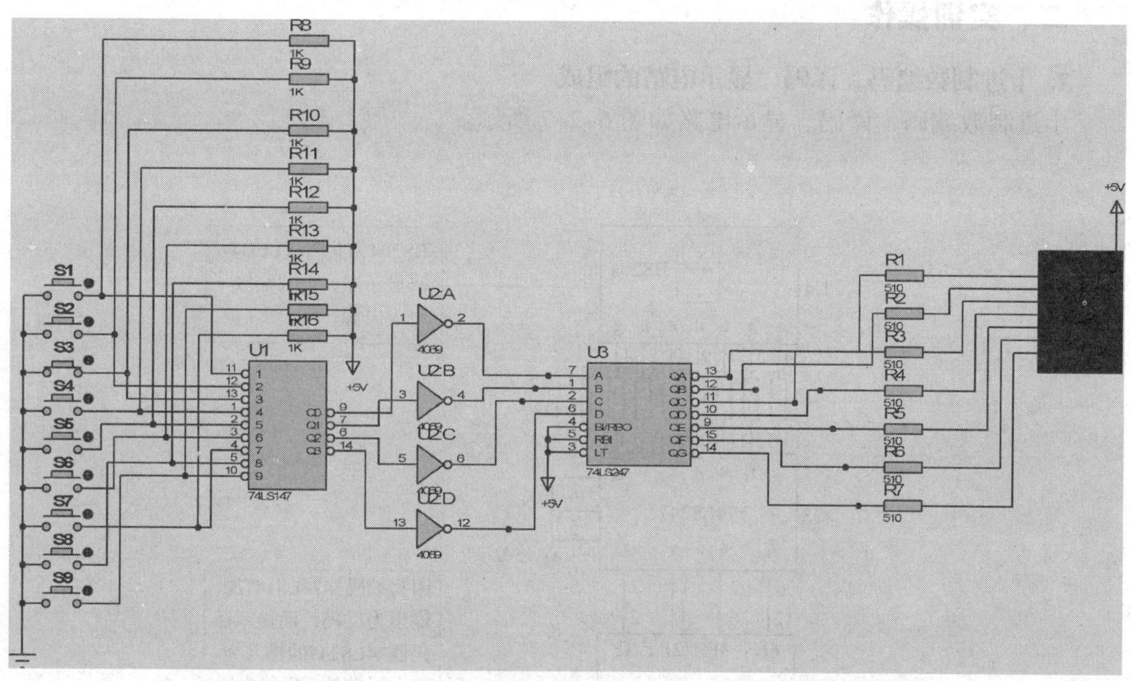

图 6-2-5　十进制编码、译码、显示电路仿真原理图

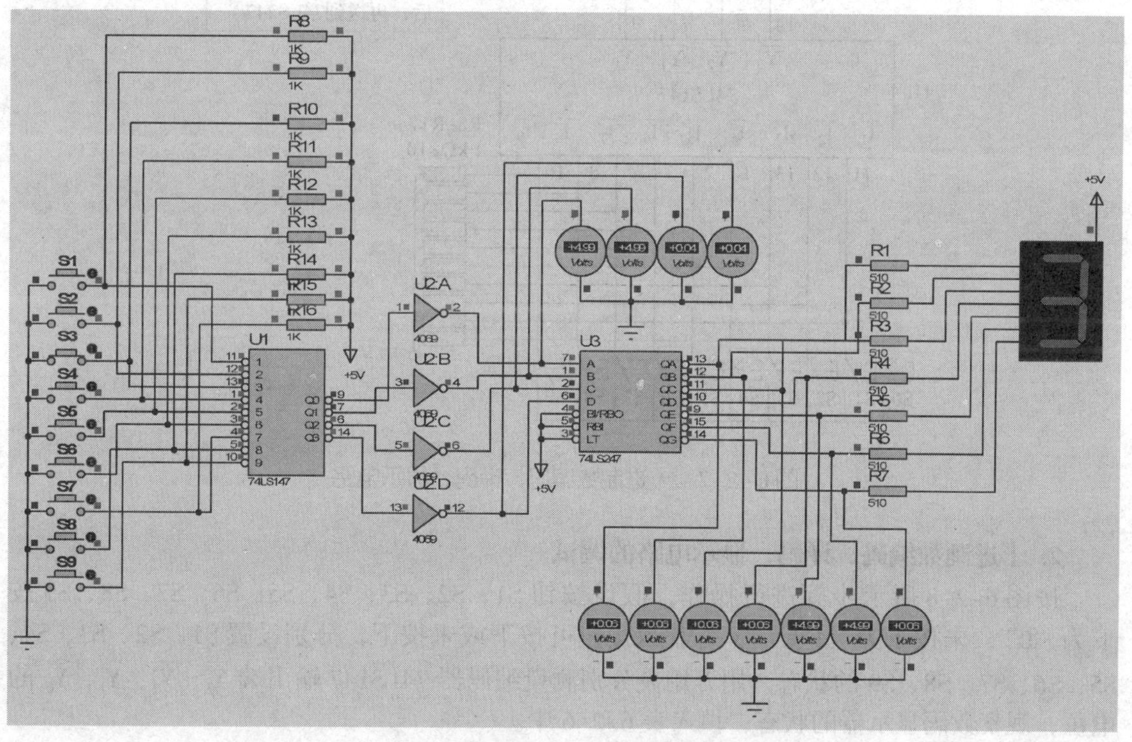

图 6-2-6　十进制编码、译码、显示电路仿真

二、实训操作

1. 十进制数编码、译码、显示电路的组成

十进制数编码、译码、显示电路如图 6–2–7 所示。

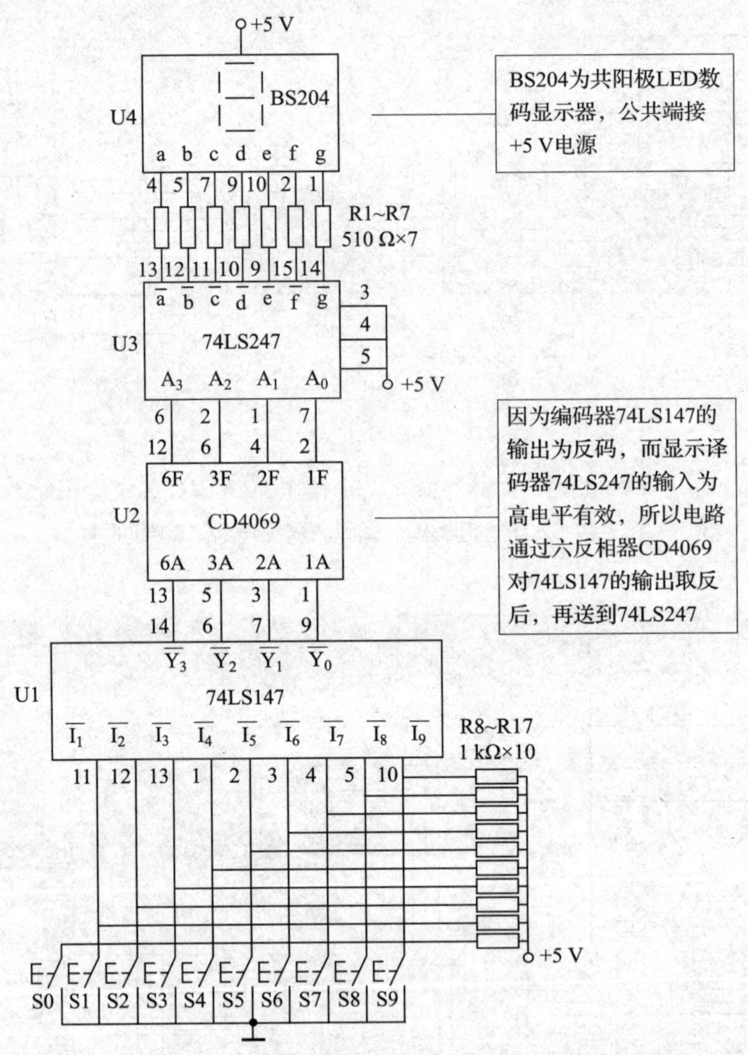

图6–2–7　十进制数编码、译码、显示电路

2. 十进制数编码、译码、显示电路的调试

按图 6–2–8 所示步骤进行操作，假设按钮 S1、S2、S3、S4、S5、S6、S7、S8、S9 按下为“0”，未按下为“1”，“×”表示按钮可按下或未按下，分别设置 S1、S2、S3、S4、S5、S6、S7、S8、S9 的状态，用万用表分别测量编码器 74LS147 输出端 $\overline{Y_3}$、$\overline{Y_2}$、$\overline{Y_1}$、$\overline{Y_0}$ 的电位，观察数码显示器的状态，填入表 6–2–6 中。

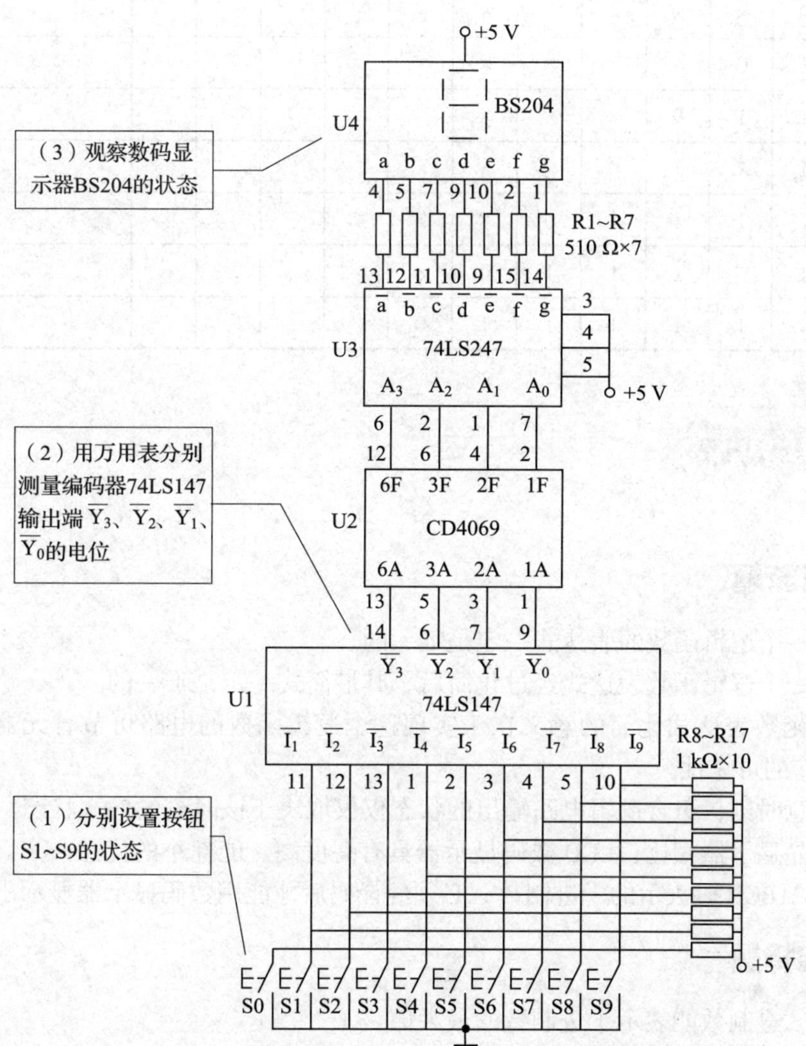

图 6-2-8　十进制数编码、译码、显示电路的调试步骤

表 6-2-6 十进制数编码、译码、显示电路的调试记录

S_9	S_8	S_7	S_6	S_5	S_4	S_3	S_2	S_1	$\overline{Y_3}$	$\overline{Y_2}$	$\overline{Y_1}$	$\overline{Y_0}$	数码显示器的状态
1	1	1	1	1	1	1	1	1					
0	×	×	×	×	×	×	×	×					
1	0	×	×	×	×	×	×	×					
1	1	0	×	×	×	×	×	×					
1	1	1	0	×	×	×	×	×					
1	1	1	1	0	×	×	×	×					
1	1	1	1	1	0	×	×	×					
1	1	1	1	1	1	0	×	×					
1	1	1	1	1	1	1	0	×					
1	1	1	1	1	1	1	1	0					

一、判断题

1. 任何一个逻辑函数的表达式一定是唯一的。（　　）

2. 任何一个逻辑函数表达式经过化简后，其最简式一定是唯一的。（　　）

3. 逻辑函数表达式化简的意义在于实现这个逻辑函数的电路可节省元器件，降低成本，提高工作的可靠性。（　　）

4. 在任意时刻，组合逻辑电路输出的状态仅仅取决于该时刻的输入状态。（　　）

5. 与液晶显示器相比，LED 数码显示器具有亮度高、能耗小的优点。（　　）

6. 用 8421BCD 码表示的十进制数，必须经译码后才能用数码显示器显示出来。（　　）

二、选择题

1. 八位二进制数能表示十进制数的最大值是（　　）。

A. 255　　B. 248

C. 192

2. 要表示十进制数的 10 个数码，至少需要（　　）位二进制代码。

A. 2　　B. 4

C. 3

3. 下列逻辑运算正确的是（　　）。

A. $A+B=A+\overline{A}B$　　B. $A+0=0$

C. $AB+C=(A+B)(A+C)$　　D. $A+\overline{A}=A$

4. 逻辑函数表达式 $Y=\overline{A}B+A\overline{B}+AB$ 化简的结果为（ ）。

A. $Y=AB$
B. $Y=A\oplus B$
C. $Y=A+B$
D. $Y=B$

5. 逻辑函数表达式 $Y=ABC+\overline{A}+\overline{B}+\overline{C}$ 的结果为（ ）。

A. ABC
B. 0
C. 1

6. 2 线–4 线译码器有（ ）。

A. 2 条输入线，4 条输出线
B. 4 条输入线，2 条输出线
C. 4 条输入线，8 条输出线
D. 8 条输入线，2 条输出线

7. 8421BCD 码（0010 1000 0011）表示的十进制数是（ ）。

A. 643
B. 641
C. 283

8. 数字式万用表一般采用（ ）显示器。

A. LED 数码
B. 荧光数码
C. 液晶数码

三、简答题

1. 利用逻辑代数的基本定律化简下列逻辑函数表达式。

（1）$Y=A+ABC+\overline{A}B+\overline{B}C+BCD$

（2）$Y=AB+\overline{A}BC+BC$

（3）$Y=AB+A\overline{B}+\overline{A}B+AB$

（4）$Y=\overline{A}\overline{B}C+\overline{A}BC+ABC+AB\overline{C}$

2. 根据逻辑函数表达式 $Y=AB+\overline{A}\,\overline{B}$，列出真值表，分析其逻辑功能，画出用与非门组成的逻辑图。若将上式求反，则所得的逻辑函数表达式具有什么逻辑功能？

3. 某组合逻辑电路的逻辑图如图 6–2–9 所示，分析其逻辑功能。

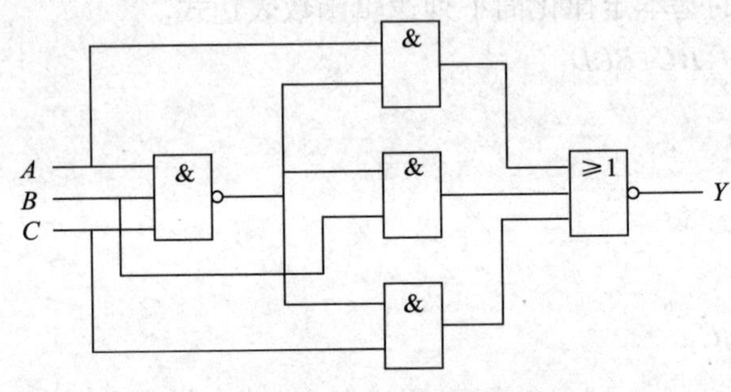

图 6–2–9　组合逻辑电路的逻辑图

4. 某组合逻辑电路的逻辑图如图 6–2–10 所示，已知输入为 A、B、C，输出为 Y_1、Y_2，写出输出 Y_1、Y_2 的逻辑函数表达式，分析该组合逻辑电路的逻辑功能。

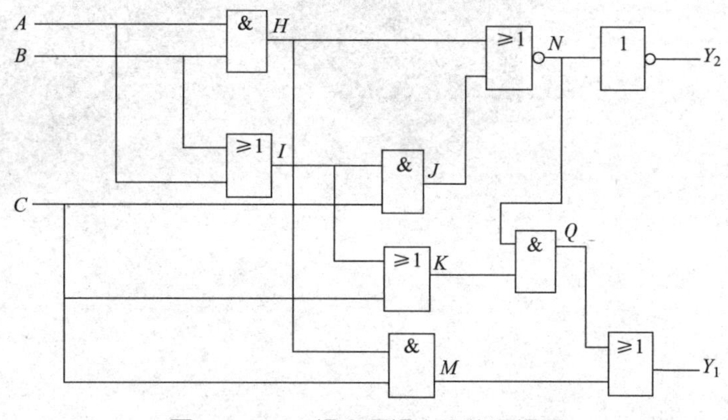

图 6-2-10　组合逻辑电路的逻辑图

5. 分析图 6-2-11 所示编码器的工作原理并回答：

（1）这是一个几进制的编码器？

（2）当闭合开关 S6 时，输出 Y_2、Y_1、Y_0 状态如何？

（3）当闭合开关 S7 时，输出 Y_2、Y_1、Y_0 状态又如何？

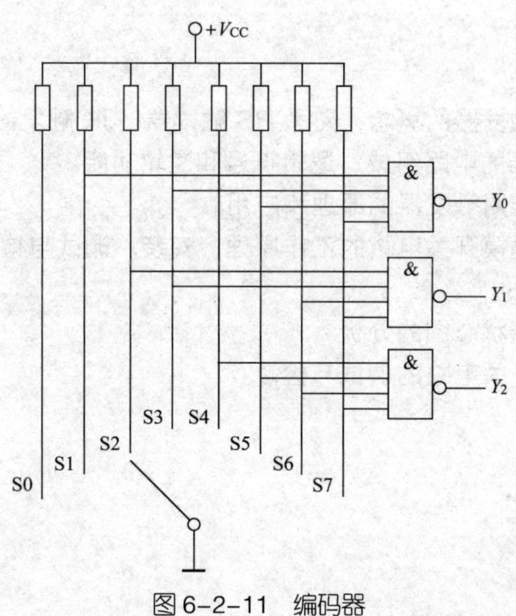

图 6-2-11　编码器

课题七
时序逻辑电路及其应用

任务 1　触发器及其应用

要点提示

学习重点：

1. 了解触发器的概念，熟悉 RS 触发器、JK 触发器、D 触发器和 T 触发器的电路组成、逻辑符号和逻辑功能。
2. 掌握常用触发器的原理和应用。
3. 掌握触摸开关电路的工作原理、安装、调试与检修。

学习难点：

1. 触发器状态图的分析。
2. 触摸开关电路的调试与检修。

复习提问

1. 用逻辑代数的基本定律化简下列逻辑函数式。

$Y=A+ABC+\overline{A}B+\overline{B}C+BCD$

2. 根据图 7–1–1 所示的组合逻辑电路的逻辑图，写出其逻辑函数表达式并进行化简。

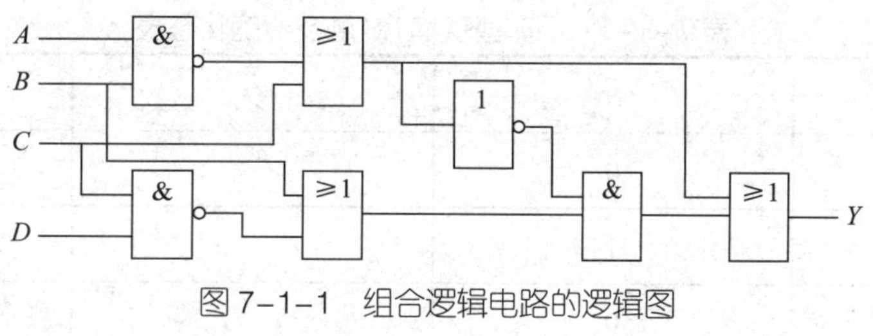

图 7–1–1　组合逻辑电路的逻辑图

3. 根据将十进制数用数码显示器显示出来的过程，完成填空。

十进制数→__________→8421______码→__________→数码显示器→显示十进制数。

一、RS 触发器

1. 基本 RS 触发器

（1）与非型基本 RS 触发器

1）与非型基本 RS 触发器的逻辑符号如图 7–1–2 所示。

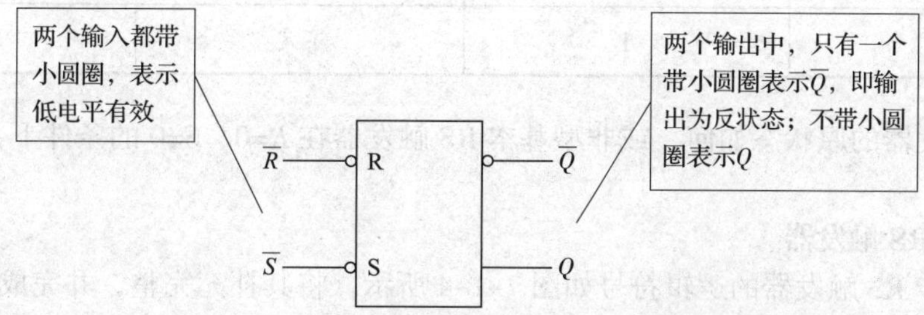

图 7–1–2　与非型基本 RS 触发器的逻辑符号

2）与非型基本 RS 触发器的状态表见表 7–1–1，将表格补充完整。

表 7–1–1　与非型基本 RS 触发器的状态表

$\overline{R}$	$\overline{S}$	Q	$\overline{Q}$
0	0	不定	不定
0	1		
1	0		
1	1	不变	不变

无论触发器的原状态如何，与非型基本 RS 触发器在 $\overline{R}$ =1、$\overline{S}$ =1 的条件下，都将维持原状态不变，这就是触发器的保持功能，体现触发器具有记忆能力。

（2）或非型基本 RS 触发器

1）或非型基本 RS 触发器的逻辑符号如图 7–1–3 所示。

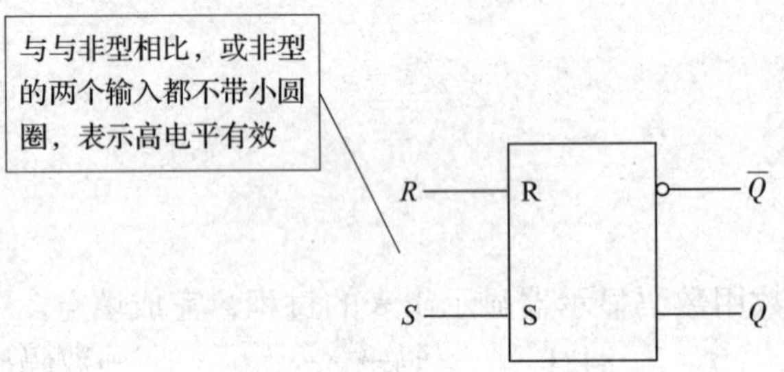

图 7–1–3　或非型基本 RS 触发器的逻辑符号

2）或非型基本 RS 触发器的状态表见表 7–1–2，将表格补充完整。

表 7–1–2　或非型基本 RS 触发器的状态表

R	S	Q	$\overline{Q}$
0	0	不变	不变
0	1		
1	0		
1	1	不定	不定

无论触发器的原状态如何，或非型基本 RS 触发器在 R=0、S=0 的条件下，都将维持原状态不变。

2. 同步 RS 触发器

（1）同步 RS 触发器的逻辑符号如图 7–1–4 所示，将其补充完整，并完成填空。

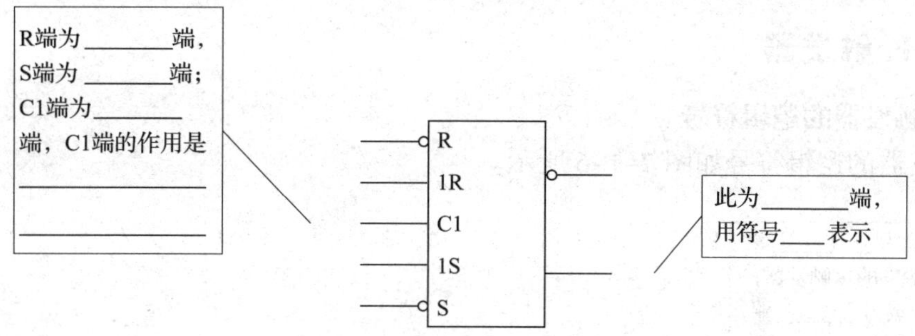

图 7-1-4　同步 RS 触发器的逻辑符号

（2）同步 RS 触发器的特性表见表 7-1-3，将表格补充完整。

表 7-1-3　同步 RS 触发器的特性表

CP	***R***	***S***	Q^n	Q^{n+1}
0	×	×	0	
0	×	×	1	
1	0	0	0	
1	0	0	1	
1	0	1	0	
1	0	1	1	
1	1	0	0	
1	1	0	1	
1	1	1	0	不定
1	1	1	1	不定

同步 RS 触发器的状态图如图 7-1-5 所示。

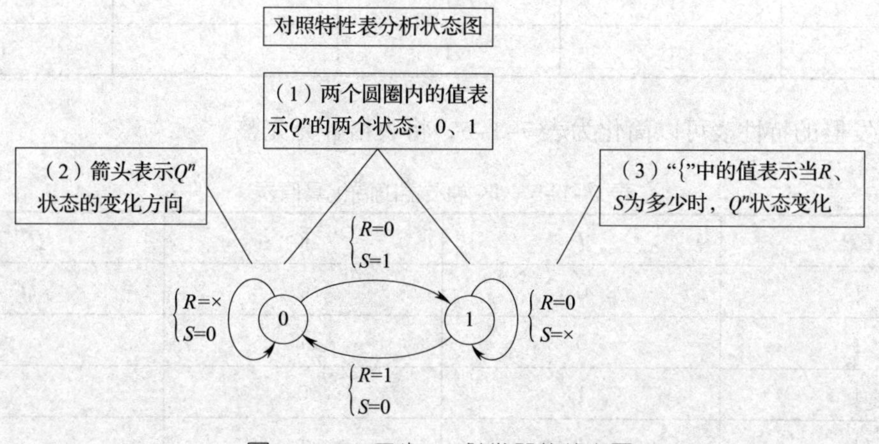

图 7-1-5　同步 RS 触发器的状态图

二、JK 触发器

1. JK 触发器的逻辑符号

JK 触发器的逻辑符号如图 7-1-6 所示。

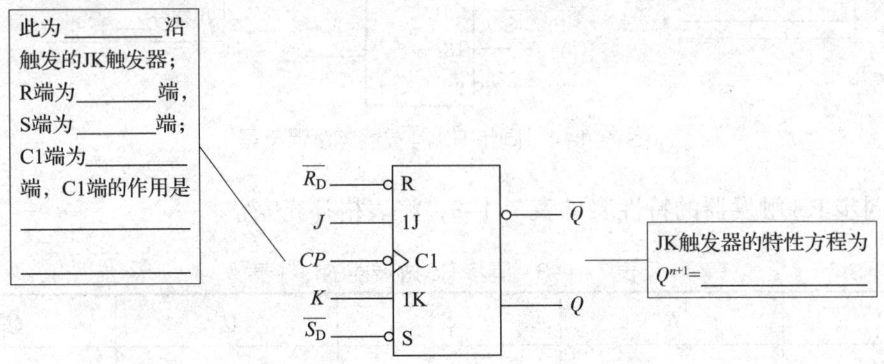

图 7-1-6　JK 触发器的逻辑符号

2. JK 触发器的特性表和状态图

（1）JK 触发器的特性表见表 7-1-4。

表 7-1-4　JK 触发器的特性表

CP	*J*	*K*	Q^n	Q^{n+1}
↓	0	0	0	0
↓	0	0	1	1
↓	0	1	0	0
↓	0	1	1	0
↓	1	0	0	1
↓	1	0	1	1
↓	1	1	0	1
↓	1	1	1	0

JK 触发器的特性表可以简化为表 7-1-5，将表格补充完整。

表 7-1-5　JK 触发器的简化真值表

CP	*J*	*K*	Q^{n+1}
↓	0	0	Q^n
↓	0	1	
↓	1	0	
↓	1	1	

（2）JK 触发器的状态图如图 7-1-7 所示，根据特性表，将其补充完整。

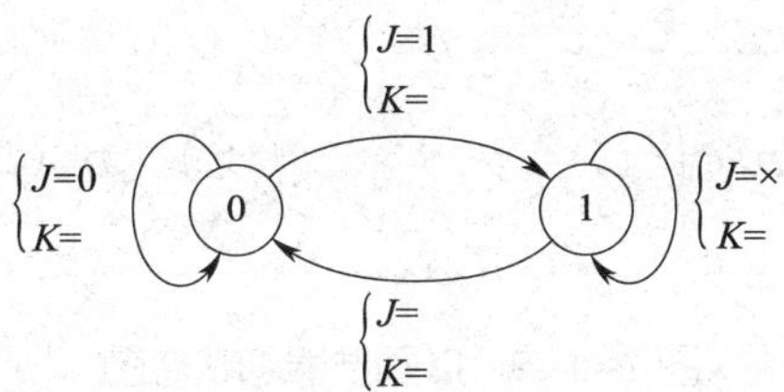

图 7-1-7　JK 触发器的状态图

三、D 触发器

1. D 触发器的逻辑符号

D 触发器的逻辑符号如图 7-1-8 所示。

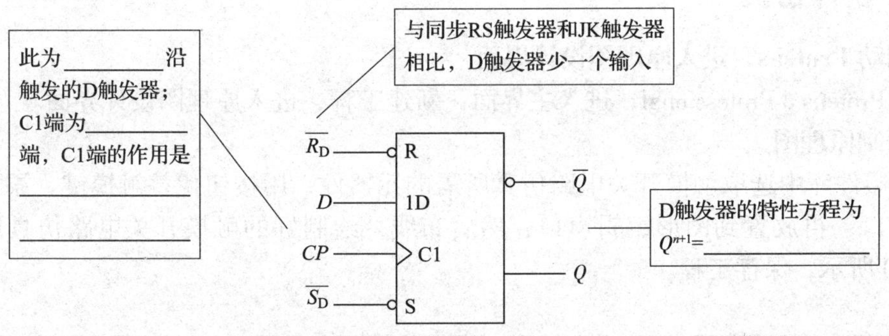

图 7-1-8　D 触发器的逻辑符号

2. D 触发器的特性表和状态图

（1）D 触发器的特性表见表 7-1-6。

表 7-1-6　D 触发器的特性表

CP	***D***	Q^n	Q^{n+1}
↑	0	0	0
↑	0	1	0
↑	1	0	1
↑	1	1	1

D 触发器的特性表可以简化为表 7-1-7，将表格补充完整。

表 7-1-7　D 触发器的简化真值表

CP	***D***	Q^{n+1}
↑	0	
↑	1	

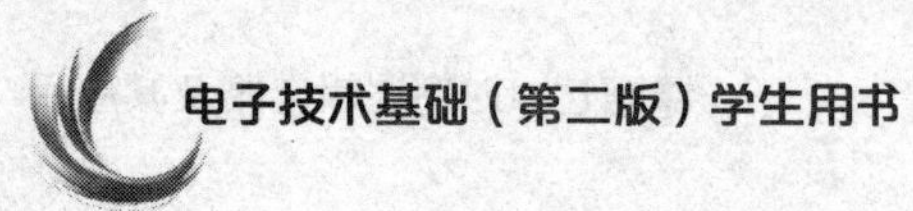

（2）D 触发器的状态图如图 7–1–9 所示，根据特性表，将其补充完整。

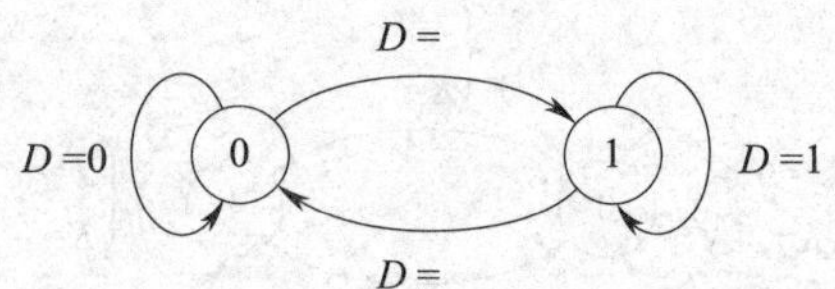

图 7–1–9　D 触发器的状态图

动手实践

软件仿真和实训操作使用的触摸开关电路如对应教材中图 7–1–16 所示。

一、软件仿真

1. 启动 Proteus，进入原理图设计界面

启动 Proteus 8 Professional，进入主界面，新建工程，进入原理图设计界面。

2. 绘制原理图

从元器件库中选取触摸开关电路仿真所需的元器件，用按钮代替触摸键，添加到对象选择器窗口，再放置到图形编辑窗口，然后布线，绘制好的触摸开关电路仿真原理图如图 7–1–10 所示，保存工程。

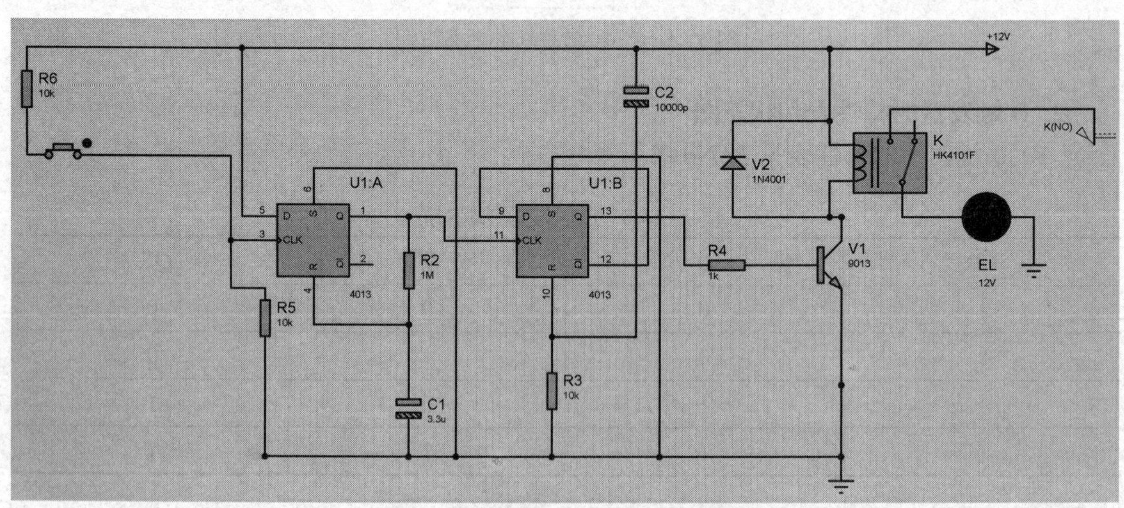

图 7–1–10　触摸开关电路仿真原理图

3. 仿真调试

如图 7–1–11 所示，接入虚拟电压表，按下仿真按钮，观察并记录按钮的设置状态、电压表读数和白炽灯的状态，分析电路的工作原理。

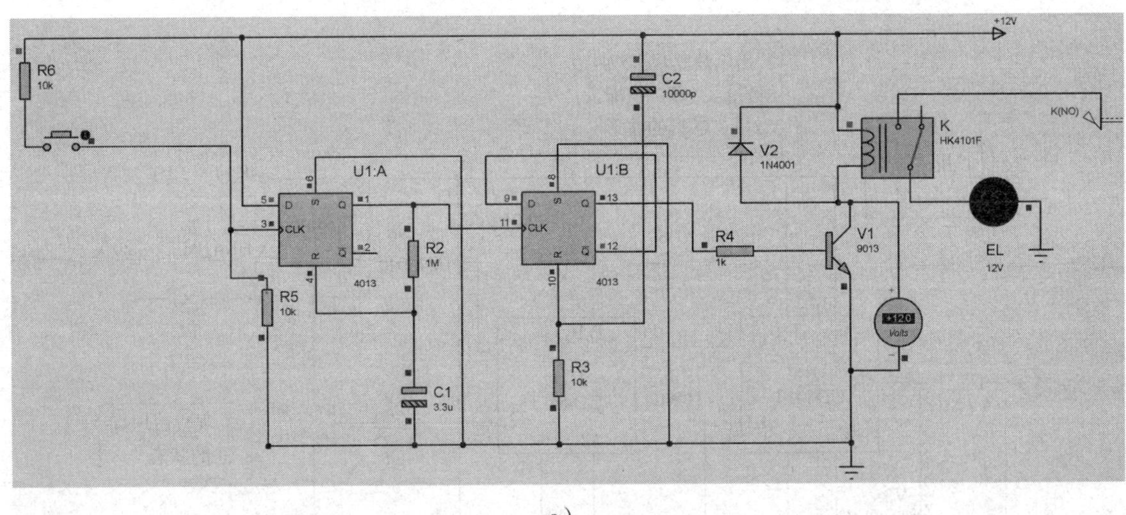

a）

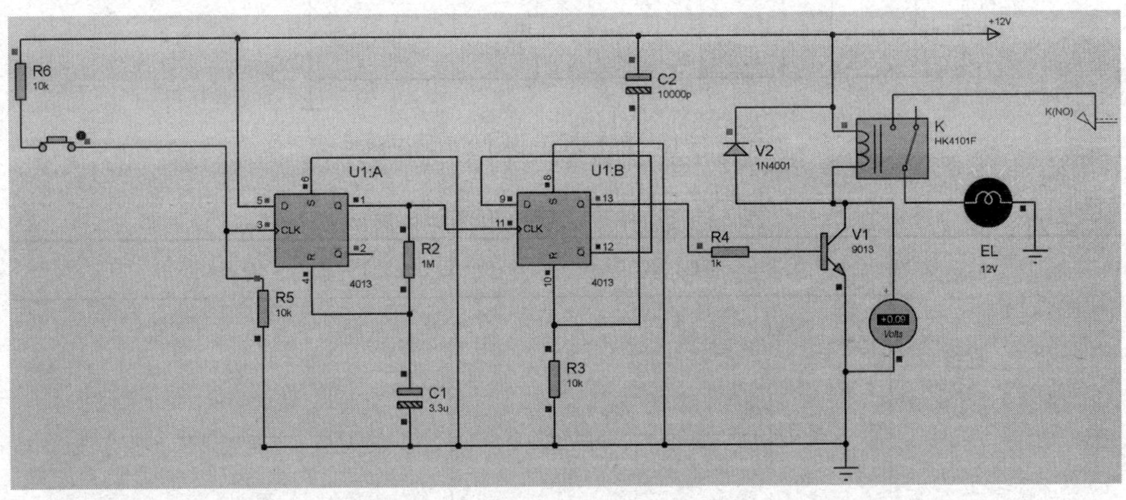

b）

图7-1-11　触摸开关电路仿真

a）灯灭时的仿真　b）灯亮时的仿真

二、实训操作

按图 7-1-12 所示步骤进行操作，用手触摸金属片 M，用示波器观察双 D 触发器 C1 端、Q_1 端、C2 端和 Q_2 端的波形，同时观察白炽灯的状态，将结果填入表 7-1-8 中。

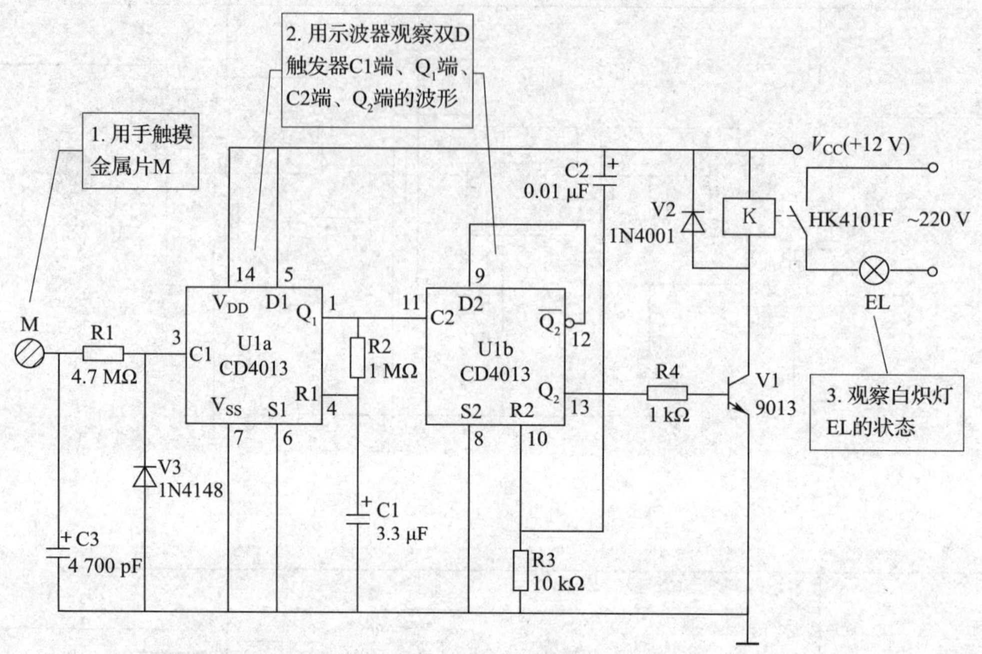

图 7-1-12 触摸开关电路的调试步骤

表 7-1-8 触摸开关电路的调试记录

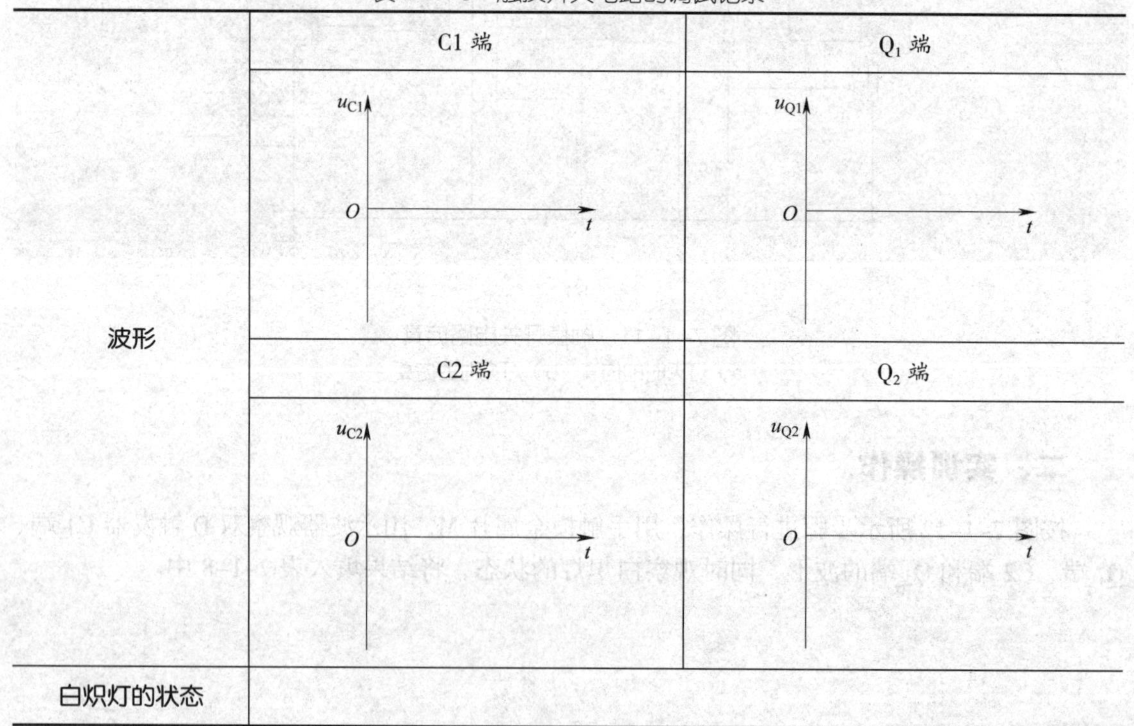

	C1 端	Q_1 端
波形	u_{C1} O t	u_{Q1} O t
	C2 端	Q_2 端
	u_{C2} O t	u_{Q2} O t
白炽灯的状态		

复习巩固

一、填空题

1. 触发器通常由________电路组成，但其逻辑功能却与之完全不同。

2. 触发器具有________功能，它在某一时刻的输出状态不仅取决于________________________，而且________________________。

3. 触发器按功能可分为______触发器、______触发器、______触发器和______触发器。

4. 触发器电路中，R 端、S 端可以根据需要预先将触发器______或______，而不受____________控制。

二、判断题

1. 触发器在某一时刻的输出状态，不仅取决于该时刻输入的状态，还与电路的原始状态有关。（　　）

2. 触发器进行复位后，两个输出均为 0。（　　）

3. 触发器与组合逻辑电路都没有记忆能力。（　　）

4. 触发器只有在时钟脉冲的边沿才能被触发。（　　）

5. 基本 RS 触发器不仅具有对脉冲信号的记忆和存储作用，还具有计数功能。（　　）

三、选择题

1. 触发器与组合逻辑电路相比较，（　　）。

A. 两者都具有记忆能力　　B. 只有组合逻辑电路具有记忆能力

C. 只有触发器具有记忆能力

2. 触发器工作时，时钟脉冲作为（　　）。

A. 输入信号　　B. 清零信号

C. 抗干扰信号　　D. 控制信号

3. JK 触发器在时钟脉冲的作用下，若 1J 端、1K 端同时接地，触发器实现（　　）功能；若 1J 端、1K 端同时悬空，触发器实现（　　）功能。

A. 保持　　B. 置 0

C. 置 1　　D. 翻转

4. D 触发器的特点是（　　）。

A. 上升沿触发　　B. 下降沿触发

C. 触发时输出跟随输入变化

5.（　　）触发器是 JK 触发器在输入 $J=K$ 条件下的特殊电路。

A. D　　B. T

C. RS

四、简答题

1. 已知与非门组成的基本 RS 触发器的输入波形如图 7–1–13 所示，其现态和次态见表 7–1–9 中的 Q^n、Q^{n+1}，将表中的输入补充完整。

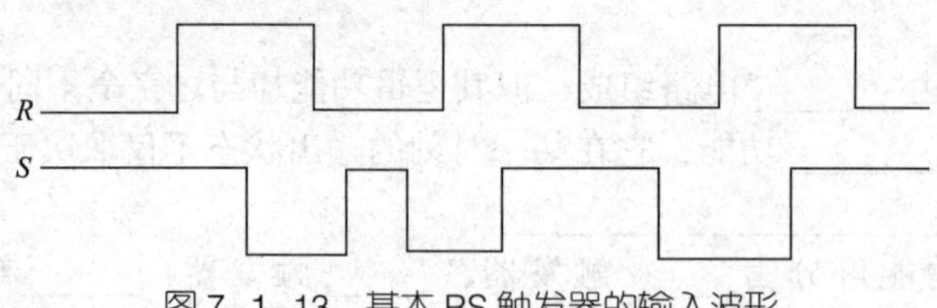

图 7–1–13 基本 RS 触发器的输入波形

表 7–1–9 基本 RS 触发器的特性表

Q^n	Q^{n+1}	R	S
0	0		
0	1		
1	0		
1	1		

2. JK 触发器及其波形如图 7–1–14 所示，根据输入波形画出输出 Q 和 $\overline{Q}$ 的波形，设 JK 触发器的初始状态为 Q=0。

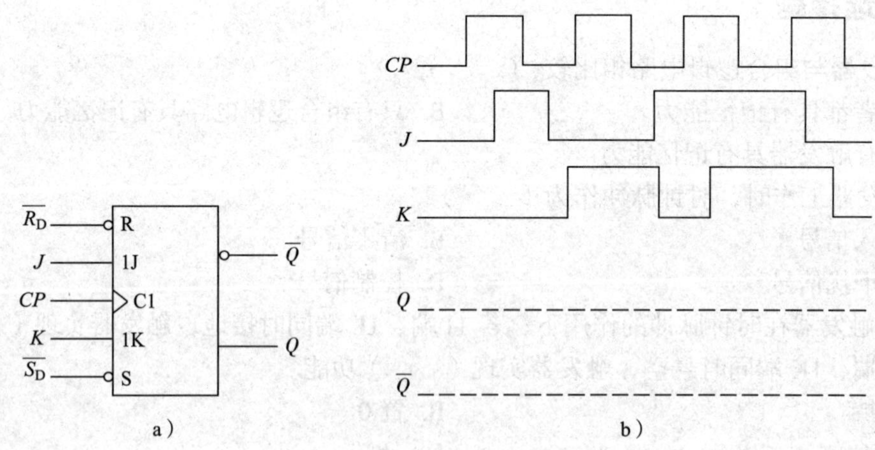

图 7–1–14 JK 触发器及其波形

a）JK 触发器 b）输入、输出波形

3. D 触发器的波形如图 7–1–15 所示，根据输入波形画出输出 Q 和 $\overline{Q}$ 的波形，设 D 触发器的初始状态为 Q=0。

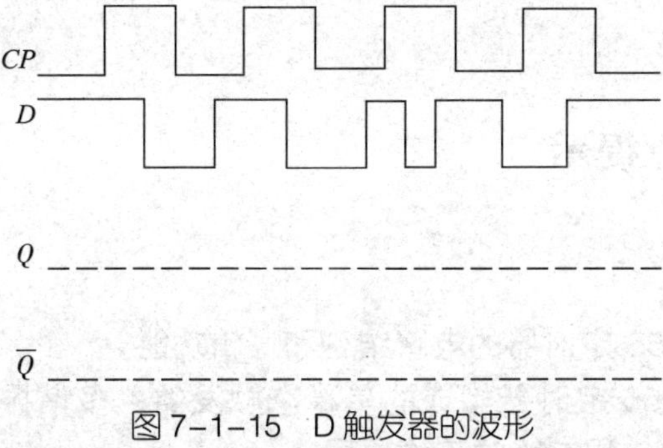

图 7–1–15 D 触发器的波形

4. 某逻辑电路及其波形如图 7–1–16 所示，根据输入 A、B 的波形画出输出 Y_1、Y_2、Q 的波形，设 Q 的初态均为 0。

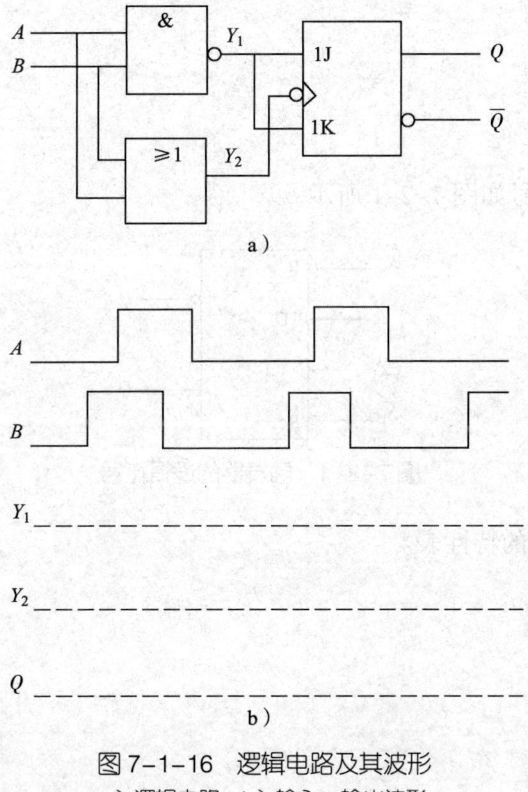

图 7–1–16 逻辑电路及其波形

a）逻辑电路 b）输入、输出波形

任务 2　555 定时器及其应用

要点提示

学习重点：

1. 熟悉 555 定时器的电路结构和逻辑功能。
2. 掌握 555 定时器构成的单稳态触发器、多谐振荡器和施密特触发器等应用电路的工作原理。
3. 掌握秒指示电路的工作原理、安装、调试与检修。

学习难点：

1. 555 定时器的逻辑功能。
2. 秒指示电路的调试与检修。

复习提问

某触发器的逻辑符号如图 7-2-1 所示。

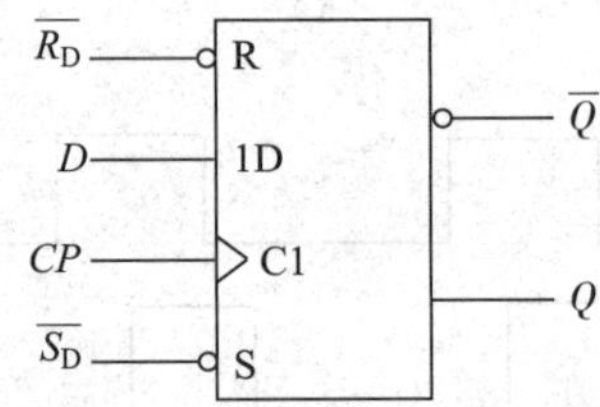

图 7-2-1　触发器的逻辑符号

1. 列出上述触发器的特性表。

2. 在图 7–2–2 中，根据输入波形画出输出波形，设触发器的初始状态为 Q=0。

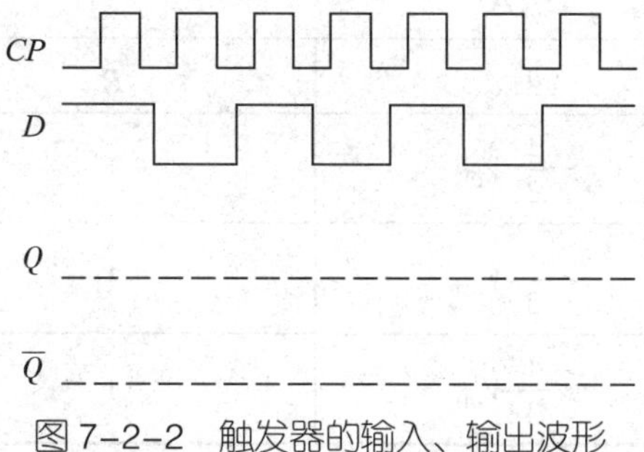

图 7–2–2　触发器的输入、输出波形

一、555 定时器

1. 555 定时器的引脚排列

CMOS 定时器 CC7555 的引脚排列如图 7–2–3 所示。

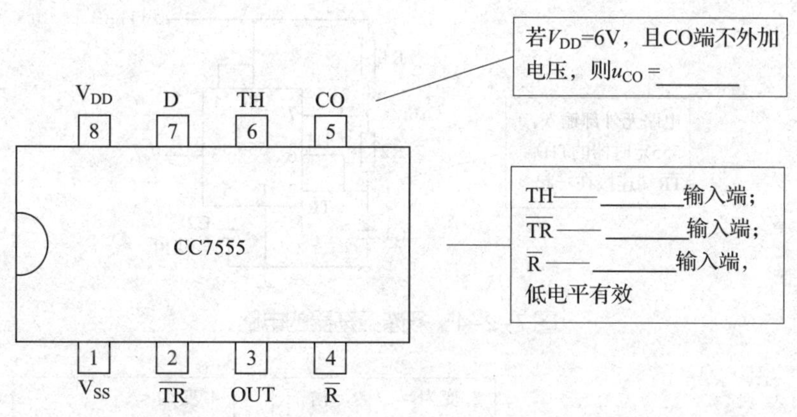

图 7–2–3　CMOS 定时器 CC7555 的引脚排列

2. 555 定时器的逻辑功能

555 定时器的逻辑功能见表 7–2–1。

表 7–2–1　555 定时器的逻辑功能

输入			输出
u_{TH}	$u_{\overline{TR}}$	$\overline{R}$	u_{OUT}
×	×	0	0
$<\frac{2}{3}V_{DD}$	$<\frac{1}{3}V_{DD}$	1	1

续表

输入			输出
u_{TH}	$u_{\overline{TR}}$	$\overline{R}$	u_{OUT}
$>\frac{2}{3}V_{DD}$	$>\frac{1}{3}V_{DD}$	1	0
$>\frac{2}{3}V_{DD}$	$<\frac{1}{3}V_{DD}$	1	1
$<\frac{2}{3}V_{DD}$	$>\frac{1}{3}V_{DD}$	1	不变

记忆方法（按 u_{TH}、$u_{\overline{TR}}$、u_{OUT} 的顺序）如下：

<、<，输出为 1；

>、>，输出为 0；

>、<，输出为 1；

<、>，输出不变。

二、555 定时器的应用

555 定时器构成的多谐振荡器的电路和波形分别如图 7–2–4 和图 7–2–5 所示。

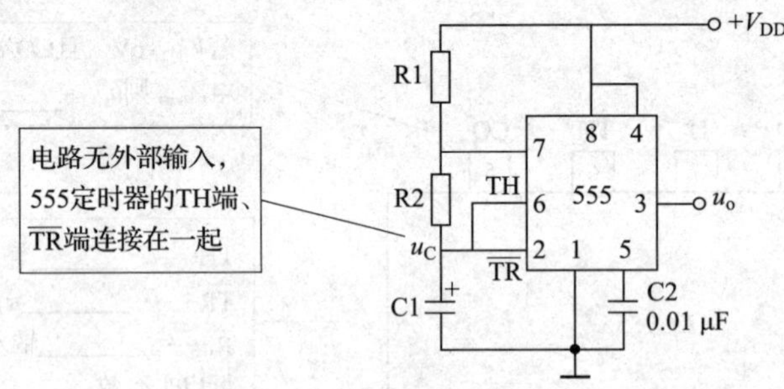

图 7–2–4　多谐振荡器的电路

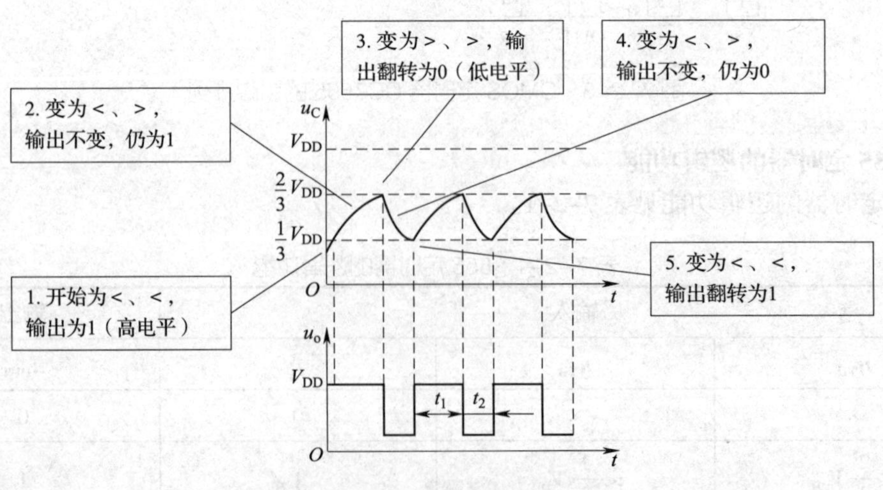

图 7–2–5　多谐振荡器的波形

软件仿真和实训操作使用的秒指示电路如对应教材中图 7–2–7 所示。

一、软件仿真

1. 启动 Proteus，进入原理图设计界面

启动 Proteus 8 Professional，进入主界面，新建工程，进入原理图设计界面。

2. 绘制原理图

从元器件库中选取秒指示电路仿真所需的元器件，添加到对象选择器窗口，再放置到图形编辑窗口，然后布线，绘制好的秒指示电路仿真原理图如图 7–2–6 所示，保存工程。

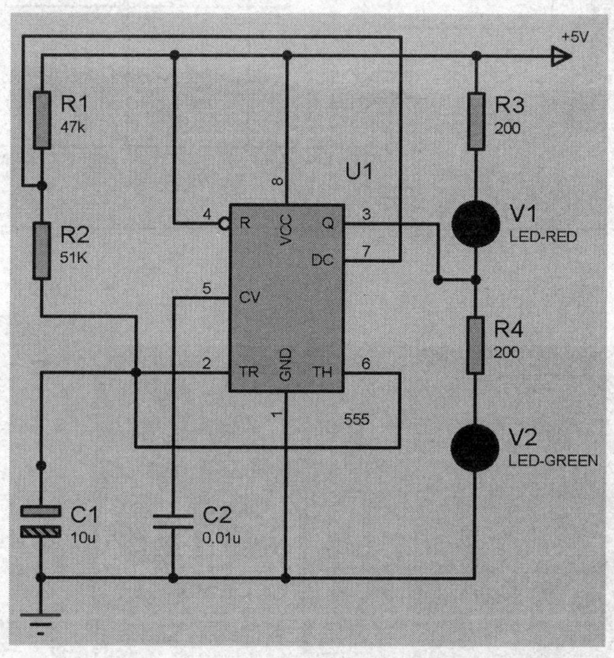

图 7–2–6 秒指示电路仿真原理图

3. 仿真调试

如图 7–2–7 所示，接入虚拟示波器，按下仿真按钮，观察并记录示波器的波形和发光二极管的状态，分析电路的工作原理。

二、实训操作

按图 7–2–8 所示步骤进行操作，用示波器分别观察 555 定时器引脚 2、引脚 3 的波形，同时观察发光二极管的状态，将结果填入表 7–2–2 中。

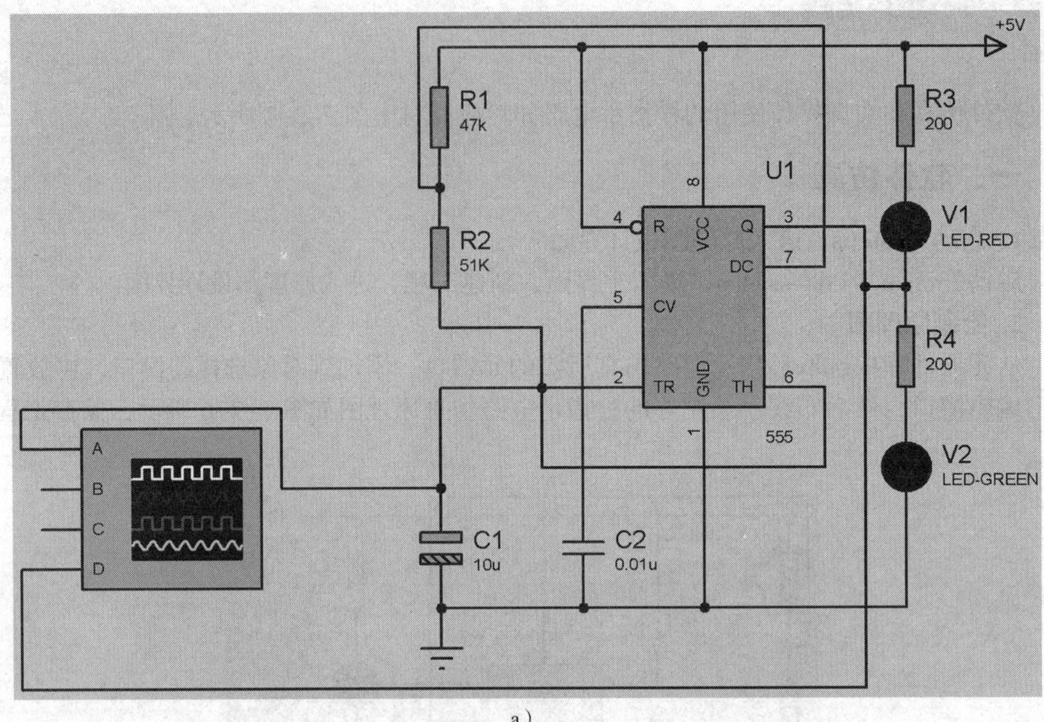

a）

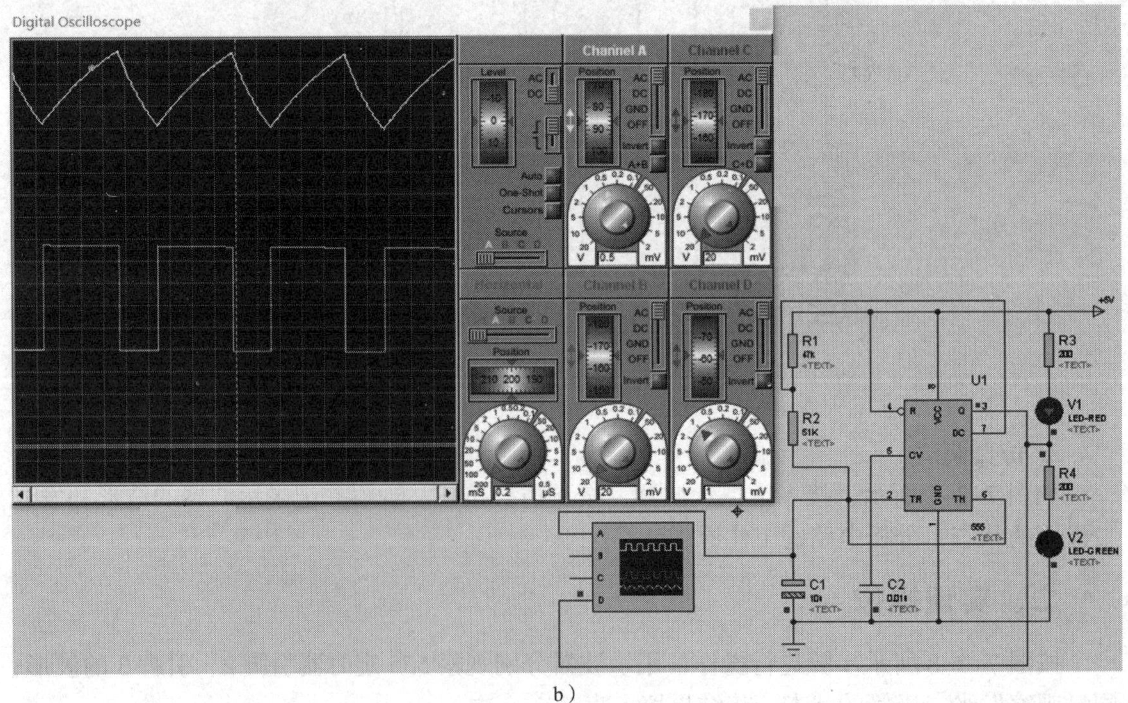

b）

图 7-2-7　秒指示电路仿真

a）仿真布置　b）仿真调试

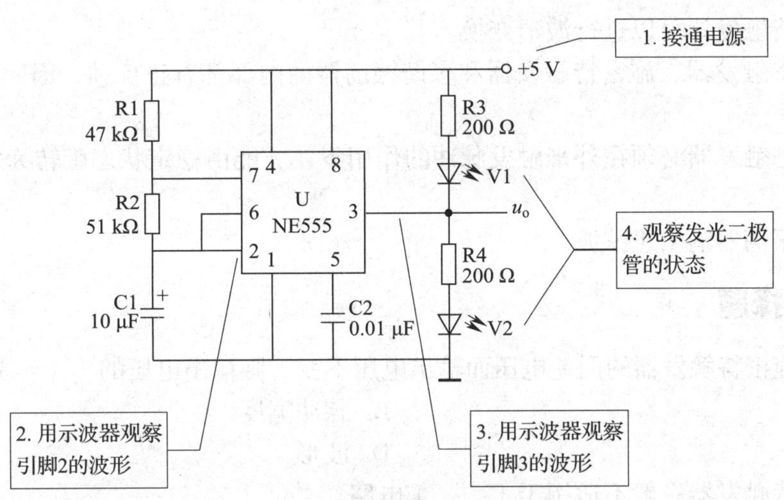

图 7-2-8 秒指示电路的调试步骤

表 7-2-2 秒指示电路的调试记录

	引脚 2	引脚 3
波形	u_2 O t	u_3 O t
发光二极管的状态		

一、填空题

1. 常用的 555 定时器主要包括______定时器和______定时器两种类型，两者的工作原理基本相同。CMOS 定时器 CC7555 由______________、两个______________、____________、____________和输出缓冲级组成。

2. 由 555 定时器构成的多谐振荡器的振荡周期为______________。

3. 施密特触发器是一种具有________的双稳态触发器，其具有______稳态，且______稳态依靠____________________________来维持。

二、判断题

1. 多谐振荡器不需要外加触发信号就能产生输出信号。 ( )

2. 施密特触发器可以进行波形变换。（　　）

3. 单稳态触发器、施密特触发器和多谐振荡器的内部都有正反馈，因此电路状态转换十分迅速。（　　）

4. 单稳态触发器必须在外来触发脉冲的作用下，才能由稳定状态翻转为暂稳状态。（　　）

5. 多谐振荡器输出正弦波。（　　）

三、选择题

1. 改变施密特触发器的回差电压而输出电压不变，则输出电压的（　　）会发生变化。

A. 幅度　　B. 脉冲宽度

C. 频率　　D. 波形

2. 施密特触发器一般不适用于（　　）电路。

A. 延时　　B. 波形变换

C. 波形整形　　D. 幅度鉴定

3. 施密特触发器的特点是（　　）。

A. 没有稳态　　B. 有两个稳态

C. 有两个暂稳态　　D. 有一个稳态和一个暂稳态

4. 单稳态触发器的脉冲宽度取决于（　　）。

A. 触发信号的周期　　B. 电路的电源电压

C. RC 电路的时间常数　　D. 触发信号的宽度

四、简答题

1. 设施密特触发器的负向阈值电压 V_T=0.8 V，回差电压 ΔV_T=0.8 V，波形如图 7-2-9 所示，根据输入波形画出输出波形。

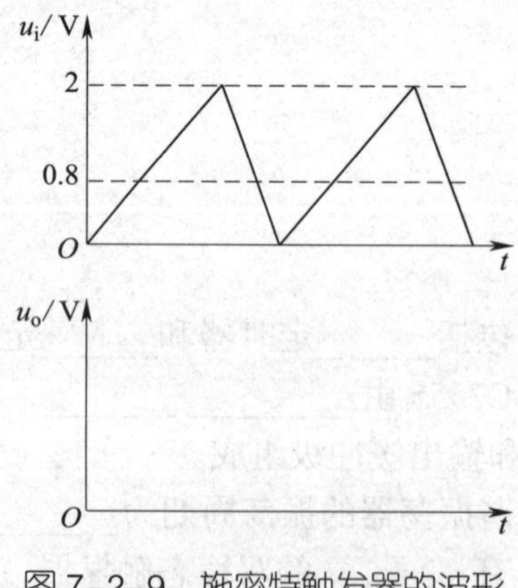

图 7-2-9　施密特触发器的波形

2. 图 7-2-10 所示的防盗报警电路中，a、b 两端由一细铜丝接通，此铜丝置于假定的盗窃者必经之处。当盗窃者闯入室内将铜丝碰断后，扬声器即发出报警声（扬声器电压为 1.2 V，通过电流为 40 mA）。

（1）电路中的 555 定时器接成何种电路？

（2）说明防盗报警电路的工作原理。

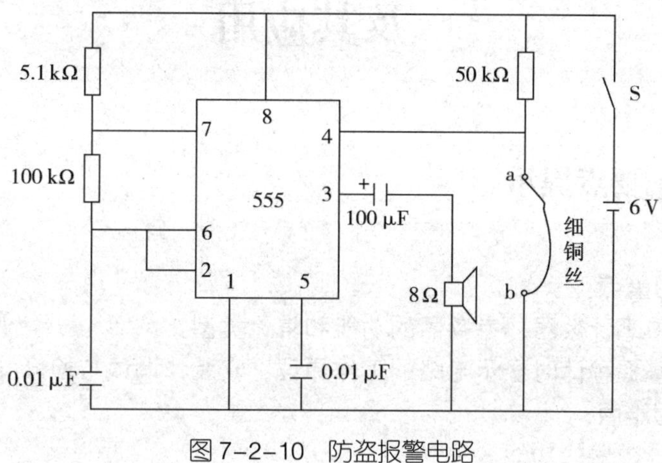

图 7-2-10　防盗报警电路

3. 分析图 7-2-11 所示 555 定时器应用电路的工作原理。

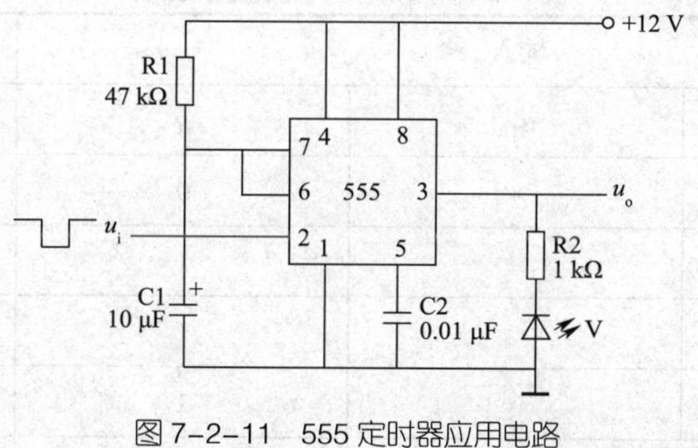

图 7-2-11　555 定时器应用电路

任务 3　计数器、寄存器及其应用

要点提示

学习重点：

1. 熟悉计数器、寄存器的功能和常见类型。
2. 掌握秒计时显示电路的工作原理、安装、调试与检修。

学习难点：

1. 计数器的功能。
2. 秒计时显示电路的调试与检修。

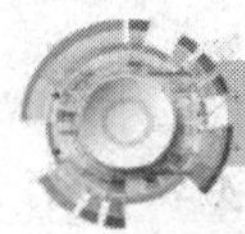

复习提问

1. 根据 555 定时器的逻辑功能，将表 7–3–1 补充完整。

表 7–3–1　555 定时器的逻辑功能

输入			输出
u_{TH}	u_{TR}	$\bar{R}$	u_{OUT}
×	×	0	0
		1	1
		1	0
		1	1
		1	不变

2. 图 7–3–1a 所示是用 555 定时器构成的____________电路，其特点是____。

根据图 7–3–1b 中给出的 u_C 波形，画出输出 u_o 的波形。

若 R_1=10 kΩ，R_2=47 kΩ，C=1 μF，则振荡周期为____________。

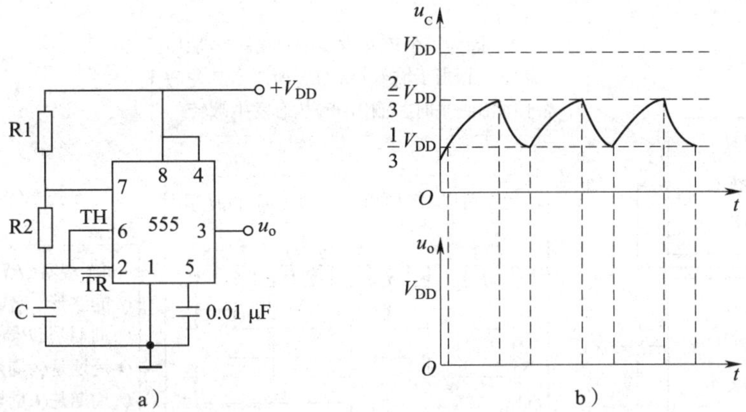

图 7-3-1　555 定时器应用电路
a）电路　b）波形

一、二进制计数器

1. 电路组成

三位异步二进制递增计数器的逻辑图如图 7-3-2 所示。

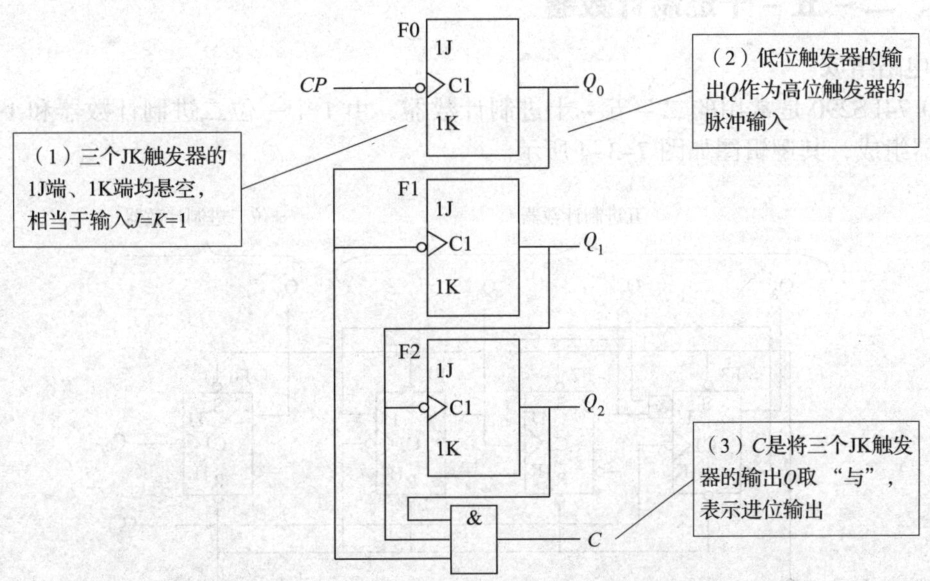

图 7-3-2　三位异步二进制递增计数器的逻辑图

2. 逻辑功能

三位异步二进制递增计数器的波形如图 7-3-3 所示。

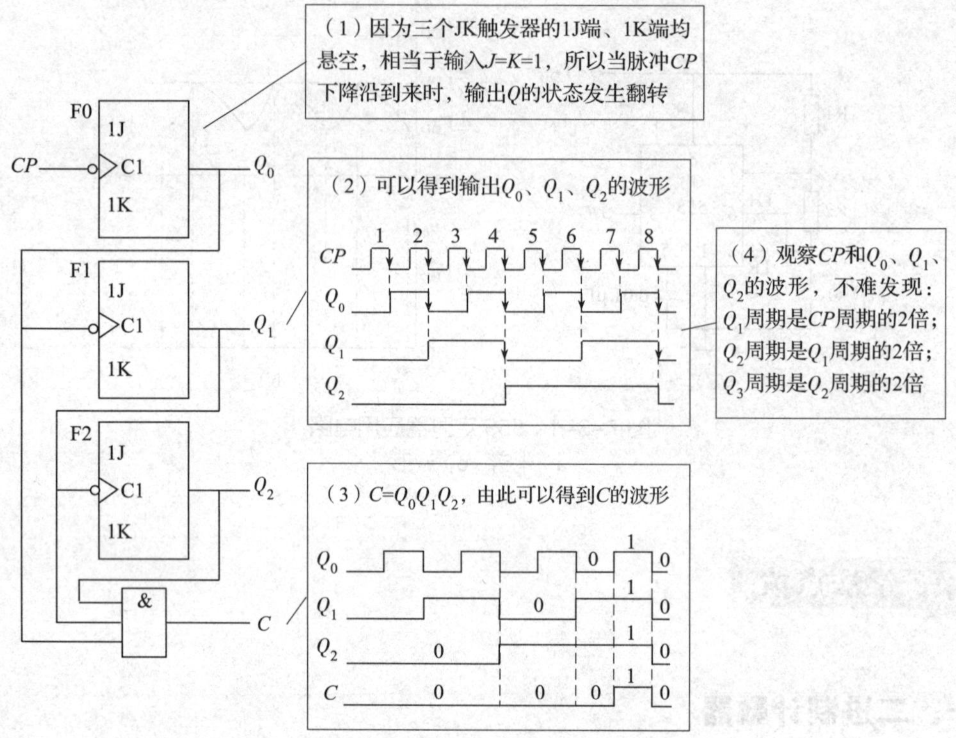

图 7-3-3　三位异步二进制递增计数器的波形

二、二－五－十进制计数器

1. 电路组成

（1）74LS290 是常用的二－五－十进制计数器，由 1 个一位二进制计数器和 1 个五进制计数器组成，其逻辑图如图 7-3-4 所示。

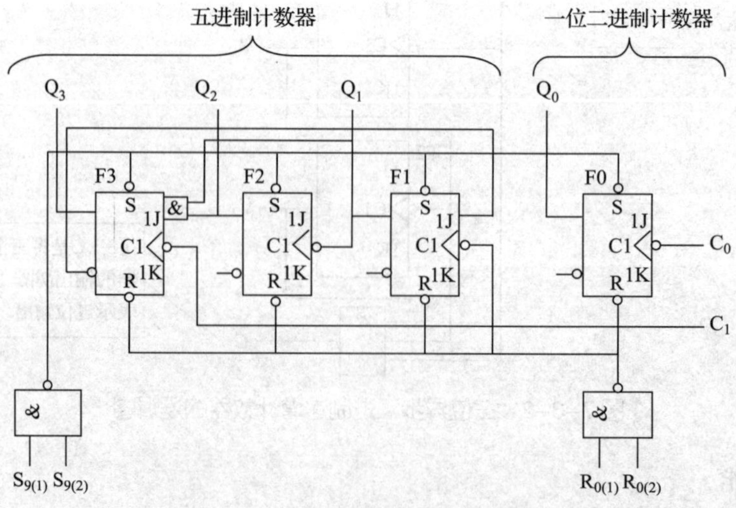

图 7-3-4　74LS290 的逻辑图

（2）74LS290 的功能表见表 7-3-2。

表 7-3-2　74LS290 的功能表

<table>
<tr><th>$R_{0(1)}$</th><th>$R_{0(2)}$</th><th>$S_{9(1)}$</th><th>$S_{9(2)}$</th><th>Q_3</th><th>Q_2</th><th>Q_1</th><th>Q_0</th></tr>
<tr><td rowspan="2">1</td><td rowspan="2">1</td><td>0</td><td>×</td><td rowspan="2">0</td><td rowspan="2">0</td><td rowspan="2">0</td><td rowspan="2">0</td></tr>
<tr><td>×</td><td>0</td></tr>
<tr><td>×</td><td>×</td><td>1</td><td>1</td><td>1</td><td>0</td><td>0</td><td>1</td></tr>
<tr><td>×</td><td>0</td><td>×</td><td>0</td><td colspan="4">计数</td></tr>
<tr><td>0</td><td>×</td><td>0</td><td>×</td><td colspan="4">计数</td></tr>
<tr><td>0</td><td>×</td><td>×</td><td>0</td><td colspan="4">计数</td></tr>
<tr><td>×</td><td>0</td><td>0</td><td>×</td><td colspan="4">计数</td></tr>
</table>

由功能表可知：

1）当 $R_{0(1)}$、$R_{0(2)}$ 为 1（高电平）时，输出为 0（二进制代码 0000），即置“0”。

2）当 $S_{9(1)}$、$S_{9(2)}$ 为 1（高电平）时，输出为 9（二进制代码 1001），即置“9”。

3）当置“0”端、置“9”端输入均为 0（低电平）时，输出为计数状态。

2. 工作原理

（1）五进制计数器的状态表见表 7-3-3。

表 7-3-3　五进制计数器的状态表

输入计数脉冲个数	Q_3	Q_2	Q_1
0	0	0	0
1	0	0	1
2	0	1	0
3	0	1	1
4	1	0	0
5	0	0	0

由状态表可知：每输入一个计数脉冲，计数值加 1。

（2）十进制递增计数器如图 7-3-5 所示。

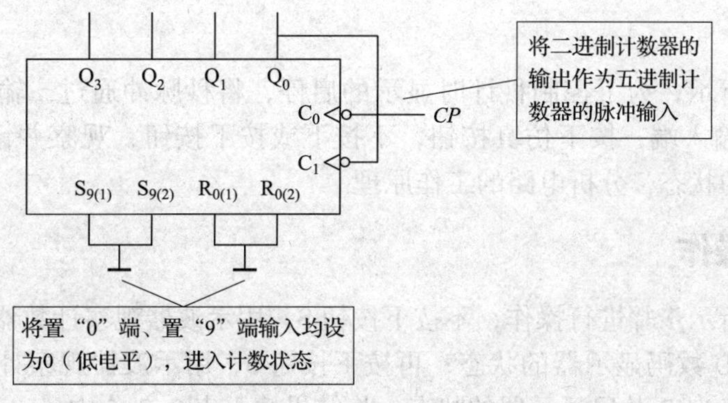

图 7-3-5　十进制递增计数器

十进制递增计数器的状态表见表 7–3–4，将表格补充完整。

表 7–3–4　十进制递增计数器的状态表

输入计数脉冲个数	Q_3	Q_2	Q_1	Q_0
0	0	0	0	0
1				
2				
3				
4				
5				
6				
7				
8				
9				
10				

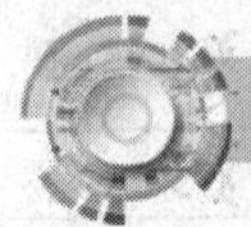

动手实践

软件仿真和实训操作使用的秒计时显示电路如对应教材中图 7–3–12 所示。

一、软件仿真

1. 启动 Proteus，进入原理图设计界面

启动 Proteus 8 Professional，进入主界面，新建工程，进入原理图设计界面。

2. 绘制原理图

从元器件库中选取秒计时显示电路仿真所需的元器件，添加到对象选择器窗口，再放置到图形编辑窗口，然后布线，绘制好的秒计时显示电路仿真原理图如图 7–3–6 所示，保存工程。

3. 仿真调试

如图 7–3–7 所示，为了控制秒计时显示的启停，将秒脉冲通过二输入四与门 CD4081 接入计数器脉冲输入端，按下仿真按钮，不按下或按下按钮，观察并记录发光二极管和 LED 数码显示器的状态，分析电路的工作原理。

二、实训操作

按图 7–3–8 所示步骤进行操作，不按下按钮 S，用示波器观察计数器引脚 15 的输入波形，同时观察 LED 数码显示器的状态；再按下按钮 S，用示波器观察计数器引脚 15 的输入波形，同时观察 LED 数码显示器的状态，将结果填入表 7–3–5 中。

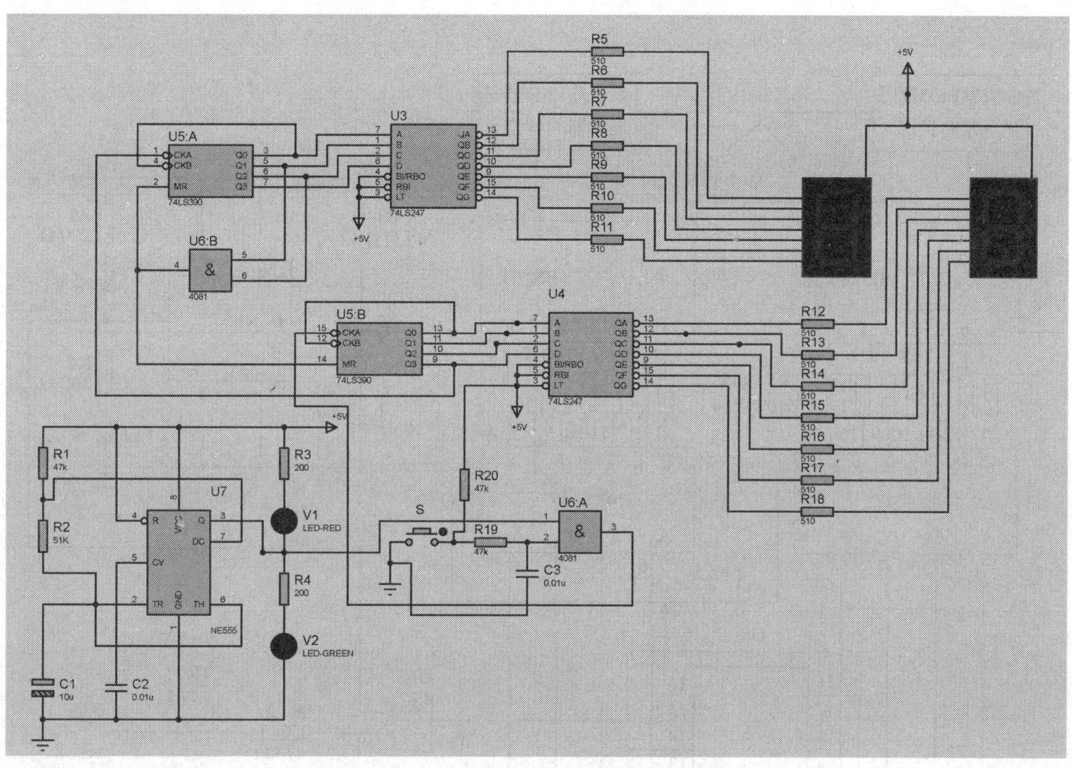

图 7-3-6　秒计时显示电路仿真原理图

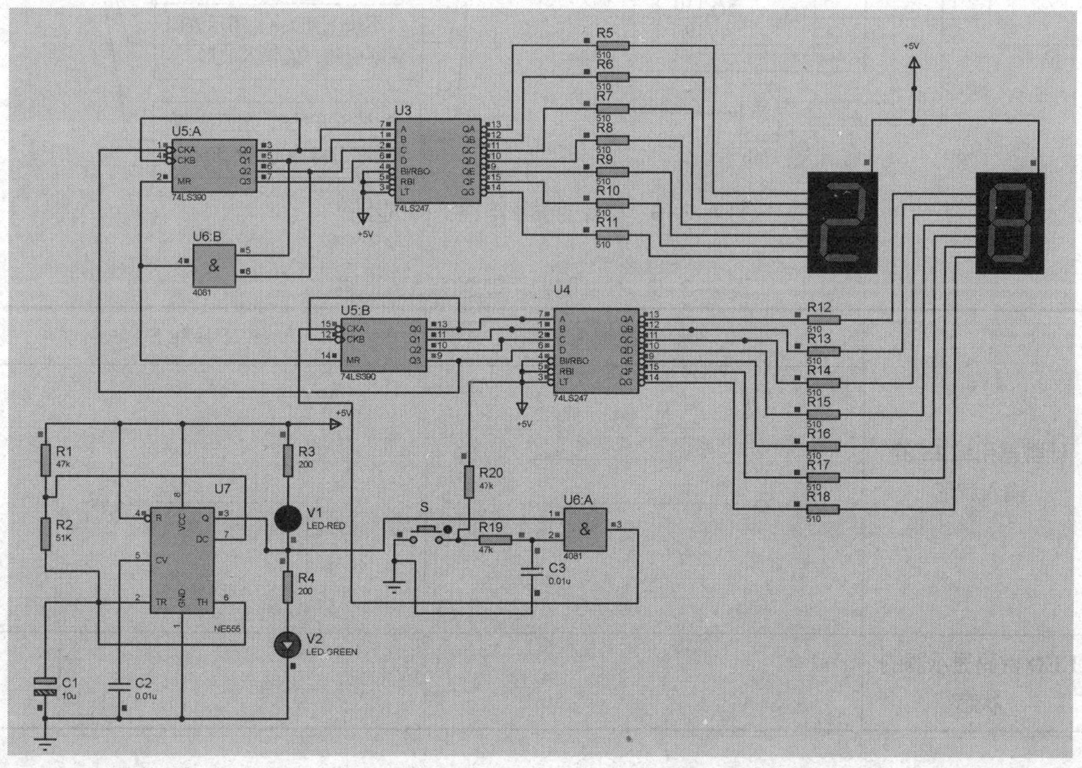

图 7-3-7　秒计时显示电路仿真

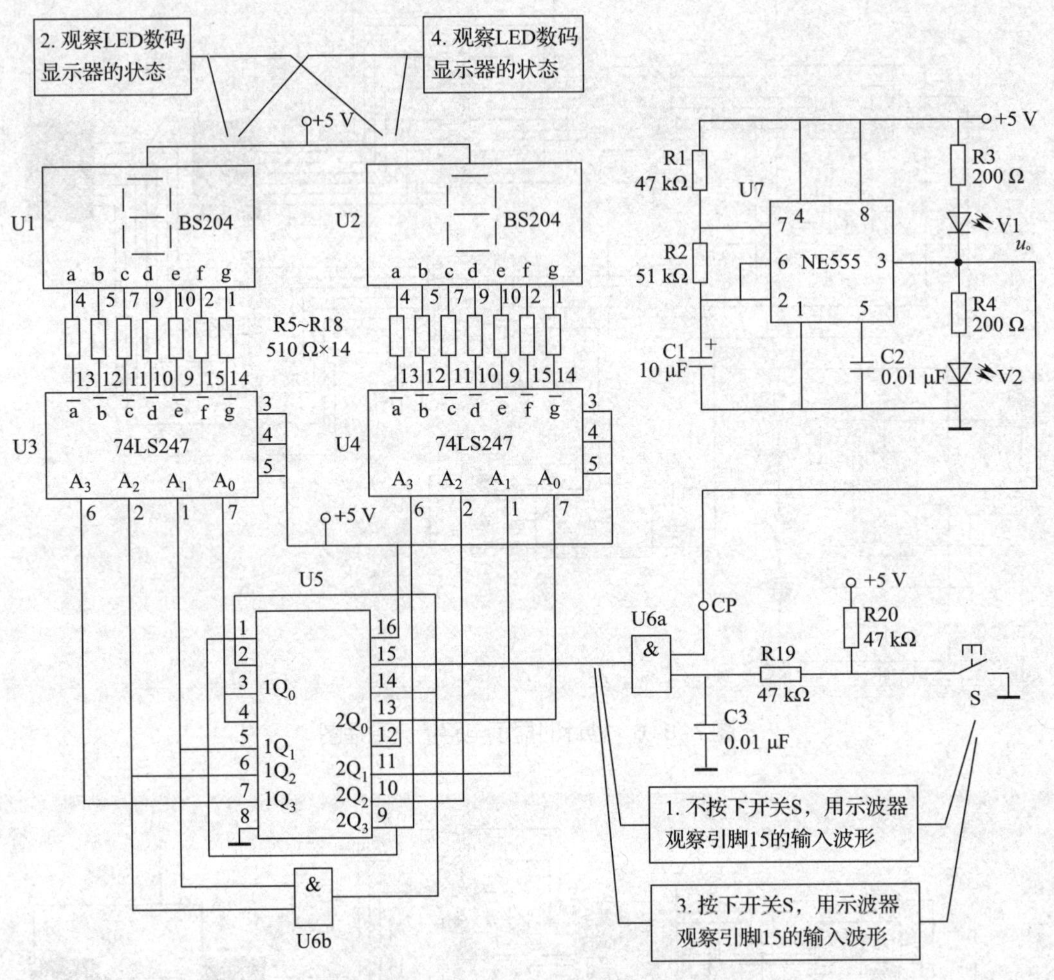

图 7-3-8　秒计时显示电路的调试步骤

表 7-3-5　秒计时显示电路的调试记录

	不按下按钮 S	按下按钮 S
计数器引脚 15 的输入波形	u / O / t	u / O / t
LED 数码显示器的状态		

一、填空题

1. 寄存器可分为________寄存器和________寄存器两类，主要由__________构成，具有________、________和________数码的功能。

2. 寄存器中，一个触发器可以存放______位二进制代码，要存放 N 位二进制代码，需要______个触发器。

3. 寄存器存放数码的方式包括__________和__________两种，从寄存器取出数码的方式包括__________和__________两种。

4. 计数器的主要作用是对输入脉冲个数进行________，还可用来________、________。按计数器中各触发器翻转顺序的不同，可分为________计数器和________计数器；按计数进制的不同，可分为__________计数器、__________计数器和__________计数器；按计数过程中计数器数值变化趋势的不同，可分为________计数器、________计数器、________计数器。

5. 六位二进制递增计数器所累计的输入脉冲个数最大为______。

6. 8421BCD 码的二－十进制计数器中，当计数状态为________时，再输入一个计数脉冲，计数状态变为 0000，然后向高位产生一个________信号。

二、判断题

1. 异步计数器的工作速度一般高于同步计数器。（　　）
2. N 进制计数器可以实现 N 分频。（　　）
3. 移位寄存器中，每输入一个脉冲，只有一个触发器翻转。（　　）
4. 双向移位寄存器既可以将数码向左移，也可以将数码向右移。（　　）
5. 寄存器是组合逻辑电路。（　　）
6. 数码寄存器只能寄存数码，不能进行移位。（　　）

三、选择题

1. 构成计数器的基本电路是（　　）。

A. 或非门　　B. 与非门

C. 触发器

2. 一个十进制计数器，至少需要（　　）个触发器构成。

A. 2　　B. 3　　C. 4　　D. 5

3. 一个计数器的状态变化为 000→100→011→010→001→000，则该计数器是（　　）进制递（　　）计数器。

A. 4　　B. 5　　C. 增　　D. 减

4. 一个八进制计数器，最多能记忆（　　）个脉冲，第（　　）个脉冲到来后，向高位进一。

A. 7　　B. 8　　C. 9　　D. 10

5. 通常寄存器应具有（　　）功能。

A. 存数和取数　　B. 清零与置数

C. 两者皆有

6. 寄存器在电路组成上的特点是（　　），而计数器在电路组成上的特点是（　　）。

A. 有脉冲输入端、无数码输入端　　B. 有脉冲输入端和数码输入端

C. 无脉冲输入端、有数码输入端

四、简答题

1. 根据某时序逻辑电路的特性表（见表 7–3–6），画出该时序逻辑电路的状态图。

表 7–3–6　时序逻辑电路的特性表

Q_3^n	Q_2^n	Q_1^n	Q_3^{n+1}	Q_2^{n+1}	Q_1^{n+1}
0	0	0	1	0	0
0	0	1	0	0	0
0	1	0	1	0	1
0	1	1	0	0	1
1	0	0	1	1	0
1	0	1	0	1	0
1	1	0	1	1	1
1	1	1	0	1	1

2. 分析图 7–3–9 所示时序逻辑电路的逻辑功能，列出状态表（见表 7–3–7），画出 Q_0、Q_1、Q_2 的波形（见图 7–3–10），设各触发器的初始状态均为 0。

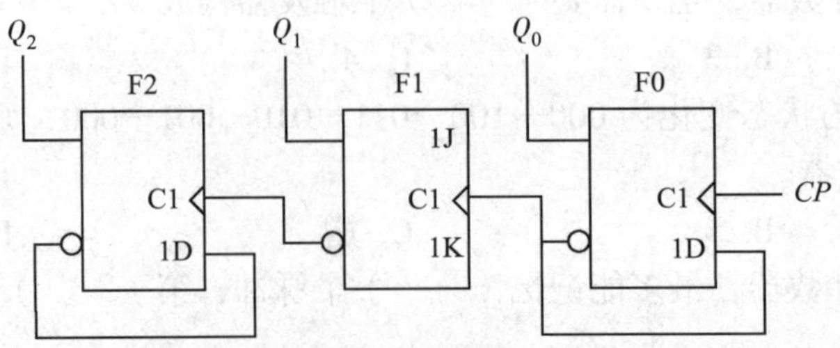

图 7–3–9　时序逻辑电路的逻辑图

表 7-3-7 时序逻辑电路的状态表

输入脉冲个数	Q_0	Q_1	Q_2
0	0	0	0
1			
2			
3			
4			
5			
6			
7			
8			

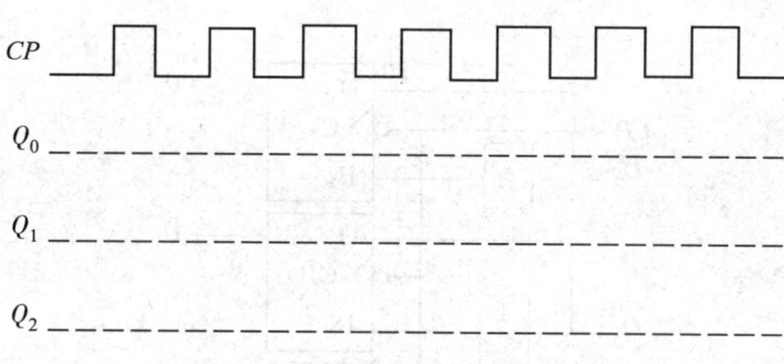

图 7-3-10 时序逻辑电路的波形

3. 某计数器的波形如图 7-3-11 所示，画出该计数器的状态图。

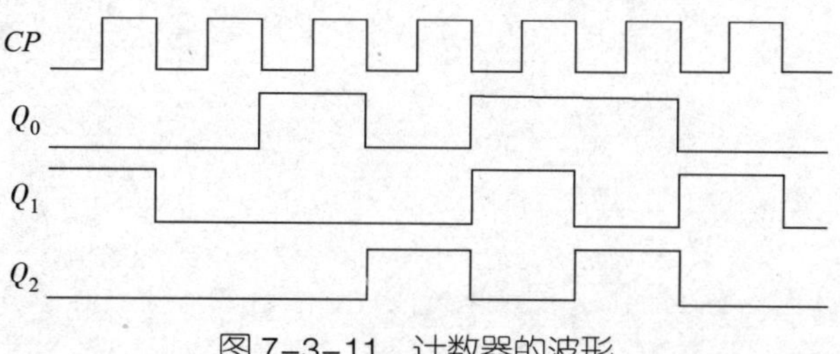

图 7-3-11 计数器的波形

4. 用两片 74LS390 构成 24 进制计数器，画出电路图。

5. 图 7–3–12 所示为 JK 触发器构成的数码寄存器，说明该数码寄存器的工作原理。

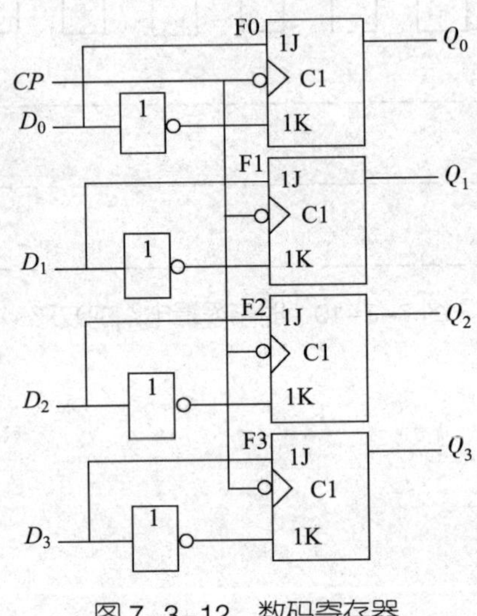

图 7–3–12　数码寄存器